심영기 박사의 새로운 치료 혁명
**엘큐어리젠요법**

# 세포충전
# 건강법

심영기 지음

M&C Korea

# "나는 왜 통증 환자들을 위해
## '엘큐어리젠요법'을 개발했나?"

성형외과 동료 의사들은 저자를 '성형외과의 돈키호테'라고 부른다. 미용성형으로 쉽게 돈을 벌 수 있는데 굳이 난치성 질환인 하지정맥류나 림프부종 치료를 전문 진료 분야로 선택한, 의학계의 독보적인 성형의사이기 때문일 것이다. 최근에 획기적인 림프부종·통증치료법인 '엘큐어LQ요법'을 개발하게 된 후로는 의학계의 '돈키호테' 이미지가 한층 더 굳혀진 것 같은 느낌이다.

동료 의사들이 저자를 '괴짜 의사', '별난 의사'로 여기는 이유는 또 있다. '하지정맥류', '림프부종' 등 그동안 의사로서 도전했던 분야들이 국내에서는 '치료 영역 불모지'로 방치했던 난치성 질환이었고, 거의 독학으로 개인 돈 쓰면서 독일·프랑스 교수 등 해외의 의료 분야 최고 전문의를 찾아다니고 외국에서 열리는 세미나와 연수를 자주 다니면서 치료 노하우를 개척했기 때문이다. 그 덕분에 한때는 강남에서 코 수술, 눈 수술, 레이저 피부시술 등을 잘한다고 꽤 인기를 끌던 미용성형 의사였지만 지금은 환자들에게 '하지정맥류'나 '림프부종' 혹은 '급·만성 통증'을 중점적으로 치료하는 의사로 더 알려져 있다.

1979년 의사면허 취득 이후 국립의료원에서 수련의 과정을 5년 거친 후 성형외과 전문의가 되었다. 수련 기간 동안 국가프로젝트로 진행된 무료 언청이 수술, 화상 상처수술, 그리고 국내 최초로 현미경을 이용한 미세혈관 수술로 손가락 접합 수술,

유리피판수술을 했다. 1980년대 초기에는 당시 획기적인 미세현미경 수술인 재건성형수술을 시행하고, 암수술 후 결손을 메워주는 복원수술, 욕창수술, 미용성형수술 등 평생 원이 없을 정도의 수많은 수술을 성형재건 수술 팀을 이루어 해냈다.

군의관 복무 후 1987년도부터 1993년까지 5년간의 국립의료원 부과장직을 사직하고 강남구 청담동에 성형외과를 개원했다. 개원 후 국내 초창기이던 레이저 의학을 도입하여 피부 레이저 분야의 진료를 시작하였고, 최신 기종의 레이저 기기로 문신 제거, 흉터 제거, 점 제거, 혈관종 등 다양하게 치료하였다. 그 당시 레이저 치료는 피부과에서도 아직 보급이 잘 안 된 상태여서 저자의 병원은 레이저 치료의 선두주자로 꼽혔다.

그러던 어느 날 어떤 중년여성이 "다리에 있는 모세혈관 보기 싫은 거 없애주세요."라며 진료실을 찾아왔다. "주사로 혈관을 없애는 건 해본 적이 없는데…" 속으로 생각하면서 어떻게 오셨느냐고 물었더니 "독일에서는 주사로 혈관 없애는 치료를 받았는데 한국에서는 안 하나 보죠?" 하면서 약간 실망한 표정으로 상담을 마치고 갔다. 약물로 주사를 해서 혈관을 없애는 치료는 금시초문이었고 매우 흥미로운 치료법이라 여기저기 의사 동료들에게 물었는데, "그런 건 없다"라는 대답만 들을 뿐이었다.

90년대 강남 성형외과에서는 주로 미용성형수술이나 레이저로 피부색소나 반점 등을 치료하던 시절이었기 때문에, 주사를 놓아 혈관을 없애는 것은 미용적으로 매우 획기적인 일이었다. 호기심이 생긴 필자는 독일에 연락을 해서 지인이던 비르기트 여사에게 주사로 혈관 없애는 치료가 무엇인지 상세히 물었다. 이때 알게 된 것이 바로 혈관경화요법이다.

혈관경화요법 치료법을 배우기 위해 독일 퀼른에서 연수를 수십 차례 했고, 비스바덴에 있는 크로이슬러 회사까지 찾아가서 혈관경화제를 구해서 치료하기 시작했다. 국내 최초로 혈관경화요법을 시작한 것이다. 이 시기에 의료기기에 관심이 많은 저자는 독일 뒤셀도르프에서 열리는 세계 최대 의료기기 전시회인 메디카(MEDICA)에 자주 참석하였고, 자연스럽게 독일 친구들도 많이 생겼다.

혈관경화요법을 시술하고 혈관이 없어지는 것을 보면서 정맥류 환자들이 찾아오기 시작했다. 그런데 혈관이 굵은 정맥류는 혈관경화요법 주사만으로는 치료되지 않았다. 다시 독일로 가서 퀼른에 있는 릴 교수를 만나서 정맥류 수술, 치료법을 배우기 시작했다. 이것이 미용성형외과 의사로 평생 살아가야 할 운명에서 하지정맥류 전문가로 바뀐 계기가 되었다.

## '싱거미싱'처럼 튼튼하고, 미적으로도 만족도 높은 수술 지향

국내 최초 하지정맥류 개원의 의사로서 '싱거미싱'처럼 "야무지고 튼튼한 시술은 무엇일까?"를 늘 고민한다. 70, 80대 시니어 세대라면 잘 알고 있겠지만 1950~60년대 혼수품목 1호는 단연 재봉틀이었다. 어릴 적에 어머니가 집에서 재봉틀을 이용해 새 옷을 정성껏 만들어주시고 해진 헌 옷을 수선해주었던 기억이 난다. 지금은 여동생이 소장하고 있지만, 그 옛날 어머니가 애지중지하시던 재봉틀로 만들어진 옷들은 너무 야무지고 튼튼해서 오래 입어도 실밥이 잘 풀려나가지 않았다. 그래서 어린 시절 추억을 떠올리면서 '싱거미싱처럼 재발과 부작용이 거의 없는 시술'을 지향하는 의사가 되겠다고 다짐하곤 했다. 실제로 하지정맥류 환자를 시술함에 있어서 5가지 원칙을 세우고 있다.

첫째, 재발하지 않아야 한다.
둘째, 시술할 경우 출혈이 적어야 한다.
셋째, 환자의 통증이나 불편이 가장 적어야 한다.
넷째, 미용적 개선 효과가 있어야 한다.
마지막으로, 부작용과 합병증이 적어야 한다.

시술에 임할 때 항상 이 원칙을 준수하려고 노력해서인지 지난 40여 년간 수술한 하지정맥류 환자가 외국 환자까지 합쳐서 수만 명에 이르는데, 그중 재발률은 0.1%밖에 발생하지 않았다. 무척 감사한 일이다.

1995년부터 우리 병원은 국내 최초로 하지정맥류 치료를 시작한 개인병원이 되었으며, 혈관경화요법과 스트리핑법으로 정맥류 수술을 주로 실시했다. 그 후 레이저, 고주파, 초음파 유도 혈관경화요법으로 치료 범위를 넓혀 나갔다. 프랑스 파리, 몽펠리에의 석학들을 방문하여 프랑스식 치료법을 습득하면서 하지정맥류 치료법을 보강 습득하고 국내 실정에 맞게 수정 발전 시켜 좀 더 좋은 결과를 얻을 수 있었다.

2001년도에 하지정맥류로 주 진료과목이 바뀌면서 삼성의료원의 이병붕 교수와 대한정맥학회를 창립했다. 또한 한국의 독보적인 의술을 해외의 환자들에게도 널리 보급하기 위해 2000년도에 한국 최초로 중국 대련에 하지정맥류 전문 병원을 설립하고 2006년에는 북경에 2호점을 설립했다. 이로써 한국 최초로 중국에 진출한 의사가 되었고 중국의 병원들은 현재까지 성공적으로 운영되고 있다. 한국 및 중국, 3개의 클리닉에서 누적 정맥류 수술 환자 건수가 4만 명을 넘으면서 연세에스병원은 동양 최고의 하지정맥류 전문병원이 되었고, '다리 혈관을 잘 고치는 병원'으로 소문이 나게 되었다.

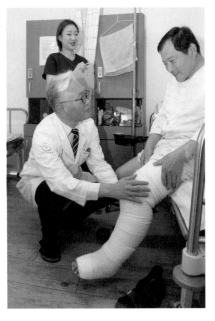

하지정맥류를 치료받은 환자들의 입소문 덕분인지 다리가 붓는 림프부종 환자들이 병원에 찾아오기 시작했다. 국립의료원 시절에 미세림프문합술이라는 것을 수술해본 경험이 있어서 림프환자들을 보기 시작했다. 2006년도에 프랑스의 코린베커 교수가 림프절 이식수술을 개발하고 획기적인 결과가 나왔다고 발표를 해서 직접 파리를 방문해 그 교수한테 연수를 받았다. 미세림프관 연결 배액수술, 미세 림프절 이식수술 등을 림프부종 환자들에게 시술해보았으나 결과가 썩 만족스럽지는 못했다. 실의에 빠져있던 차에 림프부종은 림프액이 고인 것이 아니고 림프슬러지 즉 찌꺼기가 고인 것이라는 개념으로 관점을 바꾸면서 새로운 여러 종류의 치료법을 개발하기 시작했다.

림프부종은 어떤 질병인가? 림프관이 막히거나 기능 부전으로 신체 일부가 점점 심하게 부어오르는 질병이다. 암 수술이나 항암치료의 후유증으로 주로 나타나는 이 병은 어느 순간 멈추는 것이 아니라 부종을 제대로 관리해 주지 않으면 시간이 지나면서 점점 악화된다는 점에서 심각성을 갖고 있다. 때문에 림프부종은 아직도 불치병이라고 인식되어 있고 완벽한 치료법은 현재까지 없다. 하지만 림프 찌꺼기를 해결하려고 백방으로 노력해서 치료 노하우 10여 가지를 개발했다.

그중에 줄기세포가 새로운 림프관을 만들어주는 데 혁혁한 공헌을 한 것 같다. 그리고 림프슬러지를 해결하려면 일반적으로 화학적인 약품을 사용하게 되는데, 물리적인 방법이 없을까에 대해 고민했다. 혹시 '전기치료가 부종 및 림프 찌꺼기를 녹일 수 있지 않을까?'라는 전제를 세우고 수소문 끝에 고전압 발생기를 림프부종 치료에 적용할 수 있었다. 그런데 환자들에게 적용하다 보니 이 기계는 부종을 제거하는 것뿐만이 아니고 통증에도 탁월한 효과가 있다는 사실을 알게 된 것이다.

## 세계 최초 신개념 전기충전 치료법 '엘큐어리젠요법' 개발

이른바 '엘큐어리젠요법'의 발견이다. 이후 전기치료기기의 장점을 살려서 현재의 엘큐어리젠요법을 개발하고 전 세계 의사들이 쉽고 정확하게 사용할 수 있는 새로운 통증치료기 개발 프로젝트에 주도적으로 참여하고 있다. 전기를 인체에 충전시켜

주는 치료법인 엘큐어리젠요법은 전기생리학을 기반으로 하는 새로운 물리적 치료이며, 약물 부작용이 전혀 없는 것이 특징이다. 통증 제거뿐 아니라 세포 재생 기능도 갖고 있어 난치병, 불치병 환자들에게 꼭 추천하고 싶은 치료법이다.

저자가 이 책을 쓰게 된 동기는 획기적인 전기자극 치료법인 '엘큐어리젠요법'을 만성 통증으로 고통받는 중·노년층 독자들에게 널리 알리기 위함이다. 통증 치료는 빠를수록 건강 회복에 유리하다. 지난 5년 동안 엘큐어리젠요법으로 치료받은 난치성 환자 중 약 80%가 통증 완화가 되었으며, 그중 일부는 질병 치유와 함께 세포 재생 효과도 나타나고 있다. 치유 효과가 현저히 나타난 질병 중에는 현대의학으로 치료가 잘 되지 않는 좌골신경통이나 항문거근 증후군, 대상포진 후유증, 말초신경장애, 당뇨발 등의 통증 질환도 포함되어 있다. 그동안 진통제, 스테로이드 주사에 의존하면서 통증을 견뎌온 난치성 환자들에게는 희망적인 청신호라고 볼 수 있다.

이 책의 2장에는 '엘큐어리젠요법'의 원리와 효능이 자세하게 소개되어 있으며, 3장에는 '엘큐어리젠요법'으로 증상이 호전되고 활력을 되찾은 난치병 통증 환자들의 증상 유형과 치료법이 상세히 소개되어 있으므로 유사한 증상을 가진 독자들은 엘큐어리젠요법의 도움을 받기를 적극 권장한다.

바야흐로 '호모 헌드레드' 시대다. 100세 인생의 개막은 축하할 일이지만, 아프면서 오래 사는 것보다 통증 없이 건강하게 사는 것이 훨씬 소중하지 않은가. '엘큐어리젠요법'은 인생 이모작을 한껏 즐기고 싶은 시니어 세대의 꿈을 실현시켜줄 '통증혁명' 치료법이라고 확신한다. 이 책을 통해 모든 독자들이 '엘큐어리젠요법'으로 질병을 예방하고 젊고 활기찬 인생을 즐길 수 있기를 희망한다.

---

엘큐어리젠요법의 '리젠'은 다음과 같은 의미를 담고 있습니다.
Regeneration / Energy / Good-bye pain / Electric charging / No steroid

1995 하지정맥류

2000 중국대련병원

2017 엘큐어요법 개발

The first Penguin

# 행복한 '100세 시대'를 살아가는
# 건강 지혜의 보고(寶庫)가
##                               되길 바라며

코로나19 팬데믹으로 전 세계 인류가 정신적 육체적 사회적으로 2년 여 동안 고통 받고 있던 중 설상가상으로 신종 변이 오미크론이 발표되니 그야말로 지구를 탈출하고 싶은 마음이 굴뚝 같은 요즈음이다.

한 가지 희망의 별이 반짝이듯 성형외과 전문의이며 하지 정맥류 치료의 국내 선구자인 심영기 원장의 신간 〈세포충전 건강법〉이 최근에 발간되어 그 기쁨은 하늘을 찌르며, 바다와 같이 깊고 넓은 마음으로 축하의 마음을 전한다. 이 책은 심원장이 림프부종을 치료하고자 개발한 엘큐어**리젠**요법(고전압을 이용한 미세전류치료법으로 과거 HOATA 요법과 동일한 의미이다.) **리젠**요법에 대해 일반인들이 알기 쉽게 설명하였으며, 건강 유지에 도움을 줄 수 있는 내용으로 구성되어 있다.

엘큐어**리젠**요법은 고전압을 이용한 미세전류 전기충전 방식으로 통전되며, 방전된 세포막 전위를 정상화시킴으로써 병소 부위를 진단함과 동시에 치료하는 신 의료기술이다.

인체의 모든 세포-조직-장기는 전기생리학적 작용으로 생명체로서의 기능을 유지하며 살아가고 있다. 세포 수만-수억개가 이루고 있는 조직이나 장기에 세포막 전위가 낮아지면 생체전기 흐름이 없어지고 세포 조직 기능은 정지되며 고인 물이 썩듯이 병이 발생한다.

엘큐어**리젠**요법을 이용하여 전기에너지를 상실한 인체 부위에 고전압을 피부를 통해 흘려 충전시킴으로써 세포막 전위를 정상화시키고 생명체의 기능을 재생시킨다. 더욱이 세포 내 미세구조의 하나로 발전소 역할을 하는 미토콘드리아를 엘큐어**리젠**요법의 충전 효과로 활성화시키면 ATP 생산이 5배나 증가된다. 이 에너지를 이용하여 세포의 다양한 효소 작용이 증가하고 나트륨 이온, 칼륨 이온, 염소 이온, 칼슘 이온 등등 전자들의 이동이 활발해진다. 세포-조직 사이에서 찌꺼기로 남아 독소 작용을 하던 슬러지를 녹여내고 혈액-임파 순환계가 활성화되어 부종이 빠지며 말초 곳곳에 산소와 영양분 공급이 증가한다 .손상된 근골격계의 재생과 신경 기능과 호르몬 기능이 정상화되며 항균-항바이러스 면역기능을 장전할 수도 있다.

엘큐어**리젠**요법은 생체 전기에너지를 충전시키는 것으로 악순환 되는 병리적 고리를 깨고 신체 기능을 선 순환되게 하는 것이다. 따라서 엘큐어**리젠**요법의 기능을 더 발전시켜 나아가면 암세포와 싸워 이겨낼 수 있는 강력한 항암기능까지 얻을 수 있다. 반드시 그 목표를 달성하기를 기대한다.

아무쪼록 이 책을 읽는 일반 독자들이 건강에 대한 갈증을 해소하여 코로나 팬데믹을 극복하고 평온하고 행복한 백세 시대의 삶을 영위하기를 고대하고 기원하는 바이다.

이윤우(연세대학교 명예교수)

**이윤우 박사 약력**

1979년 연세대학교 의과대학 졸업, 마취통증의학과 전문의, 의학박사

1986-2019년 (현재) 연세의대 마취통증의학과 (명예)교수

대한마취통증의학회, 대한통증학회,

대한체열학회, 대한통증연구학회, 대한척추통증학회,

세계통증전문의학회(WSPC) 제13차 학술대회 조직위원장

## Chapter 03
## 건강 되찾은 통증 환자들의 엘큐어리젠요법 치료 사례

## Chapter 04
# 심영기 박사의 엘큐어리젠요법 궁금증 Q&A

# Chapter 05
## 알칼리성 체질로 통증 없이 건강하게 사는 비결

## 부록/엘큐어리젠요법과 병행하는 치료법

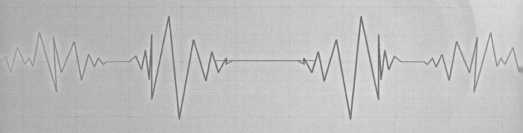

# Chapter 01

# 통증은 왜
# 조기에 치료해야 할까?

## 100세 시대, 질병도 환경 변화에 따라 변화 한다

바야흐로 '100세 시대'다. 평균수명이 늘어난 만큼 은퇴 이후에도 여전히 활발한 사회활동을 하면서 인생을 즐기는 60~70대 액티브 시니어들이 많이 늘고 있는 추세다. 하지만 외모는 젊어보여도 시니어들의 몸 상태는 젊은 시절보다 면역력이 떨어지고 근·골격이 약해진 것이 사실이다. 나이가 들면 조금만 무리를 해도 무릎, 다리, 어깨, 팔, 허리, 목 등 몸의 여기저기가 아플 때가 많다.

문제는 중장년층들은 몸에 통증이 생기면 '최근에 무리했으니 아픈 게 당연하지' 혹은 '이 나이 되도록 실컷 몸을 사용했으니 아플 때도 됐지. 기계도 오래 쓰면 고장 나잖아'라고 자위하며 무심히 넘기는 경우가 많다는 것이다. 하지만 급성 통증이 아닌 만성화된 통증일수록 치료를 서두르는 것이 좋다.

우선 통증에 대해 자세히 알아보자. 갑작스러운 외부충격으로 뼈나 장기가 파손되거나, 세포 조직에 염증이 생겼을 때 가장 먼저 나타나는 증상이 '통증'이다. 통증은 실질적·잠재적인 신체 손상으로 인한 육체적·정서적·사회적인 불쾌한 경험으로 정의된다.

## 나이 들면 몸이 아프고 통증이 생기는 것은 당연하다?

통증은 30일 이내에 그치면 급성통증, 3개월 이상 지속되면 만성통증으로 분류된다(대부분의 경우 만성통증을 정의할 때 6개월을 기준으로 하지만 최근에는 점차 그 기간이 짧아져 보통 3개월 이상 지속되는 통증이 있는 경우를 통칭한다).

급성통증은 피부를 베이거나, 가시에 찔리거나, 불에 데거나, 뼈가 부러질 때 갑작스럽게 나타나는 통증이다. 대부분 통증 부위가 좁고 내과적·외과적 처치로 원인을 제거하면 사라진다. 만성통증은 질병을 장기간 방치하거나, 잘못된 치료를 받아 후유증이 남거나, 통증조절체계에 문제가 생겨 발생한다. 실제 임상

대표적인 통증

에선 신경통, 근육통, 관절통, 요통, 두통, 암성통증 등이 만성화 돼 나타나는 경우가 많다.

최근의 진료사례를 보면, 흔한 요통이나 목디스크, 어깨·무릎 관절염 증상 외에 하지근육통, 족저근막염, 황반변성, 대상포진, 말초신경마비, 좌골신경통, 메니에르 등의 난치성 통증질환으로 내원한 중장년층 환자들이 많이 늘어나고 있음을 알 수 있다. 환자들의 질환에서도 세월의 흔적이 느껴지고, 환경 변화에 따라 질병도 변화하고 있다는 사실을 깨닫게 되는 것 같다.

## 만성통증이 되면 삶의 의욕 떨어지고 우울증도 나타나

만성통증은 당장 생명에 심각한 위협을 가하는 것은 아니지만 지속적·반복적인 고통을 주어 환자의 삶을 조금씩 갉아먹는다. 통증으로 인해 걷기 등 기본적인 일상에 어려움을 겪게 되면서 삶의 질이 저하되고 우울증 같은 정신질환이 동반되기 쉽다. 반복된 통증을 견디지 못하고 자살을 시도하는 경우도 적지 않다. 이외에 만성통증은 실직, 가정불화, 인간관계 단절, 공공 의료비용 증가, 장애로 인한 사회적 비용 증가, 노동력 상실로 인한 개인 및 사회적 손실 등을 초래하는 주요인으로 꼽히고 있다.

참고로 대한통증학회 자료를 보면, 만성 통증 환자의 41%가

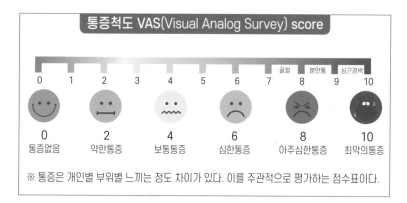

통증척도 VAS(Visual Analog Survey) score

| 0 | 1 | 2 | 3 | 4 | 5 | 6 | 7 골절 | 8 분만통 | 9 심근경색 | 10 |

| 0 | 2 | 4 | 6 | 8 | 10 |
| 통증없음 | 약한통증 | 보통통증 | 심한통증 | 아주심한통증 | 최악의통증 |

※ 통증은 개인별 부위별 느끼는 정도 차이가 있다. 이를 주관적으로 평가하는 점수표이다.

중등도 통증(최대통증 10점 기준 4~6점), 27%는 심한 통증 (7~10점)으로 고통 받고 있다. 이처럼 만성통증은 한 개인에게 고통을 주고 삶의 의욕을 잃게 할 뿐만 아니라 가족 전체의 불행을 초래할 수도 있기 때문에, 통증이 발생하면 '시간이 해결해주겠지'라며 넘겨버릴 것이 아니라, 반복되는 통증일 경우엔 정확한 통증 진단과 함께 반드시 적절한 치료를 받아야 한다.

## 모든 질병, 통증 발생의 근본 원인은 '세포스트레스'

통증은 염증이나 외상, 신경계 질환 등 다양한 원인으로 생기지만, 저자의 견해로 볼 때 근본적인 원인은 세포스트레스라고 판단된다. 스트레스가 오래 지속되면 세포의 전위가 떨어져 배터리가 방전된 현상이 생기고 통증이 느껴지기 시작하는데, 시간이 지나면 통증 자체가 질병으로 발전한다. 그 이유는 전기가 충전이 되지 않은 상태로는 세포의 미토콘드리아에서 에너지를 생산하지 못하기 때문이다. 통증을 조절하는 신경계가 망가지면 림프슬러지의 절연작용으로 인해 이온 교환이 되지 않는다. 이 단계가 되면 당뇨와 같은 원인 질환을 약물이나 기타 방법

## 세포스트레스를 주는 인자들

육체적 스트레스 : 과도한 운동, 노동, 무리한 반복작업

정신적 스트레스 : 노이로제, 정신병

대사질환 : 비만, 고혈압, 당뇨, 통풍, 호르몬부조, 자율신경조절 이상

외상 : 사고, 외과적 수술, 스포츠 손상

운동과부족 : 운동중독, 운동부족

공해 : 환경공해, 수질오염, 공기오염, 미세먼지, 방사능 오염,

식품오염(GMO 식품), 소음공해, 전자파공해

중독 : 알코올, 마약, 노름, 게임

질병 : 자가면역질환, 심혈관질환, 중풍, 암세포

감염 : 세균감염, 바이러스 감염(에이즈, 대상포진…), 곰팡이 감염

노화·퇴행성변화 : 퇴행성관절염, 척추협착증

유전자이상 : 선천성 기형

기타

으로 치료해도 통증이 사라지지 않게 되는, 국소적인 말초 신경 병증으로 진행되는 경우가 많다.

급성통증이 3개월 이상 지속되면 신경세포로 통증을 전달하는 전기신호가 강해져서 통증이 심해지고 오래 지속되며, 나중에는 통증에 예민해지고 자극이 없는데도 통증을 느끼게 된다. 만성통증 상태가 되는 것이다. 만성통증은 스트레스를 증가시켜 각종 질병을 일으킨다. 몸을 흥분시키는 교감신경계가 활성화되고 스트레스 호르몬이 증가해 혈압, 혈당 등이 오른다. 이로 인해 고혈압, 당뇨병 등의 만성질환에 걸릴 위험도 커진다. 또 아픈 부위 대신 다른 건측(아픈 부위의 반대편)만을 사용하면서, 근골격계에도 불균형이 오고 약해질 수 있다. 그러므로 모든 급성통증은 3개월 이내에 정확하게 치료해줄 것을 권장한다.

## 스테로이드성 약물의 장기복용, 고칠병이 고질병 된다?

통증이 오래 지속되면 병원을 찾아 원인 질환을 치료하거나 통증 자체를 줄이는 치료를 받아야 한다. 아픈 부위에 따라 환자들은 주위 사람들에게 묻거나 인터넷 검색을 통해 병원을 찾는 경우가 많은데, 통증 부위에 따라 병원이 각각 달라지는 경향이 있다. 근육·뼈·관절이 아플 땐 정형외과, 신경외과, 마취통증의학과나 재활의학과를 방문하고, 얼굴은 신경외과, 흉통·두통은 내과, 불면증을 동반한 통증은 이비인후과 혹은 정신건강의학과를 찾는다. 이들 병원에서 주로 처방하는 약물은 진통제, 신경안정제, 통증차단제, 마약성 진통제, 수면제가 주종을 이룬다. 또한 일반 통증의학을 다루는 병원에서는 주로 스테로이드(뼈주사), 히알루로니데이즈, 리도카인 삼총사를 주 무기로 사용한다.

하지만 전기생리학적으로 보면 스테로이드는 전기를 감소시키며 줄기세포의 활성을 떨어뜨려 재생이 불가능하게 되고, 급성 통증으로 인한 인체의 세포를 퇴축시키며 재생을 못하게 된다. 그러므로 스테로이드의 빠른 진통소염 효과로 인해 당분간은 통증에서 해방되는 것 같지만 결국은 고칠 병이 '고질병'이 된다는 사실을 잊어서는 안 된다.

## 통증환자들이 마지막 대안으로 '엘큐어리젠요법'을 찾는 이유

성형외과 전문의인 저자에게 엘큐어리젠요법 소식을 듣고 찾아오는 만성통증 환자들은 평균 6개월 이상 10군데 이상의 병의원에서 수술, 시술, 신경성형술, 체외충격파, 증식치료, 도수치료, 침, 부항, 추나요법, 약침 등 안 받아본 치료가 없는 분들이다. 기존 치료법이 효과가 없다는 의미가 아니라, 기존 치료나

전통의학의 치료로 호전이 되지 않는 환자들이 그만큼 많다는 것을 설명하는 현상이라고 본다. 이 환자들 중에는 만성화되어 고치기 힘든 고질병이 된 분들도 적지 않다.

하지만 거의 '마지막 치료'라고 생각하며 엘큐어**리젠**요법을 선택한 환자들도 전기충전치료를 받아보기 전엔 효과를 반신반의하는 분들이 적지 않다. 이제까지 별별 치료를 다 받아본 분들이라서 '전기치료가 과연 효력이 있을까'하는 의심스런 표정이 내 눈에도 보인다. 하지만 '찌릿찌릿'하는 느낌과 함께 전기가 피부 깊숙이 흘러들어가 통증이 완화되기 시작하면서 "원장님, 전기치료가 신기하긴 하네요. 아까보다 통증이 훨씬 덜하고 편안해졌어요. 일단 5회 차까지 받아볼래요."라고 하는 환자들이 대다수다.

## '통증 완화'와 '세포 재생'이 엘큐어 치료의 핵심 기능

이처럼 상당수의 만성통증 환자들이 선호하는 '엘큐어**리젠**요법'의 치료원리는 뭘까. 엘큐어**리젠**요법은 뇌 속 통증신호 전달체계에 알맞은 수준의 전기에너지로 자극을 가해 통증을 개선하는 방법이다. 신개념 전기자극치료 개념으로, 통증을 유발하는 근본적인 원인을 파악하고 진단함과 동시에 치료까지 해낸다. 조직세포가 필요로 하는 만큼 고전압 미세전류로 충전해주는 방식으로 진행되며, 한 번 치료 시 효과가 보통 24시간 이상 지속된다. 때문에 반복적으로 치료하게 되면 정상세포의 막전위가 오르게 되고, 장기적으로 치료하면 신체의 전반적인 면역력이 향상되어 만성통증으로부터 벗어날 수 있게 된다.

병변 부위에 엘큐어**리젠**요법의 탐침자를 접촉시키면 정상 부위와 다르게 통전량이 급격하게 증가하면서 마치 감전된 듯 찌릿찌릿한 통전통이 느껴지게 되는데, 이 통전통을 통해 CT 또는 MRI 검사로도 확인이 까다로운 통증 유발점을 정확하게 찾아낼 수 있다. 이렇게 통전통이 있으면 원인을 진단함과 동시에 치료까지 가능하며, 만일 통전통이 없다면 정확하게 원인을 파악하고 세포 재생을 유도하는 것이 전기자극치료 엘큐어**리젠**요법의 핵심 원리라고 볼 수 있다.

반복적으로 엘큐어**리젠**요법을 적용하여 세포에 부족한 전기에너지를 충전시키면, 세포막 안팎의 이온교환이 활발해지면서 막전위가 다시 정상 수준으로 되돌아오고 세포의 활성도 또한 되살아난다. 때문에 급성 및 만성 통증은 물론 안면마비, 당뇨병성 족부궤양, 림프부종, 대상포진, 말초신경병증 등 다양한 난치성 통증 질환의 치료에 적용할 수 있는 장점이 있다.

※ 엘큐어**리젠**요법의 원리와 특징, 치료사례에 대해서는 2장과 3장에서 상세히 소개된다.

통증에 대한 저자의 견해를 요약하면 세포를 죽이는 것이 아닌, 엘큐어**리젠**요법이라는 전기 충전을 통해 세포를 활성화시키고 반복 치료하면서 세포의 재생을 유도하는 것이 가장 올바른 치료라고 믿고 있다. 이제까지 엘큐어 치료에 대한 환자들의 반응이나 경과는 대부분 좋은 편이다. 또한 저자는 진통제 약 처방을 하지 않으므로 약물 부작용 없이 호전되는 증례가 많다. 특히 엘큐어**리젠**요법 치료를 하면서 "진통제를 줄일 수만 있어도 좋겠습니다."라고 이야기하는 환자들의 소원이 성취된 경우가 많아서 보람을 느낀다.

## | 통증에 대한 엘큐어리젠요법의 접근 |

- 엘큐어리젠요법에 대해 반응이 빠른 질환인 급성위경련(급체)은 10분 이내에 호전된다.
- 목디스크, 족저근막염, 하지정맥류로 오인하는 다리부기, 무거움을 일으키는 종아리 근육통은 확실하게 주 1회 10~15회 치료로 많이 호전된다.
- 허리디스크, 급성요통은 조금 느리게 반응하며 테니스엘보, 오십견, 신경마비, 당뇨발은 치료경과가 좋은 편이다.

- 가장 치료가 오래 걸리는 경우는 척추관협착증, 뇌성마비 경직, 중풍으로 인한 마비, 파킨슨, 황반변성 등이다. 이 질환들은 1년 넘게 오래 반복 치료해야 한다. 그리고 이미 허리 시술을 받았거나 수술을 받은 부위는 병소 부위 주변으로 두터운 반흔조직(상해되어 죽은 세포와 그 주변부의 비삼투성 보호물질로 형성된 세포로 구성된 조직)이 형성되어 있기 때문에 고전압으로 인가해도 쉽게 병소 부위가 충전되기 힘들다. 이런 경우 아주 오래 지속적인 엘큐어리젠요법이 필요하다.

- 엘큐어리젠요법이 혈전용해작용에 대해서는 효과적이지 않은 것 같고, 켈로이드(피부손상 후 발생하는 상처치유 과정에서 비정상적으로 섬유조직이 밀집되게 성장하는 질환) 치료에도 덜 효과적이다.

- 치료시기에 대해서는 대상포진 발병 후 1개월 이내에, 안면신경마비(구안와사) 발병 후 1개월 이내 치료를 받을수록 경과가 좋다. 그러나 만성화가 되면 거의 치료가 힘들어지므로 다른 치료를 병행하면서라도 동시에 엘큐어리젠요법 받을 것을 강력하게 권하고 싶다.

- 간과해서는 안 되는 것은 엘큐어리젠요법이 만병통치는 아니라는 점이다. 급성디스크 파열, 인대 완전파열, 골절, 심한 외상 등은 응급수술을 필요로 하는 경우이므로 각과의 전문의들과

긴밀하게 상호 협진을 할 필요가 있고 다수의 응급의료진이 필요한 경우도 많다는 것을 염두에 두어야 할 것이다. 또한 내과적인 원인에 의해서도 통증이 유발될 수 있으므로 기왕력(지금까지 걸렸던 질병이나 외상(外傷) 등 진찰을 받는 현재에 이르기까지의 병력(病歷))을 자세히 병원에 알려주는 것이 좋다. 그리고 병원에서도 세밀하게 문진할 필요가 있다.

● 엘큐어리젠요법의 치료 목표는 병든 세포 즉 방전된 세포를 반복적으로 충전시켜 세포 스스로 자신의 미토콘드리아에서 에너지를 생산하여 세포 기능이 정상화되도록 하는 것이다. 결국 통증 완화, 진통제 복용 줄이기, 운동제한 풀기로 요약할 수 있다.

● 환자들에게 최선의 치료법 선택은 부작용 최소의 비침습적(인체에 고통을 주지 않고 실시하는 것) 치료, 진통제 처방 안하기 등이라고 할 수 있다. 엘큐어리젠요법은 개발된 지 얼마 되지 않은 새로운 치료법이다. 따라서 각 전문 진료영역에서 통증감소, 세포재생의 개념으로 적용시키면 무한한 임상적응증이 생길 수 있고 치료 프로토콜도 만들어질 수 있는 새로운 학문이라고 볼 수 있다. 국민 건강을 위해 상기 조건에 충족될 수 있는 신 치료법이 되었으면 하는 바람이다.

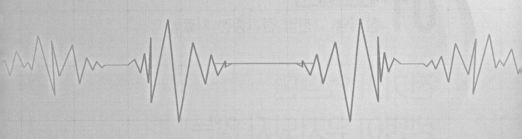

# Chapter 02

# 엘큐어리젠요법의 원리와
# 치료 노하우

# 01
신개념 고전압 전기충전 치료법

# 전기가 없으면
# 생명이 유지되지 않는다!

───────────────────────────╱╲╱╲╱╲───────

　인체의 질병에 대해서 이를 치료하고자 하는 노력은 인류 역사와 같이 오랜 시간 동안에 다양한 방법으로 접근해왔다. 현대에는 유럽과 미국이 주도하는 서양 의학이 치료의 주도권을 갖고 인간의 수명을 연장해온 것이 사실이다. 특히 항생제의 발명은 획기적인 것으로, 염증으로부터 수많은 사람들의 생명을 구해왔다. 하지만 엑스레이, CT, MRI, 전자물리학적 진단법과 같이 눈부신 의학의 발전에도 불구하고 환자의 수는 줄어들지 않고 자가면역 질환이나 암과 같은 불치병은 점점 늘어나고 있다. 다만 질병의 종류와 패턴이 바뀌고 있을 뿐이다. 통증, 난치병이나 불치병에 대해 기존의 치료법과 다른 새로운 접근 방식으로 개발한 엘큐어**리젠**요법은 "세포는 하나의 배터리 기능을 갖고 있고 세포가 방전이 되면 질병, 통증, 암이 생긴다"는 전기생리학적 원리에 기초한 것이다. 엘큐어**리젠**요법이란 미세전류를 이용해 병든 세포를 재생시켜 통증과 질병을 치료하는 방식으로, 동서양을 통틀어 역사상 최초라고 볼 수 있다.

"엘큐어"라는 말은 영어로 ELCURE인데 electrical cure를 줄인 말이다. 즉 전기로 치료한다는 의미이다.

엘큐어**리젠**요법은 원래 림프슬러지가 만성적으로 축적되어 생기는 불치병인 림프부종을 치료하기 위해 개발되었다. 그런데 엘큐어**리젠**요법으로 환자들을 치료해보니, 림프부종의 부기 완화뿐 아니라 난치병인 황반변성도 호전되고, 중풍환자에게도 효과가 있었다. 이렇듯 엘큐어**리젠**요법의 치료 가능성은 무궁무진해서 난치병, 불치병 환자들에게도 희망적이라고 볼 수 있다.

한의학에서는 인체 에너지를 기(氣)로 표현한다. 사람의 몸에 오행(다섯 가지 氣) 즉, '목·화·토·금·수에 밸런스를 조정하는 방식이며 침이나 뜸 같은 것도 밸런스를 조정하기 위한 것'이라

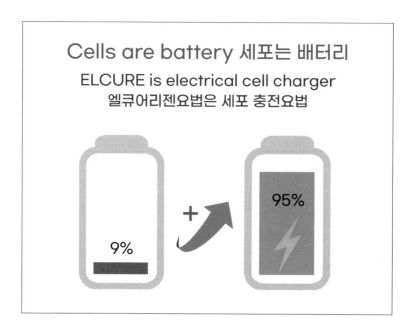

는 개념의 치료형태다. 엘큐어리젠요법을 한의학 원리로 설명하면, 사람 몸이 '氣'로 이루어져 있다는 개념이고 '氣'에 밸런스가 깨지면 병에 걸리고 그것을 바로 잡는 것이 치료라는 개념이다. 저자는 여기의 '氣'는 생체 **전기(電氣)**에너지를 의미한다고 해석한다.

# 02 전기생리학적 이론에 바탕을 둔 과학적인 치료

# 가장 기본적인
# 물리적 세포충전요법이 답이다!

현대의학에서 전기진단기기는 의학의 발전과 함께 꾸준히 개발되어 왔다. 1895년 뢴트겐의 엑스레이 발명은 몸의 뼈 구조를 진단하게 함으로써 서양의학 역사의 한 획을 그었다. 1957년에는 와일드에 의해 초음파 진단이 이루어졌으며, 1970년대에 발명된 CT, MRI는 한층 더 명확하게 엑스레이에서는 진단할수 없는 연골이나 연부조직까지도 진단할 수 있게 되었다. 이후

1990년대에는 동위원소를 이용한 PET가 개발되어 암 진단에 사용되고 있다.

전기진단기기는 오래 전부터 의료용으로 사용되어 왔으며, 전기장치를 이용하여 인체의 질병을 진단하는 데 사용하는 장치를 말한다. 대표적인 것이 1924년 네덜란드 아인트호벤에 의해 개발된 심장의 이상을 알아내기 위하여 사용하는 심전도 검사이며, 그 외에 심음도 검사, 뇌질환을 진단하기 위한 뇌파검사, 근육의 상태 및 신경마비가 있는지 없는지를 측정하는 근전도 검사 등이 실제로 병원에서 진단에 많이 사용되고 있다. 최근에는 전기저항 분석법을 이용하여 체성분이라든지, 골격·근육·체지방 분석이 전기화학적으로 가능해졌고 정기 건강검진에도 많이 사용되고 있다.

전기자극 치료는 이탈리아의 생리학자 루이지 알로이시오 갈바니(Luigi Aloisio Galvani)가 최초로 개발했다. 그는 전기적 자극으로부터 유도되는 생체 기능이 근육에 장기간의 변화를 가져온다는 사실을 발견하고, 전류가 근육을 활성화시킬 수 있다고 주장했다. 이후 이를 근거로 1960년대 소련은 운동선수의 훈련과 근육통 등에 전기자극을 가하는 전기자극 치료를 진행했고, 1970년대에는 서양의 많은 학회에서 이를 본격적으로 연구하기 시작했다. 이때까지의 전기치료는 근육의 움직임을 유연

# 인체의 전기작용을 이용한 진단법

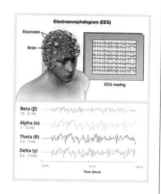

- 심전도(Electrocardiogram)
  심장 운동에 의해 발생되는 전기 변화를
  전기 측정기로 측정하여 심장질환을 진단
- 뇌파검사(Electroencephalography)
  뇌파의 전기 변화
- 근전도검사(Electromyography)
  신경마비 근육마비 진단
- 체성분검사
- 한방용 경락 검사
- 바이오 임피던스 검사(Bioimpedance test)
- 엘큐어검사법

**생체 전기변화를 이용한 전기진단장치**

하게 만들고 근육통을 줄여주는 물리요법을 일환으로 전기근육 자극요법이 사용됐다. 이후 의료용 전기치료기기가 고주파·저 주파·극초단파 등을 낼 수 있도록 발전하면서 근육뿐만 아니라 피부·지방층·혈관·신경 등 병변의 위치와 병증에 맞춰 전기자 극을 줄 수 있게 됐다. 최근에는 약물치료와 수술적 치료가 어 려운 만성통증질환의 치료에 적극적으로 활용되고 있다. 통증 을 개선하는 데 널리 사용되는 스테로이드 주사제를 장기간 사 용할 경우 통증악화·고혈압·당뇨병 등 부작용이 나타날 수 있 다는 게 알려지면서 부작용 적은 전기자극 치료가 대안이 될 수 있다.

피부 깊숙이 고전압 전기를 충전하는 엘큐어**리젠**요법은 전기생리학적 이론에 근거한 과학적인 치료법이다. 엘큐어**리젠**요법을 이용한 진단법의 원리는 '전기마찰현상'으로서 유일하게 엘큐어 시술에서만 볼 수 있다. 이는 환자의 피부에 엘큐어의 탐침자를 접촉시키면서 스캐닝을 하면 막전위가 떨어져 있는 세포가 기전력에 의해 음전하를 당기는 '전인현상'이 생길 때 탐침자(프로브)에서 마찰력이 발생하는 현상을 말한다. 통증이 심한 부위는 피부마찰이 많이 발생하므로 통증의 위치나 염증 정도를 비교적 정확하게 진단할 수 있다.

# 03
## '우리 몸은 배터리' 원리 적용

# 전기충전요법으로
# 모든 병의 80%는 좋아진다!

엘큐어**리젠**요법은 "우리 몸이 배터리와 같은 기능을 지니고 있고, 충전이 충분히 된 상태가 건강한 세포이며 방전이 되면 질병, 통증, 암이 생긴다."는 전기생리학적 원리에 기조한 진단 및 치료법이다.

인체의 모든 세포는 전기학적 성질을 띠고 있으며, 질병이나 통증이 생긴 세포는 전위가 낮아져 있다. 이때 엘큐어 기기로 강력한 전기를 피부에 대어주면 전위가 떨어진 곳으로 음전하를 띠고 있는 전자가 들어가서 림프 슬러지(찌꺼기)를 녹이면서 세포막 전위를 높여주게 되는 것이다.

이런 이론에 근거한 엘큐어**리젠**(ELCURE Regen)요법은 기존에 치료하던 전기를 이용한 치료기와 방식이 완전히 다르다. 엘큐어와 같은 의미의 HOATA는 H(High voltage), O(Operating), A(A-current or Microcurrent), T(Treating), A(Appliance)의 약자이며 Regen은 세포재생 , 신경을 재생 시킨다는 Regeneration의 약자다. 쉽게 풀이하면, 고전압을 이용한 미세전류 전기 충전 방식의 통증치료법이란 뜻이며, 엘큐어**리젠**요법은 기존에 정형외과나 한의원의 물리치료실에서 사용하던 '전기를 이용하는 물리치료기'와는 치료 개념이 다르다. 엘큐어**리젠**요법은 1500~3000볼트 고전압전기충전 방식으로 과거에 사용하던 전기 물리치료기의 전압에 비해 10배 이상 높다. 이는 피부저항을 극복하고 몸 속 깊은 곳에 위치한 세포에 미세전류를 효과적으로 보내기 위해 채택된 방식이다. 1500~3000볼트의 고전압 전기를 피부에 접촉시키면 전기가 모자라는 부위에 있는 세포들이 전인현상(電引, Electrotraction)으로 전기를 잡아당기면서 세포가 충전되는 원리이다. 이때 이온화 현상으로 전기가 오듯 찌릿찌릿 통증이 느껴지면서 아주 빠른 속도로

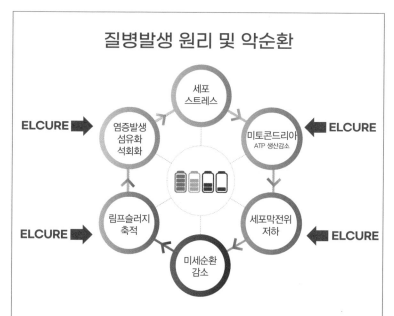

## 질병발생 원리 및 악순환

세포
스트레스

미토콘드리아
ATP 생산감소

ELCURE

ELCURE

염증발생
섬유화
석회화

ELCURE

ELCURE

세포막전위
저하

림프슬러지
축적

미세순환
감소

세포스트레스가 장기화되면 부종, 통증 증상이 발생하고 질병이 만성화되면 고질병이 된다.
DNA 변이를 일으켜 암 발생의 원인이 될 수 있다. 진통제, 스테로이드를 주지 않고 치료 대안이
될 수 있는 것이 엘큐어리젠요법으로 질병 발생 악순환의 모든 단계의 치료에 적용할 수 있다.

충전이 된다. 우리 인체의 세포는 전기 생리학적으로 보았을 때
배터리로 비유할 수 있고, 엘큐어**리젠**요법은 세포를 충전시키
는 충전요법이라고 생각할 수 있다. 세포가 스트레스를 받게 되
면 세포발전소인 미토콘드리아 활성도가 떨어지면서 ATP 생산
량이 줄어든다. 이렇게 에너지가 떨어지면 Na, P, Cl, Ca 등의
이온들이 세포막에서 원활하게 교환이 잘 되지 않고, 세포 주
위에 지저분한 림프슬러지 즉 찌꺼기가 축적되어 결과적으로 세

포 전기량이 감소한다. 이런 현상은 동시 다발적으로 발생 가능하며 세포 에너지가 떨어지게 되고 세포는 활기찬 모습에서 힘없고 축 늘어지고 병든 세포로 변하게 된다.

세포는 정상일 경우에는 80% 이상 충전상태를 유지한다. 하지만 50% 정도 방전 되면 통증이 발생하고, 완전 방전상태로 오래 유지되면 세포가 죽거나 암세포가 발생할 수 있다. 결론적으로, 엘큐어리젠요법은 방전된 세포를 충전시켜 세포를 정상으로 작동하게 해서 통증 및 질병을 치료하는 방법이다.

# 04 통증수치와 음전하량 체크 시스템

# 난치성 질병의
# 조기 진단이 가능하다!

우리 몸은 30조개의 세포로 구성되어 있다. 세포가 살기 위해서는 에너지가 필요하며 세포대사 에너지의 50~60%는 세포막의 전위 유지에 사용된다. 즉 인체의 모든 세포는 전기생리학적 측면에서 세포막에 미네랄 이온을 교환하는 배터리와 같다고 볼 수 있다.

요통, 섬유근육통, 관절통, 족저근막염 등 만성 통증질환을 느끼는 세포는 세포 밖과 비교해 전기생리학적으로 −30∼−50mV(마이크로볼트) 수준의 음전하 상태를 띤다. 이에 비해 정상세포는 −70∼−100mV, 심장세포는 −90∼−100mV의 전위차를 보인다. 건강한 세포는 음전하가 충만한 상태이지만 통증세포는 상대적으로 음전하가 부족한 −30∼−50mV 상태를 보인다. 암세포나 사멸직전의 세포는 −15∼−20mV로 현저히 낮은 상태를 보인다. 심장세포는 −90∼−100mV의 충분한 전기량을 가지고 있기 때문에 심장에는 암이 생기지 않는다.

전기량이 저하된 세포에선 통증이 느껴지기 시작하고, 모세혈관의 순환이 줄어들며, 피로감이 만성화된다. 막 전위가 낮은 상태로 장시간 방치되면 만성염증에 의한 섬유화 반응이 생긴다. 또한 세포가 정상기능을 하지 못하고 만성 피로현상이 나오고 만성질환으로 진행된다. 즉 전기자동차가 방전이 되면 에너지가 떨어져 운행을 하지 못하는 것처럼 우리 몸 속 세포도 전기가 방전이 되면 문제가 생기는 것이다. 방전 상태에서는 우리 몸의 근육이나 조직은 그 본래의 기능을 원활히 수행하지 못한다. 세포들이 다른 형태로 변하고 적혈구가 뭉쳐서 혈전이 생기고 순환장애가 일어난다. 또한 통증이 느껴지거나 시리고 저린 증상이 나타난다. −15∼−20mV로 막전위가 낮아지면 세포가 죽게 된다. 암세포나 세포괴사 조직에는 전기에너지가 거의 없

## Cell 세포 = bettery 배터리

- 충전 = 알칼리성 체질화 = 세포신생
- **충전율 : 소아 〉성인 〉노인**
- 50% 방전 : 만성피로 + 약한 통증
- 70% 방전 : 질병 발생 + 심한 통증
- 90% 방전 : 세포기능 정지 + 악성 통증
- 100% 방전 : 세포 사망 +암 발생
- 방전 = 산성 체질화 = 질병 발생

는 상태가 된다.

전위가 낮아지면 세포기능이 떨어져서 급성통증, 만성통증, 두통, 오심, 수면불량, 우울증, 어지러움, 신경마비, 감각이상, 피부트러블, 인지력 장애, 행동장애 등과 같은 다양한 증상들이 나타날 수 있다. 따라서 주기적으로 엘큐어**리젠**요법을 통해 주요 세포의 음전하를 체크하면, 통증 관리도 하고 암이나 난치성 질환으로 악화되는 것을 사전에 막을 수 있어서 건강관리에 유익하다.

# 05 엘큐어 특징 ❘❘❘
## CT, MRI로는 진단이 되지 않는

# 난해한 통증 부위를
# 쉽고 정확하게 찾는다!

엘큐어리젠요법용 전기자극기는 인체에 미세전류를 깊숙이 흐르게 하기 위해 고전압을 사용하였으며, 환자의 피부를 통해 비침습적으로, 고전압 상태에서 발생된 전기(마이너스 전기, 음전기)를 미세전류의 형태로 공급해주는 원리로 개발된 의료기기이다. 방전된 배터리를 전기로 채워 넣는 것처럼, 엘큐어리젠요법용 전기자극기는 전기에너지가 방전된 세포를 충전시키는 세포충전기라고 생각하면 된다.

엘큐어**리젠**요법은 막전위가 낮아진 상태의 병든 세포에 음전하를 충전시켜 막전위를 높여줌으로써 세포 주위에 축적된 림프 슬러지를 녹여주는 것과 동시에 세포를 활성화시켜 주는 치료법이다.

엘큐어**리젠**요법의 특징 중의 하나는 통증이 없는 정상 부위에 통전을 시키면 통전에 의한 통증이 전혀 느껴지지 않는다는 것이다. 하지만 병들고 나쁜 곳(배터리로 말하면, 전기가 방전된 상태)에 통전시키면 통전량이 정상 부위보다 급격히 증가하면서, 전류 흐름의 방법에 따라 세포 간 전기적 이온화로 인한 찌릿찌릿한 통증이 느껴지게 된다. 이 원리를 한 문장으로 정리하면, 유통유치 무통무치(有痛有治 無痛無治)다. 즉, 세포충전 치료할 때 '통증이 있으면 치료가 되고, 통증이 없으면 치료가 되지 않는다'는 뜻이다.

통증이 심한 부위는 음전하가 줄어서 막전위가 높아져 있는 상태이며 세포안과 세포 밖의 전위차가 감소되어 있다. 즉 전위차가 작을수록 음전하의 통전량이 많아지고 통전량이 많을수록 이온화되는 정도가 많아지므로 통증의 세기가 커진다. 이를 전인현상(Electrotraction)이라고 표현한다. 이런 통전량에 비례한 통증 강도 변화 현상으로 CT, MRI로는 진단이 되지 않는

## 전인현상(Electrotraction)

- **전인현상(Electrotraction)** : 엘큐어리젠요법에서만 볼 수 있는 막전위가 떨어져 있는 세포가 기전력에 의해 음전하를 당기는 현상을 말함.
  - 통증이 심한 부위(VAS 10)는 전기를 많이 흡수하는 부위로 전위가 저하되어 있고 엘큐어의 전기를 당기는 현상이 발생한다.
  - 임상에서는 통전통의 세기 변화로 알 수 있다.
  - 완전히 충전된 정상 세포(vas 0)는 전인현상이 없거나 통전통이 미미하다.
- Electrotraction의 세기 ∝ 통전통 비례한다
- Electrotraction의 세기 ∝ Electrofriction 전기마찰의 세기
- Electrotraction의 세기 ∝ 병의 중증도(세포의 방전 정도)

미세한 통증의 원인이 되는 부위(통증유발점, Trigger points)를 찾을 수 있는 진단적 기능이 있다.

외래에서 환자들을 진단할 때 가장 중요한 것은 신체에너지 레벨을 감지하는 것이다. 정상 에너지레벨이라고 하면 세포는 완전 충전상태로 보고 더 이상 전인현상(Electrotraction)이 없으므로 이때 전기마찰(Electrofriction)현상은 "0"가 된다. 하지만 여러 군데의 통증이 다발적으로 있으며 소화불량 생리불순, 불면증, 두통, 무기력증이 있는 경우에는 전기마찰(Electrofriction) 현상은 질병 정도에 따라 "30~100"이 된다. 이것은 엘큐어**리젠**요법에서만 볼 수 있는 전인현상 및 전기마찰

현상으로, 정확한 통점 및 통증유발점을 찾아내는 데 큰 역할을 한다.

참고로, 전기생리학적인 원칙은 다음과 같다.
- 전인현상 및 전기마찰현상의 세기와 통전통은 비례한다.
- 전인현상 및 전기마찰현상의 세기와 병의 중증도는 비례한다.
- Electrotraction(전인현상)의 세기와 Electrofriction(전기마찰)의 크기는 비례한다.

엘큐어리젠요법 전기자극기로 통증유발점을 찾아낸 후 그 부위에 통전을 1분 정도 시키면, 통전통이 심하다가 서서히 통전통이 줄어드는 것을 환자가 직접 느낄 수 있다. 치료 즉시 통증이 감소되고 움직임이 부드러워지고 가벼워지는 것을 느낄 수 있다.

---

※ 이 원리를 이용한 발명 특허 ※

심영기 원장의 특허 제10-2355171호

발명의 명칭 : 고전압 미세전류 통증진단기기

---

# 06
## 세포의 소통 위해 '노 진통제, 노 스테로이드'

# 약은 독!
# 세포 스스로의 치유를 돕는다!

요통이나 목 디스크, 어깨통증 등 통증 치료를 위해 정형외과 혹은 통증의학과를 방문하면 대부분의 의사들은 진통소염제나 스테로이드 주사를 처방한다. 물론 급성통증 환자에게는 진통제나 스테로이드 약물이 효력을 발휘한다. 하지만 스테로이드 제제는 세포가 전자를 빼앗겨 죽어가고 있음에도 불구하고 뇌에서 통증을 느끼지 못하도록 하는 속효성 통증신호 차단 작용을 통해 일시적으로 증상을 개선할 뿐 치료의 근본적 치료 토대는 제공하지 못한다. 오히려 스테로이드를 자주 복용하거나 주사할 경우 세포 및 조직의 기능 저하와 위축을 초래할 뿐이다. 결국에는 회복불능의 고질병을 야기할 가능성이 높다.

몸에 좋다는 보약 또는 건강기능식품도 소화기능이 떨어지면 흡수, 분해되지 않고 배설돼 소기의 성과를 기대하기 어렵다. 수술도 마찬가지다. 대사질환, 퇴행성 질환을 오래 앓아 왔던 환자는 신체 에너지가 저하된 상태인데 이를 감안하지 않고 수술할 경우 수술 스트레스로 회복되지 않는 경우가 흔하다. 오히려 통증이 악화되는 경우가 비일비재하다.

진통제, 소염제, 스테로이드, 항히스타민제, 면역억제제, 항암제를 비롯한 모든 약은 독성을 지니고 있다. 이러한 약물들을 장기 복용하면 림프슬러지가 축적이 되고 병을 악화시키는 것이다. 약물은 세포막에 있는 수용체를 닫는 역할을 하며, 이온 교환과 정보 교환이 일어나지 않거나 약화시키게 된다. 즉, 지나친 약물 복용은 세포의 전기를 소모시키는 작용을 한다고 이해하면 된다.

엘큐어**리젠**요법은 대사성 질환인 고혈압, 당뇨와 같이 지속적으로 조절을 해주어야 하는 약물이외에 모든 세포에 독성이 있는 약물은 끊고 치료를 시작한다. 때문에 이와 같은 약물 부작용을 없애준다. 미세전류로 전기를 공급해줌으로써 세포들의 **자가 치유 프로그램**을 활성화시키는 것이 엘큐어**리젠**요법의 궁극적인 치료 목표이다.

# 07
### 항생제 도움 없이도

# 부작용 없는 만성통증 치료가 가능하다!

　갑작스런 외부 충격으로 뼈와 장기가 손상되거나, 세포 조직에 염증이 생겼을 경우 가장 먼저 나타나는 반응이 '통증'이다. 통증은 보통 30일 이내에 소멸되면 급성통증, 90일 이상 지속되면 만성통증으로 분류한다.

　급성통증은 통증 부위가 좁고 한정적이며 내과적·외과적 처치로 통증의 원인을 제거해주면 대부분 치료된다. 보통 급성염증이 생기면 항생소염제를 복용해 치료한다. 이것은 초기 단계인 급성상태일 때 가능한 방법으로 신체 전반적인 면역력이 정상적일 때만 가능하다. 면역 체계의 세포는 혈액을 타고 이동하는 경보에 반응하며, 면역체계가 정상일 때 생성하는 화학물질은 상처를 치료하는 데 큰 도움이 될 수 있다.

반면 질병의 장기간 방치 또는 잘못된 치료로 인해 후유증이 남거나 신체 내 통증조절체계에 문제가 생겨 발생하는 만성통증은 지속적·반복적 고통을 초래, 삶의 질을 크게 떨어뜨린다. 신경통, 근육통, 요통, 두통, 암성통증 등이 대표적인 예다. 만성통증은 흔하게 발생함에도 마땅한 치료법이 없다. 흔히 사용되는 스테로이드 주사제의 경우 통증을 단시간 완화시킬 뿐 근본치료가 아니어서 재발 가능성이 상존하는 데다 장기간 사용하면 오히려 통증악화와 고혈압, 당뇨병 등 부작용을 초래할 위험이 높다.

염증이 장기화되어 발생하는 만성염증 증상은 일반적인 항생제 치료만으로 호전이 어려울 수 있다. 대안으로 세포에 전기자극을 가하는 엘큐어리젠요법 치료를 택하면 보다 효과적으로 증상을 개선할 수 있다. 전기자극 치료 엘큐어리젠요법은 병든 세포에 전기에너지를 공급해 세포의 활성화는 물론 재생을 돕는다. 세포 스스로 염증 물질과 노폐물을 정화하도록 촉진해 근본적인 원인을 해결하는 것이 치료의 핵심 원리이다. 약물 부작용 없이 증상을 개선할 수 있을 뿐만 아니라 염증의 만성화로 인해 파생될 수 있는 질환과 재발을 억제하는 효과까지 누릴 수 있다.

# 08

**엘큐어 특징 ❶❶❶**
통증유발점을 정확히 찾아내는 기능

# 질병의 근원을 치료,
# 재발을 막는다!

　엘큐어**리젠**요법을 이용한 진단법의 원리는 전기마찰현상
(Electrofriction)이다. 엘큐어**리젠** 시술에서만 나타나는 이 현
상을 잘 활용하면, 기존의 진단기기보다 훨씬 정밀하게 통증 정
도를 체크할 수 있을 뿐 아니라 통증유발점도 찾아낼 수 있어서
치료효과를 한층 높일 수 있다.

　통증이 심한 부위는 전기를 많이 흡수하는 부위로 전위가 저

하되어 있고, 엘큐어리젠용 전기자극기의 전기를 당기는 현상으로 인해 피부마찰이 발생한다. 하지만 정상부위, 통증이 없는 부위는 전기를 당기는 현상인 **전인현상(Electrotraction)**이 없으므로 피부마찰이 거의 없다. 이 원리를 이용하면 해부학적으로 형태 변화를 보는 CT나 MRI로 진단할 수 없는 통증유발점을 전기생리학에 기반을 둔 기능의학, 즉 전류의 세기 변화 현상을 이용하여 정확히 찾아낼 수가 있다. 이 전인현상을 이용하면 림프슬러지가 많이 분해되는 부위에서는 전류가 많이 흐르게 되어 통전통이 크며 정상부위에서는 통전통이 발생하지 않으므로 통증의 세기를 진단할 수 있다.

엘큐어**리젠** 전기자극기기의 통전통을 통해 통증유발점을 찾은 대표적인 사례가 좌골신경통의 진단이다. 50대 환자는 다리가 아프고 엉치가 아프다고 하면서 내원했다. 타병원에서 CT와 MRI 검사 결과, 허리디스크 혹은 협착 증세가 약간 있지만 수술할 정도는 아니며 전방전위증도 있다는 진단을 받았다. 허리 시술도 하고 주사도 맞고 체외충격파도 하고 도수치료도 하고 한의원에서 침 부항 등을 해도 좀처럼 좋아지지 않았다. 하지만 본 의원의 진단에서는 환자가 꼬리뼈 부위가 전혀 아프지 않다고 했음에도 불구하고, 꼬리뼈 부분에서 심한 전기마찰 현상이 나타났다. 좌골신경통 진단 하에 엘큐어**리젠**요법 15회 치료 후 완치된 사례이다.

상기 사례처럼 실제 통증유발점과 통증을 느끼는 부위는 대개 일치하지만 서로 다른 경우도 많다. 즉 팔꿈치가 아프고 목은 전혀 아프지 않은데 진단에서는 목 부분에서 심한 전기마찰현상이 나타나는 환자도 있다. 이 경우 경추신경이 나오는 지점인 목 부분을 집중적으로 엘큐어**리젠** 치료를 했더니 팔꿈치의 통증이 많이 줄어들었다.

대부분의 통증의학과에서는 정확한 통증유발점을 찾아내는 것이 힘들어서 유추해서 치료하는 경우가 많다. 하지만 엘큐어**리젠** 전기자극기기는 현재의 통증 부위뿐 아니라 통증유발점까지도 찾아내기 때문에 질병의 근원을 치료할 수 있다. 그만큼 치유 효과가 높을 뿐만 아니라 어느정도 재발도 막을 수 있다.

---

전기생리학적 특성인 전기마찰현상의 정도를 객관적으로 측정 가능하다.

심영기 원장의 발명특허 제10-2355171호

---

# 림프순환이 촉진되어
# 통증과 부종이 완화된다!

엘큐어**리젠**요법으로 반복적인 통전 치료를 하게 되면, 각종 스트레스와 염증으로 인해 전위가 떨어져 있던 세포가 정상화 되면서 통증이 감소된다. 또한 세포재생 효과를 발휘하여 림프 순환을 촉진시켜 부종을 완화한다. 그 외에 자율신경 조정, 호 르몬 분비, 면역계 활성 등을 통해 산성화된 혈액의 알칼리화, 면역력 증진 등 긍정적인 변화도 유도한다. 그러나 단 한 번의

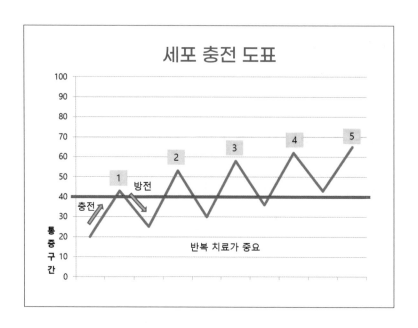

세포 충전 도표

통전시술로 모든 통증이 완치될 수는 없다. 일 회 통전하면 약 2~5일 후에는 다시 전위가 떨어지게 되므로 최소 2~5일에 한 번씩 통전 치료를 하는 것이 좋다. 지속적으로 반복치료를 하면 그 전위의 유지 시간이 점점 늘어나고 세포 자체가 활성화되면서 세포 내 전위가 정상으로 유지되어 통증이 치유되는 것이다. 발동기에 여러 차례 시동을 걸어주면 처음에는 시동이 잘 걸리지 않다가 나중에 정상적으로 엔진이 가동되는 원리와 같다.

엘큐어리젠 치료는 병든 세포에 음전기를 채워서 음전기로 세포에 활기가 돌게 하고, 모세혈관 순환이 좋아지며 결과적으로

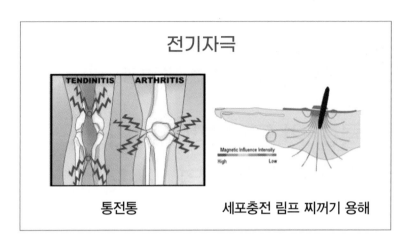

# 전기자극

통전통                세포충전 림프 찌꺼기 용해

통증을 완화시키는 원리이다. 강력한 전기의 힘으로 생체 내부에 유도전류가 발생하며, 체액과 세포에 영향을 주어 세포 활성화 및 조직의 신진대사를 촉진시킨다. 또한 이 과정에서 림프슬러지를 녹여서 림프순환을 촉진시켜 부종을 감소시키는 효과가 있다.

# 10  엘큐어 특징 ❚❚❚
## 체내 독소를 제거하는 해독효과

# 소통이 안 되면 병이 난다.
# 림프슬러지가 주범!

엘큐어**리젠**요법은 체내에 쌓인 독소를 빼내는 해독 효과도 얻을 수 있다. 항생제, 항암제, 스테로이드, 면역억제제 등 약물을 장기간 사용하면 세포 간 소통이 교란되고 림프순환이 억제돼 세포에 림프액 찌꺼기인 '림프슬러지'가 낀다. 림프슬러지는 정상적인 세포 대사를 방해하는 만병의 근원으로, 슬러지가 림프관을 막아 팔다리가 심하게 부어오르는 질환이 림프부종이다. 또한

## 림프슬러지(림프슬러지)

병이 나면
모든 세포에 생기는
세포간 소통 방해 요소

전기 절연 작용

• 만성질환
• 약물 : 진통제, 소염제, 스테로이드, 호르몬제, 항암제, 면역억제제, 항생제, 항히스타민제 등은 림프슬러지를 축적시킨다.

## 세포외액 림프의 기능
### The function of extracellular fluid(lymph)

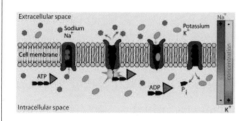

림프슬러지
고분자 단백질성분의 탈수 상태의 찌꺼기를 말하며 세포의 이온교환 등 대사작용을 방해한다.

• 인체는 확대해보면 물에 떠있는 세포들의 집합이다. 이 물을 세포외액(림프)라고 한다. 림프 속에는 바닷물에 소금이 녹아있듯이 많은 미네랄들이 녹아있고 이 미네랄들은 **이온화되어 전기적 성질**을 띤다.(fluid's pH)
• 이 세포외액에서 **에너지 대사**가 일어난다. 산소 이산화탄소 호흡. 포도당 지방산의 대사, 노폐물의 배설 등.
• 세포외액이 림프관 안에 차있는 것을 림프액이라고 한다.
• **전기에너지**가 고갈되면 미세순환 장애로 고분자 단백질 성분인 찌꺼기가 축적된다. 이를 **림프슬러지**라고 한다.
• 정상 림프액은 알칼리성이다.

## 림프슬러지 & 통증
### Lymph sludge & PAIN

| Lymph sludge 림프슬러지 | ➡ | Chronic inflammation 만성염증유발 | ➡ | Taut band<br>Trigger point 통증유발점<br>NEP 신경포착점<br>TTS 인대유착점<br>Muscle spasm 근경련 |
|---|---|---|---|---|

Organ dysfuntion 조직 장기의 기능부전
Imbalance of posture 자세의 불균형 초래

림프슬러지의 장기간 축적은 **만성염증**을 유발시키고 염증세포는 섬유아세포를 자극하여 **섬유화** 반응을 만든다. 국소적으로 **NEP 신경포착점 TTS 인대유착점 Trigger point 통증유발점**에서 통증을 지속적으로 유발하고 근육 뭉침 현상 및 Taut band를 만든다.
엘큐어리젠요법은 림프슬러지를 풀어줌으로서 근육 뭉침이 없어지고 Taut band가 소실되어 통증의 근본 원인을 치료하는 기법이다.

시야가 뿌옇게 변하는 백내장도 림프슬러지가 투명한 안구조직인 수정체에 쌓여 빛의 굴절을 방해해 발병하는 것으로 볼 수 있다.

림프슬러지의 장기간 축적은 만성염증을 유발시키고 염증세포는 섬유아세포를 자극하여 섬유화 반응을 만든다. 또한 국소적으로 신경포착점, 인대유착점, 통증유발점에서 통증을 지속적으로 유발하고, 근육뭉침 현상 및 Taut band(근육이 긴장되어 띠처럼 굳어있는 것을 뜻함)를 만든다. 엘큐어리젠요법은 약물 사용을 억제해 림프슬러지 생성을 줄일 뿐만 아니라 직접적으

## 림프슬러지(Lymph sludge)는 세포 간의 소통을 방해한다(소통방해=전기 절연 작용)

- 림프순환이 원활하지 못하면 림프액이 정체되면서 고분자단백질이 쌓이게 되며 이를 림프슬러지라 부른다.(=phlegm 痰)
- 세포를 둘러싸고 있는 림프슬러지는 전자의 흐름을 방해하는 절연작용을 하여 세포의 이온교환을 방해하고 결국은 세포의 전기가 방전되게 되어 세포의 적절한 대사 기능을 못하게 되고 만성화가 되면 세포가 병들고 죽게 된다.
- 즉 모든 질병 상태에서는 림프슬러지의 세포내외에 축적 현상이 있다.(예:백내장, 파킨슨병, 드루젠이 고인 황반변성)
- 부종은 림프액의 고임현상, 장기간 고이면 림프액이 진해져서 림프슬러지가 된다.
- 어느 한 곳이 일시적으로 붓는 것은 그 부분의 세포나 조직이 커져서 생기는 것이 아니고 림프액이 고여서 생기는 것으로 부종이라고 한다. 부종은 대부분 위험하지 않은 신체의 방어작용인 경우가 많으며 염증이나 외상에 의한 반응이다.

로 슬러지를 녹여 없애는 역할을 한다. 1주일에 1~2회 가량 엘큐어리젠요법 치료를 받아 음전하 부족 상태를 교정하면 전반적인 몸 컨디션을 개선하고 만성질환 증상을 완화하는 효과를 얻을 수 있다.

전기충전치료 엘큐어리젠요법은 림프슬러지를 녹여서 체내 독소를 제거함은 물론, 근육 뭉침을 풀어주고 Taut band를 소실시킴으로써 통증의 근본 원인을 치료하는 기법이라고 설명할 수 있다.

# 면역력과 자가 치유력을
# 회복시켜준다!

생체전기는 소화기 세포가 흡수한 영양물질을 분해하여 생명 에너지를 얻는 복잡한 생화학 작용 및 영양물질을 원료로 단백질을 합성해내는 생화학 작용에도 관계한다. 영양물질의 분해와 합성이라는 생화학적인 모든 과정에서 생체전기가 반드시 필요한 이유이다. 그런데 여러 생명 활동에 직접적인 에너지원으로 이용되는 것은 포도당이 아니라 ATP(아데노신 3인산)이다.

ATP는 생명체를 움직이게 하는 기본 에너지 물질인 것이다. 생체전류의 세기는 40~60마이크로 암페어($\mu$A)이다.

ATP는 사람은 물론 동물, 식물, 균류, 박테리아에 이르기까지 모든 생물체가 생존하기 위하여 미토콘드리아에서 만들어지며 공통적인 에너지로 작용을 하고 있다. 우리가 음식물을 섭취하면 최종적으로 ATP 형태로 저장하게 된다. 만약 에너지가 필요할 경우엔 생리적 기능을 통해 저장된 ATP를 ADP로 전환시키게 되고, 이 과정에서 상당한 양의 에너지가 방출되는데 이것을 에너지로 이용하게 되는 것이다.

세포 호흡 동안 합성된 ATP는 고에너지 인산결합을 풀고 ADP가 되면서 에너지를 발생시키고 이 에너지가 여러 생명 활동에 이용된다. 그래서 ATP는 에너지가 필요한 생체반응, 세포 구성 성분의 생산, 근육운동, 신경전달의 신호등으로 수많은 중요한 생명현상의 기능을 수행한다. ATP는 세포의 에너지원이므로 Na, K, Ca, Mg 등과 같은 미네랄의 이동 및 노폐물의 제거 작용을 하는 데에도 필수적으로 필요하다.

상처받은 조직은 ATP가 부족한 상태이다. 바로 여기에 미세전류를 흘려주면 ATP를 보충하기 때문에 영양소가 손상 받은 조직으로 다시 흐르게 되고 노폐물은 스스로 제거되는 것이다. 뿐만 아니라 ATP는 손상된 조직의 복구 작업에 필요한 단백질

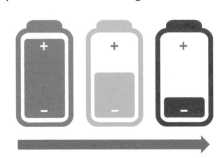

## 전기가 모자라면 생기는 증상
### Symptoms of low voltage

- 급성통증
- 만성통증
- 만성피로
- 두통
- 구역질
- 불면증
- 우울증
- 현기증
- 피부트러블
- 소화불량 급체
- 정신력 감소
- 행동장애
- 신경마비
- 감각변화

전기가 방전되면 세포가 제대로 작동하지 않아
200가지가 넘는 세포 종류별 기능에 따라
다양한 증상이 생긴다.

의 합성을 촉진하고 또한 세포막의 이온 통과를 증가시키기 때문에 새로운 세포를 만드는 세포분열 및 조직의 재생에도 기여한다.

요약하면, 엘큐어리젠요법으로 충전된 세포에는 ATP가 충분하므로 통증조절 물질, 부종 조절물질, 염증 조절 물질이 충분히 생성되어 세포 스스로 통증, 부종, 염증을 치료하게 되는 원리이다.

# 12 정상 전위로 완전히 충전되면

엘큐어 특징 **●●●**

# 세포 재생 기능이 활성화 된다!

　엘큐어**리젠**요법용 전기자극기는 세포를 재생시키는 작용을 하며, 통전 치료를 지속적으로 하게 되면 세포막의 이온채널이 활발해지면서 세포안과 밖의 정상적인 전위 차이가 생긴다. 이렇게 정상 전위로 충전된 세포는 활성화되고 세포 사이에 혈액 순환이 좋아지며, 영양과 산소를 충분히 공급받은 세포는 정상화되면서 통증이 감소된다. 그러나 단 한 번의 통전 시술로 모든

## 정지막 전위

### Resting membrane potential

Dr. Otto Warburg. Nobel prize 1931

- −70 ~ −100mV(충전)  정상세포전위
- −90 ~ −100mV   심장세포 막전위
- −30 ~ −50mV    세포활성도 감소

         통증 발생,

         미세순환 감소

         만성피로 장기화되면 만성병 대사질환

- −15 ~ −20mV(방전) :  암세포 변이/세포 사멸

통증이 완치될 수는 없다. 1회 통전하면 약 2~5일 후에는 다시 전위가 떨어지게 되므로 최소 2~5일에 한 번씩 통전 치료를 하는 것이 좋다. 지속적으로 반복 치료를 하면 그 전위의 유지 시간이 점점 늘어나고 세포 자체가 활성화되면서 세포내 전위가 정상으로 유지되어 통증이 치유된다.

엘큐어리젠 치료법은 한두 번의 치료로 완치되는 것은 아니며 서서히 세포가 회복 재생되는 시간이 필요하다. 엘큐어리젠요법은 외부에서 음전하를 공급해줌으로써 세포 스스로 활력을 되찾을 수 있도록 도와주는 치료이기 때문이다. Cheng의 논문에 따르면 엘큐어 시술 후에 미토콘드리아서 ATP 생산이 3~5배 증가하였다. 즉 에너지 생산이 증가하였다는 것은 세포 스스로 에너지를 만들어 재생이 가능해진다는 이론적인 근거가 된다.

# 13 엘큐어 특징●●●
호르몬 분비와 면역계의 활성을 높여

# 우울증, 불면증 등의
# 심리 증상도 개선된다!

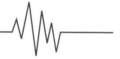

　전기충전 방식의 엘큐어**리젠** 치료는 시술시 발생된 전위로 인하여 형성된 전계가 인체의 감각 수용기를 자극시킨다. 이로 인해 신경섬유에 활동전위가 발생하게 하여 자율신경 조정작용, 호르몬분비, 면역계 등의 활성을 높인다. 즉 세포가 활성화되며 결과적으로 면역력이 증가하는 것이다. 엘큐어**리젠**요법은 피부 아래 깊숙이 전기가 침투하게 하므로 신장, 간장 등 장기 기능

## 엘큐어리젠요법의 다양한 임상 반응

- 세포에너지 충전으로 효율 향상(시력, 졸음)
- 몸이 거뜬해진다
- 피로감이 없어진다(만성피로)
- 일의 효율이 좋아진다
- 대뇌 기능의 정상화(정신병, 불면증)
- 성적이 향상된다(ADHD)
- 잠을 잘 잔다(불면증 개선)
- 우울증이 좋아진다(정신분열증 개선)
- 짜증이 줄어든다. 성격이 온화해진다(성격 변화)
- 잠재되어 있던 질병이 좋아진다
- 곰팡이, 바이러스균, 박테리아가 힘을 못쓴다
  (독감, 에이즈, 간염, 발톱무좀, 냉, 대하, 생리통, 풍치)
- 성생활이 개선된다
- 허리 통증이 좋아진다(디스크)
- 관절통이 좋아진다(퇴행성관절염)
- 통증이 좋아진다(근막통증 증후군)
- 혈액순환이 좋아진다(수족냉증)
- 피부색이 밝고 투명해진다(여드름, 피부염, 아토피, 건선)
- 섬유화된 조직이 부드러워진다(피부각화증, 굳은 살)

을 개선하는 데도 유익하다. 목 뒤쪽에 음전하를 주입하면 우울증, 불면증 같은 정서적·심리적 증상도 개선할 수 있다.

신경체계를 이루는 신경섬유는 마치 전선처럼 외피는 절연체로 되어 있고 내부는 전기를 잘 통하는 도체로 되어 있으며 신경정보 전달 속도는 1초에 2~3cm에서 빠르면 1초에 60m에 이르는데, 신경섬유의 직경이 클수록 전달 속도가 빨라진다. 이는 마치 굵은 전선일수록 전기저항이 적어 전기의 전달율이 높은 것과 흡사하다. 뇌는 신경체계의 중추이다. 뇌에서 전기자극 치료는 두개골이 조밀하게 뇌세포를 보호하고 있어서 체간이나 사지에 비해 전기가 쉽게 도달하기 어렵다. 실제 임상에서는 귀 주위, 눈 주위, 얼굴, 목 등 두개골의 통로(Foramen)에 가까운 곳을 주로 치료하여 치료 효과를 높일 수 있다.

특히 엘큐어리젠요법의 지속적인 치료는 세포 대사활동의 에너지원인 ATP(아데노신 3인산) 생산을 늘리고 손상된 세포를 재생시켜 자가 치유력을 높이는 데 도움이 된다. 장기적으로 체내 미토콘드리아의 에너지 생산 효율을 높이고 모세혈관 순환을 촉진해 건강한 체질을 만들어준다.

# 14 엘큐어 특징 ●●●
## 활력 떨어진 중노년층의 에너지 보강 기능

# 노화지연 및 근력감소 예방에 도움을 준다!

근력은 건강한 신체를 유지하기 위해 반드시 필요하다. 하지만 본격적인 노화가 시작되는 40세 이후에는 해마다 약 1%씩 근육이 감소하기 때문에 노년층은 근감소증에 노출될 가능성이 높아질 수밖에 없다. 근력이 약해지면 일상생활에 큰 어려움이 발생할뿐만 아니라 골다공증이나 고지혈증, 당뇨를 비롯한 만성질환의 발병률과 사망 위험도가 높아지기 때문에 예방하는

것이 현명하다. 전기자극 치료 엘큐어**리젠**요법을 통해 신체에서 보내는 노화의 시그널을 빠르게 체크해 대처하는 노력이 필요한 이유다.

세포는 에너지가 부족하면 손상되고 약해질 수밖에 없다. 신체 에너지의 기본 단위는 ATP로 주로 미토콘드리아 활동에 의해 만들어진다. 이렇게 생성된 에너지는 전자를 빼앗기는 방전 과정인 '산화'와 전자가 보충되는 충전 과정인 '환원'의 연속이라고 볼 수 있다.

세포가 충분한 에너지를 만들 수 없을 때 각 세포의 기능이 저하되고 병이 들며 여러 통증과 만성적인 질환을 초래하게 된다. 또한 이렇게 병든 세포의 주변은 혈액과 림프 순환이 원활하지 않아 노폐물이 지속적으로 축적될 수밖에 없어서 초기에 엘큐어**리젠**요법을 통해 근본적인 치료로 관리하고 치료하는 것이 바람직하다. 통증이 느껴지는 피부에 엘큐어**리젠** 치료기기의 탐침자를 접촉시키면서 관찰하면, 막전위가 떨어진 세포가 기전력에 의해 음전하를 당기면서 마찰력이 발생하게 된다. 이것은 그 부위에 세포의 막전위가 저하되어 있다는 의미로 해석할 수 있다. 피부 아래 깊은 곳까지 미세 전류가 흘러 병든 세포에 전기에너지를 공급하면 약해진 세포의 활성화를 돕는다. 뿐만 아니라 재생을 촉진해 활성도를 되찾은 세포가 불필요한 노폐물

## 전자 소모(방전) & 전자 공급(충전)
### Electron stealer & donor

**전자 소모(방전)**
- 유리기

불완전 원자, 세포손상, 노화 촉진, 질병발생
- 세포손상
- pH 0~6.9
- 산성
- 양극
- 파과적
- 좌 스핀

**전자 공급(충전)**
- 항산화
- 세포회복
- pH 7.1 ~ 14
- 알칼리
- 음극
- 건설적
- 우 스핀

을 정화하도록 유도한다. 이 기능이 엘큐어**리젠**요법의 핵심이다.

인체 세포가 노화하면 에너지 고갈로 신생 세포를 잘 생산하지 못하고 기존 세포 역시 전기에너지가 점차 부족해지면서 기능이 저하된다. 이런 증상은 엘큐어**리젠**요법으로 근본적인 문제를 해결할 수 있다. 반복적인 엘큐어 시술로 병든 세포에 전기에너지를 공급하면 혈액과 림프순환이 원활해지고 세포 재생이 촉진될 수 있다. 이 방법은 노년기의 잦은 통증도 예방할 수 있을 뿐 아니라 노화를 지연시키고 근력 감소를 막는 데도 도움이 된다. 이와 함께 충분한 단백질 섭취와 규칙적인 운동, 긍정적인 마음이 뒷받침된다면 노화를 예방하고 지연시킬 수 있다.

# 전기가 충전되면 알칼리성 체질로 바뀐다!

현대인의 식습관은 채소, 과일류 등 알칼리성 식품 섭취보다 육류, 생선류, 패스트푸드 등 산성식품 섭취가 늘고 있어 건강에 적신호가 켜지고 있다. 일반적으로 채소·과일·우유와 일부 어패류는 알칼리성 식품으로 분류되고, 곡류·육류·생선류·달걀류는 산성식품에 해당한다. 체액이 산성이나 알칼리성으로 기울면 비타민과 무기질의 흡수가 나빠지거나 뜻하지 않은 신체

## pH 수소이온농도와 전위

**알칼리성 pH 7~14**
- hydrooxide 수산화이온

- −50mV pH 7.88 새 세포 생성
- −35mV pH 7.61 정상소아
- −25mV pH 7.44 정상성인

**산성 pH 0~7**
- hydrogen 수소이온

- −20mV pH 7.35 만성질환
- −15mV pH 7.26 피로증상
- −10mV pH 7.18 질병발생
- −0mV pH 7.00 세포극성 변화
- +30mV pH 6.48 암 발생

음전위를 가진 전자량이 많을수록 (충전상태) 알칼리성이 되고 세포재생이 일어나지만 전자량이 적어지면(방전상태) 산성화가 되고 만성질환, 피로, 질병발생, 통증, 암세포가 발생한다.

㈜ mV전하의 수치는 실험세포에 따라 절대치가 다르므로 상대적인 수치의 비율로 음전위를 이해하세요.

장애를 가져올 수 있어 주의하는 것이 좋다.

산성식품을 편중적으로 선호하는 사람들은 세포내 음전하가 낮고, 이는 병적 체질로 이어지기 쉽다. 실제로 육류를 선호하는 사람들은 채식주의자들에 비해 비만이 될 가능성이 높아지고 고혈압, 고지혈증 등 기저질환이 생길 확률도 높은 편이다.

엘큐어리젠요법으로 음전하를 충전시키면 체액 변화에도 긍정적인 효과가 있는 것으로 나타나고 있다. 혈액 내의 칼슘 및 나트륨 이온을 활성화시켜, 산성화되어 있는 혈액을 약알칼리성으로 변화시켜주기 때문이다.

평소에 육류를 많이 섭취해 세포내 음전하가 낮아진 사람들은 채소, 과일류 등 알칼리성 식품을 충분히 섭취해서 균형식을 해주기만 해도 음전하가 충전될 수 있다. 만일 산성체질로 인해 만성통증이 나타나고 있는 환자라면, 알칼리성 식품 위주의 식단 변화에 이어 주기적으로 엘큐어 전기자극 치료를 받을 것을 권한다. 통증이 줄어드는 것은 물론, 식욕이 좋아지고 알칼리성 체질로 변화되어 암을 예방하는 데도 도움이 된다.

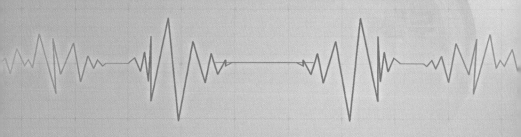

## Chapter 03

# 건강 되찾은 통증 환자들의
# 엘큐어리젠요법 치료 사례

편두통, 경추성 두통 등 원인이 다양한 머리 통증

# 두통

오른쪽 머리가 울리면서 욱신거린다. 송곳으로 파내기라도 하듯 머리가 너무 아프다. 심할 때는 속이 울렁거리고 구토 증상이 나타난다. 두통 때문에 일상생활이 어렵다. 통증이 48시간 정도 지속된다.

40대 중반의 주부 임 모씨는 최근 편두통 때문에 거의 아무 일도 할 수가 없다. 오른쪽 머리가 울리면서 욱신거리고 송곳으로 파내기라도 하는 양 너무 아프기 때문이다. 심할 때는 속이 울렁거리고 구토 증상도 있어서 거의 누워서 지낸다. 20대부터 시작된 편두통은 신경 쓸 일이 생길 때마다 임 씨를 심하게 괴롭혔다. 처음엔 진통제로 증상을 쉽게 가라앉혔는데, 그동안 내성이 생긴 탓인지 요즘엔 진통제 두 알을 먹어도 좀처럼 가라앉지 않고 이틀 정도는 고생해야 한다.

자주 발생하는 편두통 때문에 신경이 예민해져서 자녀, 남편 등과 불화까지 생긴 임 씨는 근본적인 치료를 원했고, 지인으로부터 연세에스의원을 추천받았다. 임 씨는 진통제를 끊고 엘큐어리젠요법 전기충전 치료를 5회 받았는데, 속이 울렁거리는 증상과 머릿속이 욱신거리고 콕콕 쑤시는 증상을 거의 느끼지 못할 정도로 효과가 나타나고 있다.

## 급격한 기온 변화, 스트레스, 수면 부족이 두통의 원인

두통은 우리나라 사람의 90% 이상이 경험하는 흔한 증상 중 하나이다. 특히 요즘처럼 일교차가 심한 계절에는 혈관의 수축과 이완이 반복되어 일시적으로 두통이 나타날 수 있으며 알레르기 비염, 감기, 부비동염 등 여러 질환에 의해 두통을 호소하는 경우도 있다.

두통은 크게 편두통, 긴장성, 경추성 등 질환이 없는 1차성 두통과 감기, 알레르기 비염, 뇌종양, 뇌출혈, 뇌염 등 다양한 질환으로 인해 발생하는 2차성 두통으로 분류하며 원인에 따라 증상이 조금씩 다르다.

대표적인 1차성 두통은 편두통이다. 통계에 따르면 10명 중 1명은 편두통 환자이며 남성보다는 여성이 3배 정도 많은 것으로 알려져 있다. 편두통은 심한 두통 증세와 함께 속이 울렁거리거나 얼굴이 창백해지는 것 같은 '자율신경계 이상 증상'과 눈부심, 시야 흐림 같은 '신경학적 이상 증상'을 동반하는 신경혈관성 두통으로 분류된다. 편두통의 원인은 정확히 밝혀지지 않았으나 여성의 월경, 스트레스, 음주 등 신체 내·외부적 환경변화가 편두통을 악화시킬 수 있는 것으로 알려져 있다.

긴장성 두통은 급격한 기온변화, 스트레스, 수면부족 등 외부적 환경변화로 인해 머리 주변의 근육이 수축하면서 발생한다. 긴장형 두통은 내리누르며 꽉 조이는 듯한 비박동성 두통이 머리 전체에 나타난다. 이 질환을 앓고 있는 환자는 불면증, 불안감, 집중력 감소를 보이고 매사에 의욕이 없고 일부 환자는 우울증세가 나타나기도 한다.

긴장성 두통은 통증의 강도가 약해서 초기에는 진통제로도 잘 치유된다. 하지만 오랜 시간 진통제를 복용하게 되면, 나중에는 진통제가 잘 듣지 않는 만성두통으로 발전할 가능성이 있으므로 유의하는 것이 좋다.

목을 움직이면 머리가 아픈 경추성 두통도 있다. 최근 오랜 시간 동안 스마트폰이나 컴퓨터를 하기 위해 고개를 숙이는 자세를 하면서 일자목을 가진 사람들이 늘고 있는데, 일자목이 되면 목 뒤와 어깨 근육이 경직된다. 근육 사이를 지나는 신경이 눌리고, 염증이 생겨서 신경이 지나는 줄기를 따라 통증이 발생하는 것이다. 목을 움직이거나 자세가 안 좋을 때도 두통이 일어나는데, 이를 경추성 두통이라고 한다. 목디스크가 있는 사람들은 경추성 두통이 발생하는 경우가 많다.

두통이 나타나면 해당 부위에 냉찜질하거나 관자놀이, 목, 두피 등 통증 부위를 손가락으로 눌러주는 것이 효과적이다. 자극적인 소리, 빛, 냄새 및 스트레스 노출을 피하고 균형 잡힌 식사와 함께 머리와 목을 편안하게 받쳐주는 베개를 이용해 충분한 수면을 취하는 것도 권장된다.

잦은 두통 증세로 인해 진통제 없이는 일상생활이 어려운 환자들에겐 약을 끊고 전기충전 치료를 추천한다. 약물을 장기 복용하면 림프슬러지(찌꺼기)가 축적이 되고 세포의 소통이 막혀 병을 더 악화시키기 때문이다. 엘큐어**리젠**요법은 미세전류로

전기를 공급해줌으로써 세포들의 자가치유 프로그램을 활성화
시키는 기능을 지니고 있다. 통증을 유발하는 림프슬러지를 제
거하고 세포의 재생을 촉진하기 때문에 약물 중독에서 벗어나
삶의 질을 개선하는 데 도움을 줄 수 있다.

심영기 박사의 진료실 상담
# 임상 진료 코멘트

두통이 3개월 이상 지속될 경우 CT, MRI, MRA 등의 방사선 검사로 뇌에 약성종양이나 뇌수종 혈전 등의 유무를 우선적으로 파악해보는 것이 중요하다. 이런 기저 질환이 없다면 엘큐어리젠요법을 시도해 볼 만하다. 일단 전기자극을 주어 통전통의 세기로 전체 두피 부분 및 후두부에 통증유발점이 있는지를 찾아보는 것이 중요하다. 통증유발점을 표시한 후 한 부위에 1분 이상 약 3분 정도 1주 간격으로 5회 엘큐어리젠요법을 인가하면서 경과를 관찰하고 증상의 호전이 있으면 지속적으로 반복치료를 권장한다. 대부분 귀 위로 3센티 상방 및 후두골 융기 좌우로 통증유발점이 흔히 나타난다.

두개골은 전기의 흐름을 방해하는 성질이 있으므로 두개골 봉합선의 위치를 따라 치료를 하면 보다 효과적이다.

㈜ 모든 치료는 환자의 나이, 성별, 질병 발생기간, 질병의 위중한 정도, 건강 상태에 따라 치료 회수 및 경과에 차이가 있을 수 있습니다.

눈의 황반에 변화가 생겨 시력장애가 생기는 질환

# 황반변성

왼쪽 눈이 많이 침침해서 생활하기가 불편하다. 글자가 흔들리고 휘어져 보여서 독서와 텔레비전 시청이 어렵다. 직선이 굽어 보여서 길을 걷다가 넘어진 적도 있다. 사람 얼굴을 정확히 알아보기 어렵다. 양쪽 눈 다 시력 저하가 심해 잘 보이지 않는다.

75세 여성 진 모씨는 60대 후반부터 왼쪽 눈이 많이 침침해서 생활하기 불편했지만 노안이려니 하고 안과 검진은 받지 않고 지내왔다. 6~7년쯤 지나니 왼쪽 눈은 돋보기를 끼어도 잘 안 보이는 상태가 되었고, 괜찮았던 오른쪽 시력도 크게 저하된 것을 알게 되었다. 글자가 흔들리고 휘어져 보여서 책을 읽기가 힘들었으며, 주위 사람 얼굴을 잘 알아보지 못하는 일도 발생했다. 직선이 굽어 보여서 길을 걷다가 넘어진 적도 있었다. 걱정이 된 진 씨가 동네 안과를 찾아 검진을 받아보니, 양쪽 눈 모두 황반변성이 많이 진행되어 있었다. 왼쪽 눈은 거의 실명 상태이고, 오른쪽 눈도 시력이 0.2 정도밖에 나오지 않았다.

그동안 즐겨 보던 TV 시청도 못 하고 스마트폰 문자도 못 보내는 등 활동이 제한되자 절망에 빠진 진 씨는 지인 소개로 연세에스의원을 내원하여 전기충전 치료를 받기로 했다. 놀랍게도 엘큐어리젠 치료를 1분 정도 하니 그동안 거의 안 보이던 눈이 환해지는 느낌이 들었다. 시력 회복에 전기치료가 효과적임을 실감한 진 씨는 일주일에 두 번씩 열심히 치료를 받았고, 두 달 정도 지나니 실명 단계까지 갔던 왼쪽 눈도 흐릿하게나마 보이고 있다. 진 씨는 시력이 어느 정도 회복될 때까지 지속적으로 엘큐어리젠요법 치료를 받을 계획이다.

## 황반변성 예방하려면 녹황색 채소, 견과류 자주 섭취해야

고령화 시대에 평균수명이 늘어나면서 눈 건강에도 적신호가 켜지고 있다. 황반변성 환자가 급속히 늘고 있는 것이다. 황반변성은 카메라의 필름에 해당하는 망막의 중앙에 위치한 황반이 노화 등의 원인으로 변성되어 시야가 흐려지는 질환이다. 황반에 빛을 감지하는 세포가 밀집되어 있어 이 부위가 고장 나면 시력이 떨어지게 된다.

황반변성은 크게 습성과 건성으로 나누어진다. 건성이 약 90%를 차지하며 건성보다 훨씬 악성인 습성은 10% 안팎이다. 눈에 노폐물이 쌓인 것으로만 끝나는 건성 황반변성과 달리 습성 황반변성은 비정상적인 신생혈관이 증식 출혈하면서 염증성 물질이 흘러나오는 삼출현상이 동반된다. 습성 황반변성은 병의 진행 속도가 매우 빨라 시력이 급격히 떨어지며 황반변성에 의한 실명 중 80%를 차지할 정도로 문제가 심각하다.

최근 황반변성으로 고통받는 노인 환자들은 늘고 있지만, 마땅한 치료법이 거의 없어서 환자들을 안타깝게 한다. 보편적인 치료법은 문제를 일으키는 망막혈관을 제거하기 위해 황반 주변을 레이저로 태우는 방법이다. 2007년부터는 국내에서 나쁜 혈관에만 달라붙는 항체약물을 주사해 해당 혈관만 선택적으로 괴사시키는 치료법이 활용되고 있다. 하지만 기존의 치료법들은 시력이 더 떨어지지 않는 정도의 효과를 내고 있을 뿐이다.

이런 상황에 병원에 내원한 황반변성 환자들을 대상으로 엘큐어**리젠**요법 치료를 해보았더니 의외로 좋은 성과가 나타났다. 황반변성에 걸린 환자 8명을 상대로 1~2주마다 5~10회 치료한 결과 흐릿하던 시야가 밝아지는 등 환자 모두 80% 이상 개선되는 성과를 보인 것이다. "치료할 때마다 눈이 환해지는 느낌이 든다"면서 환자들이 모두 만족해했다. 습성에서는 더 가시적인 효과가 나타났고, 건성에서는 상대적으로 느리게 개선효과가 나타났다. 다만 반복치료를 통해 개선의 가능성은 보였지만 얼마 동안 장기적으로 치료해야 일정 수준 이상으로 치료됐다고 규정할 수 있을지는 임상경험이 좀 더 축적되어야 할 것 같다. 하지만 엘큐어**리젠**요법은 전기에너지 공급으로 림프슬러지를 제거하고 세포 재생이 가능한 치료인 만큼, 황반변성 치료에 청신호가 켜진 것만은 분명한 것 같다. 또한 중년기에 접어들면서 노안 등으로 시력이 급속히 약화되거나 안구건조증이 심한 환자들에게도 엘큐어**리젠**요법 치료는 꽤 효과적이었다.

평소에 황반변성을 예방하고 눈 시력을 향상시키려면 노화의 원인인 '산화작용'을 억제하는 것이 중요하다. 항산화 비타민이 풍부한 녹황색 채소, 견과류 등을 많이 먹는 것이 좋으며 인스턴트와 고지방 식품을 피하는 것이 유익하다. 루테인, 제아잔

틴 등이 포함된 영양제를 복용하는 것도 눈 건강에 도움이 된다. 흡연을 삼가고 운동을 꾸준히 하는 것이 좋으며, 야외 활동 시 자외선을 피하기 위해 선글라스를 반드시 착용할 것을 권장한다.

심영기 박사의 진료실 상담
# 임상 진료 코멘트

황반변성의 엘큐어리젠 치료는 안과전문의와 협진을 통해 가능하며 의외로 호전되는 경우가 많다. 망막세포는 세포내에 미토콘드리아의 밀집도가 가장 높은 세포이며 전기에 민감한 반응을 보인다. 그러므로 여러 가지 가장 진보된 치료법으로 치료를 하였어도 치료효과가 없는 경우 엘큐어리젠요법을 시도해 볼 수 있다.

㈜ 모든.치료는 환자의 나이, 성별, 질병 발생기간, 질병의 위중한 정도, 건강 상태에 따라 치료 회수 및 경과에 차이가 있을 수 있습니다.

청력저하와 함께 심한 어지럼증이 나타나는

# 메니에르병

**환자의 주요 증상**

귀에서 소리가 나는 '이명 현상'이 있다. 작은 소리는 잘 들리지 않아서 통화할 때 목소리가 커지고 TV 소리도 크게 키워야 한다. 귓속이 먹먹하거나 귀가 울리는 증상이 있다. 자주 심한 어지럼증 증세가 나타난다.

79세의 남성 김 모씨는 3주 전에 오른쪽 발바닥과 발꿈치 통증이 심해서 연세에스의원을 찾았다가 '족저근막염'이란 진단을 받고 치료를 시작했다. 치료받고 나서 발의 통증은 다소 가라앉기 시작했는데, 2주 후 이번에는 왼쪽 귀가 잘 들리지 않고 귀울림, 귓속의 먹먹함, 어지럼증 등의 증상이 나타났다. 정밀검사를 받으니, '메니에르병'이란 진단이 나왔다. 고령자인 김 씨는 이명 현상도 함께 겪고 있어서 청력 저하가 가장 걱정이 되었다.

　연세에스의원에서는 엘큐어 전기자극 치료, 맞춤영양수액주사, 단백질분해주사 등 3종 요법으로 1주에 한 번씩 지속적으로 치료받을 것을 권유했다. 6주 연속으로 전기자극 치료를 받았더니 청각 측정 장치의 볼륨 소리를 10에서 8로 2단계 낮춰도 소리를 들을 정도로 증상이 호전됐다. 또한 어지럼증도 많이 호전되어 얼마 전까지는 쓰러질까봐 가족 도움 없이는 외출을 잘하지 못했으나 요즘은 혼자서도 산책 정도는 할 만한 상태가 되었다. 먼저 치료받기 시작했던 족저근막염도 상당히 좋아졌다. 찌릿찌릿하던 발 통증이 견딜 만한 수준으로 개선되어 매우 만족스러운 상황이다.

### 귀에 생긴 난치성 림프부종, 염분 섭취 제한이 바람직

　어지럼증은 워낙 원인이 다양하고 대체로 증상이 잠시 나타났다가 사라지는 탓에 무심하게 흘려보내기 쉽다. 하지만 빈도가 잦아지고 귀가 어두워지는 증상까지 감지되면 메니에르병을 의심해 볼 수 있다. 이를 방치하면 심각한 난청으로 이어져 끝내 청력이 소실되기도 해 주의해야 한다.

메니에르병은 19세기 중반 프랑스인 의사인 메니에르가 처음 발견했다. 내이(內耳) 이상으로 반복되는 어지럼증, 난청, 이명, 이 충만감(귀 안에서 압력이 느껴지거나 물이 찬 듯한 느낌)이 동시에 느껴지는 게 특징이다. 발병 초기에는 돌발성 어지럼증이 강하게 나타나지만 시간이 지나면서는 난청이 두드러진다. 일반적으로 발병 초기에는 저주파수대의 낮은 소리부터 잘 들리지 않다가 점차 병이 진행하면서 고음역에서도 청력 손실이 발생한다. 초기에는 한쪽 귀에서 시작하는 경우가 많지만, 병이 진행되면 환자의 20~50%가 양측 귀 모두 증상을 호소한다. 심한 회전성 어지럼증이 돌발적으로 나타나는데, 보통 20~30분 안에 가라앉지만 때로는 수 시간 지속되기도 한다. 이 밖에도 오심과 구토를 동반하는 자율신경계 자극 증상, 두통, 뒷목 강직, 설사 등이 나타날 수 있다. 자연 회복되기도 하지만 만성적으로 자주 반복되는 경우가 많으며, 이 중 1~2%에선 청력이 완전히 손실되는 전농(全聾, total deafness)이 나타날 수 있다.

메니에르병은 40~60대의 중장년 연령에 잘 나타나다 보니 단순한 어지럼증이나 노화에 의한 난청으로 여기고 방치하는 경우가 많다. 하지만 최악의 경우 청력 손실로도 이어지는 만큼, 어지럼증이 자주 발생하는 중·노년층들은 증세를 세심하게 관찰할 필요가 있다. 매년 환자가 늘어나고 있는 메니에르병의 정확한 원인은 밝혀지지 않았으나 림프액의 흡수 장애로 내이에 림프부종이 생겨 발병하는 것으로 추측되며 스트레스 호르몬도 주요한 병인으로 지목되고 있다. 이밖에 바이러스 감염이나 알레르기가 원인으로 꼽히지만 아직도 원인이 불명확한 만큼 진단과 치료에 어려움이 많다.

메니에르병을 진단하기 위해 가장 흔히 사용되는 것은 청력검사다. 청력검사 외에 온도자극검사, 전기와우도검사, 전정유발근전위검사 등을 수차례 반복 시행해 난청·이명·어지럼증 등이 거듭 확인되면 진단을 내린다. 경우에 따라 림프의 압력을 감소시켜 청력의 호전을 확인하는 탈수검사와 CT, MRI 등 영상진단검사가 시행되기도 한다.

메니에르병의 주된 치료 방향은 내림프액을 조절해 증상을 완화시키는 것이다. 이뇨제 등을 통해 혈액의 미세순환과 내림프액의 배출을 돕는다. 발작기에는 전정억제제, 오심·구토 억제제, 항히스타민제, 신경안정제 등이 주로 사용된다. 어지럼증에 효과적인 베타히스틴이 가장 일반적으로 사용된다. 약물치료로 호전되지 않을 경우에는 내림프낭감압술을 비롯한 수술적 치료법을 고려할 수 있다. 최근에는 고실 내에 전정기관에 독성을 가지는 아미노글리코사이드 계열 항생제를 투여해 어지럼증을 호전시키는 방법이 많이 사용되는데, 시술 후에 도리어 청력 저하가 발생하는 경우가 흔해 전문의와 상의 후 선택해야 한다.

약물·수술 치료는 어지럼증 개선에 초점이 맞춰져 청력 보전과 난청 치료에는 신경을 쓰지 못한다. 이 같은 상황에서 비침습적인 전기가극 치료가 난청 개선에 적용되고 있다. 손상된 청신경에 자극을 가해 손상을 회복하도록 유도하는 것이다. 대표적인 전기자극 치료인 엘큐어**리젠**요법은 1500~3000V 고전압을 직접 세포에 흘려보내 손상된 신경을 회복하고, 주변에 고인 림프액의 순환과 배출을 촉진하는 효과가 있다.

메니에르병으로 내원했던 70대의 환자 김 씨도 단백분해주사와 엘큐어**리젠** 치료를 통해 증상을 호전시킨 사례다. 단백분해주사는 림프 슬러지를 녹이는 역할을 하고, 전기자극 치료는 신경 복구 및 림프 배출 기능을 도와 메니에르병을 개선하는 데 효과적이었다. 메니에르병을 예방하거나 증세를 완화시키기 위해서는 염분 섭취를 제한하고, 술·커피·담배·스트레스를 멀리하며, 충분한 수면을 취하는 게 바람직하다.

심영기 박사의 진료실 상담
# 임상 진료 코멘트

연세가 79세이면 한 군데만 불편하고 이상이 생기는 것이 아니다. 상기 환자분과 같이 노인성 난청 및 메니에르병과 같이 귀의 이상이 발생하는 경우도 드물지 않다. 족저근막염은 엘큐어리젠요법 15회 정도면 완치되는 사례가 많은 편이다. 실제 임상에서 메니에르 병은 귀에 생긴 림프부종으로서 난치병에 속한다. 지난 30년 동안 림프부종 누적환자 4,000명 이상을 치료한 경험으로 동일한 치료를 기존 귀에 대한 모든 약물치료를 끊고 귀의 노인성 난청과 메니에르병에 적용시켜 보았는데 의외로 임상효과가 좋았다. 가장 중요한 치료 효과의 원인은 내이에 축적된 림프슬러지를 엘큐어리젠요법이 녹이면서 청신경이 활성화되고 재생되는 원리가 아닌가 생각한다.

㈜ 모든 치료는 환자의 나이, 성별, 질병 발생기간, 질병의 위중한 정도, 건강 상태에 따라 치료 회수 및 경과에 차이가 있을 수 있습니다.

# 안면신경 이상으로 얼굴에 마비가 발생하는 증상
# 구안와사(안면신경마비)

## 환자의 주요 증상

얼굴 한쪽이 마비돼 눈이 잘 감기지 않는다. 입이 옆으로 돌아가는 증상이 나타난다. 눈꺼풀과 입술이 비뚤어지고, 이마 주름이 잘 잡히지 않는다. 가만히 있어도 눈물이 흐른다. 물을 마시거나 양치질할 때 입 한쪽으로 물이 샌다. 식욕이 떨어지고, 가끔 어지럼증 증상이 있다.

72세 남성 신 모씨는 새벽에 잠을 깨보니, 이유 없이 얼굴 한쪽이 갑자기 마비돼 눈이 잘 감기지 않고 입이 옆으로 돌아가는 증상이 나타났다. 시간이 흐를수록 마비 증세가 심해져 식사나 말하기 등 기본적인 일상생활에 어려움을 겪어 인근 병원에서 항바이러스제를 처방받아 1주일간 복용했지만 차도가 없었다. 신 씨는 연세에스의원을 찾았고, 안면신경마비 진단을 받았다. 1회 30분씩, 총 8회 엘큐어 전기충전치료를 받은 결과 마비가 풀리면서 안면근육의 움직임이 한결 자연스러워졌다. 안면마비 평가지표(House-Brackmann Grade)도 5등급에서 치료 후 2등급으로 개선됐다. HB-Grade는 수치가 높을수록 안면마비 증상이 심하다는 의미로 1~6등급으로 구분된다.

## 추운 날씨에 발병 가능성 높은 질환, 초기 치료 서둘러야

영하의 추운 날씨가 지속되면서 단골손님처럼 찾아오는 한랭질환이 있다. '구안와사'로 불리는 안면신경마비이다. 찬바람으로 안면근육이 경직되고 혈관 수축으로 혈액순환에 장애가 발생하기 쉽고 육체적 과로와 정신적 스트레스가 동반된다면 얼굴 근육에 마비가 나타나는 구안와사가 유발될 가능성이 높다.

'구안와사'(口眼喎斜)로 불리는 안면신경마비(Facial palsy)는 안면신경 기능에 이상이 생겨 얼굴에 마비 증세가 보이는 것을 말한다. 구안괘사(원래 발음), 벨마비(Bell's palsy)로도 불린다. 12개 뇌신경 가운데 7번째 신경이 마비되면서 발생한다. 이 신경은 얼굴 근육의 움직임과 미각, 청각, 눈물샘 분비를 주관한다. 따라서 마비되면 안면 부위가 잘 움직이지 않는다.

안면마비의 원인은 노화, 급격한 기온 차로 인한 체내 자율신경계 교란, 바이러스 감염, 과도한 스트레스, 피로 누적 등이다. 구안와사를 야기하는 요소들은 전부 면역력 저하와 관련 깊다. 과거엔 주로 40~60대 이상 중장년층에서 높은 발병률을 보였으나 최근 발병 연령층이 점점 낮아지는 이유가 여기에 있다.

구안와사의 초기 증상은 눈이 제대로 감기지 않고 뻑뻑하면서 시큰거리는 느낌이 들거나 눈꺼풀과 입술이 비뚤어진다. 안면감각 이상 증상이 동반되거나 이마 주름이 잘 잡히지 않고 가만히 있어도 눈물이 흐른다. 물을 마시거나 양치질할 때 입 한쪽으로 물이 새거나, 혀의 미각이 떨어져 음식 맛을 느끼기 어렵고 식욕을 잃는다. 이명처럼 한쪽 귀에 소리가 크게 울리면서 통증이 오고, 귀 뒤쪽 통증이 나타나고 소리가 잘 들리지 않거나 어지럼증, 현기증과 같은 증상이 동반된다.

안면신경마비는 크게 중추성과 말초성 두 가지로 나눌 수 있다. 중추성은 뇌경색이나 뇌출혈 등의 뇌혈관질환이나 뇌종양 등으로 인해 발병되는데 사지의 운동장애 등 중풍의 일반적인

# 안면신경마비(구안와사) 치료사례

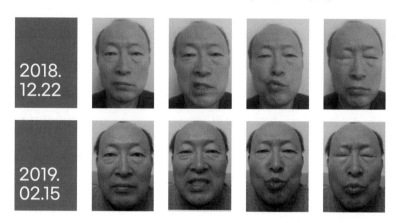

증상과 함께 나타나는 경우가 많다. 반면 안면만 마비되는 구안와사는 거의 말초성이다. 겨울철 구안와사는 한랭자극과 독감, 대상포진 등 바이러스 감염이 주된 요인. 만성 중이염이나 부비동염(축농증) 등에 의해서도 발생할 수 있다.

구안와사는 발병 초기에 적절한 치료를 받으면 평균 4~6주 이내에 완치가 가능하다. 한방에서는 귀 뒤쪽 통증 부위에 사혈을 해서 염증을 제거하거나 막힌 경락을 해소하기 위한 침이나 약침, 뜸 등을 병행한다. 하지만 초기에 증상을 가볍게 여겨 치료 시기를 놓치는 경우가 많아 발병 10년 내 재발률이 7~10%로 비교적 높은 편이다. 이와 더불어 환자가 60세 이상이거나 급성으로 완전히 마비가 온 경우, 이통(耳痛)이나 안면통이 있거나 미각이 소실된 경우 초기에 효과적인 치료가 늦었을 때 또는 당뇨병, 고혈압, 정신신경증 등의 기저질환이 있는 환자는 대체로 쉽게 치료가 되지 않고 후유증이 남는 경우가 많다.

발병 원인에 따라 부신피질호르몬제, 항바이러스제제를 처방하지만 근본적인 치료법은 아니다. 구안와사의 약물치료는 임시 미봉책이고 수술은 함부로 받기 어렵다. 하지만 전기자극통증치료인 엘큐어**리젠**요법은 미세전류를 1500~3000V 고전압, 100~800마이크로암페어로 세포에 흘려보내 부족한 세포대사를 활성화하고 면역력을 회복시켜 안면마비 증상을 개선한다.

손상된 신경줄기에 전기를 흘려보내면 신경세포가 튼튼해지고, 신경의 감각전달 능력이 정상화돼 통증과 마비 증상을 개선할 수 있다. 2~5일 간격으로 통전 치료를 받으면 세포대사와 면역력이 정상으로 회복되어 재발까지 막는 효과를 볼 수 있다.

# 임상 진료 코멘트

잠시 신경계를 살펴보자. 신경계는 중추신경과 말초신경계가 있는데, 중추신경계는 두개골과 척추뼈 안에 있는 신경이고, 말초신경계는 두개골과 척추뼈 바깥에 있는 신경들로 주로 얼굴과 머리로 가는 12쌍의 뇌신경과 복부와 사지로 가는 31쌍의 척수신경이 있다. 중추신경계와 말초신경계는 두개골의 작은 구멍들과 척추뼈의 구멍들을 통해 서로 연결된다

12개의 뇌신경을 보면 1번 후각신경은 냄새를 맡는데 관여하는 신경, 2번 시신경은 눈에 보이는 모든 것들을 인지하는 신경, 3번 동안신경은 눈의 운동과 동공의 움직임을 지배하는 신경으로 눈을 움직이는 6개 근육 중 4개의 근육을 지배. 그리고 수정체의 모양, 동공의 크기를 조절하고 눈의 초점을 맞추는 기능. 4번 활차신경은 눈에 있는 상사근을 조절하여 눈을 안쪽으로 회전시키고 아래 바깥쪽으로 움직이는 기능, 5번 삼차신경은 세 가지로 나누어지는데 첫 번째 가지인 안신경은 두피, 이마, 눈꺼풀, 눈의 각막, 코, 코점막 등의 감각을 담당, 두 번째 가지인 상악신경은 아래 눈꺼풀, 뺨, 콧구멍, 윗입술, 윗니, 잇몸 등의 감각

을 담당, 세 번째 하악신경은 아래 입술, 아랫니, 잇몸, 턱의 감각과 씹는 저작기능을 담당. 6번 외전신경은 눈을 바깥쪽으로 움직이거나 회전하게 만드는 신경, 7번 안면신경은 얼굴 표정 근육을 움직이는 신경. 침샘분비와 혀의 앞부분의 미각을 담당, 8번 전정와우신경은 평형감각을 담당하는 전정신경과 소리를 듣는 와우신경, 9번 설인신경은 혀의 뒷부분의 미각, 인두의 감각, 침분비를 조절, 10번 미주신경은 심장, 호흡, 내장기 조절. 11번 부신경은 흉쇄유돌근과 상부승모근이라는 목근육을 움직이는 신경, 12번 설하신경은 혀를 움직이는 신경.

주위에서 흔하게 보는 구안와사 즉 안면신경마비는 뇌간에서 나오는 제 7안면신경에 문제가 생긴 것이다. 안면신경마비가 뇌간에서 발생한 것인지 아니면 말초 부위에서 발생한 것인지에 따라 예후는 다르다. 기본적으로 CT, MRI 등의 형태학적인 진단에서 이상이 발견되지 않은 상태의 문제라면 엘큐어리젠요법을 시도해 볼 수 있다. 엘큐어리젠요법으로 치료해본 결과 발병이후 정밀검사에서도 특이 사항이 발견되지 않았다면 신경의 전기생리학적 문제라고 해석할 수 있다. 엘큐어리젠요법은 고전압을 채택하여 두개골의 작은 구멍들을 통해 전기자극이 뇌의 심부까지 도달 가능하다. 저자의 경험상 안면신경마비가 발병하고 수년 이상 경과한 경우 엘큐어 치료를 하면 안면신경이 지배하는 근육의 퇴화로 좋은 결과를 기대하기는 어렵다. 그러므로 발병 직후부터 1주일에 1~3회로 기존 대학병원이나 종합병원의 진단을 병행하고 스테로이드 주사는 가급적 맞지 말고 엘큐어리젠요법으로 꾸준히 치료하면 상당한 효과가 있을 것으로 사료된다.

㈜ 모든 치료는 환자의 나이, 성별, 질병 발생기간, 질병의 위중한 정도, 건강 상태에 따라 치료 회수 및 경과에 차이가 있을 수 있습니다.

삼차신경이 손상되어 얼굴에 발생하는 통증

# 삼차신경통

밥을 먹거나 말을 할 때 입술 주변이 칼로 찌르는 듯한 극심한 통증이 느껴진다. 입술이 아프면 동시에 이마도 아프다. 입술 주변에 통증이 오기 시작하면 식사는 물론 세수도 하기 어렵다. 하루에 5~6번씩 마치 전기에 감전되는 듯한 이마 통증이 느껴지는데, 이때는 너무 아파서 일상생활을 하기 어렵다.

50대 초반의 주부 구 모씨는 올해 초 밖에서 외출했다가 돌아와 식사를 하려는데 갑자기 입술 주변에 마치 칼로 찌르는 것 같은 통증이 느껴졌다. 밥을 먹을 때뿐 아니라 말을 할 때도 오른쪽 얼굴 아랫부분이 아팠다.

처음엔 "너무 추운 곳에서 떨다가 와서 그런가. 자고 나면 괜찮아지겠지"라고 생각하면서 대수롭지 않게 여겼는데, 며칠이 지나도 통증은 가라앉지 않았다. 입술이 아플 땐 이마도 동시에 아팠는데, 얼굴 부위에서 이마의 통증이 가장 심해서 일상생활하기가 불편했다.

구 씨는 동네 신경외과에서 삼차신경통이란 진단을 받고 진통제를 복용했지만, 증세에 차도가 없어 연세에스의원을 내원했다. 그동안 먹던 진통제를 일체 끊고 전기자극 엘큐어**리젠**요법 치료를 받은 지 4주 차에 호전되는 기미가 보이기 시작했고, 5개월 만에 얼굴 부위의 통증이 거의 사라졌다.

## 얼굴을 칼로 찌르는 듯한 통증, 엘큐어 치료가 도움 돼

찬 바람이 불면 구안와사와 함께 증상이 나타나는 질환이 있다. 삼차신경통이다. 삼차신경통은 날씨가 쌀쌀해지면서 얼굴에 찬 바람만 스쳐도 '갑자기 얼굴에 전기쇼크가 와 감전된 것 같다', '얼굴 전반을 칼로 찌르는 것 같다' 등의 무서운 표현을 쓸 정도로 통증이 극심하다.

환자의 90% 이상은 삼차신경이 뇌혈관으로부터 압박을 받아 발생한다. 10% 정도는 뇌종양이나 뇌혈관 기형 등의 다른 요인으로 발생할 수 있다. 중년·여성에게 많이 나타나고 매년 10만 명 당 4~5명꼴로 발생하고 있다.

삼차신경통은 초반에 신경통증을 없애는 진통제나 항경련제 등을 활용한 약물치료부터 시작한다. 약물치료에도 재발이 잦고 악화되는 경우 미세혈관감압술이라는 수술적인 방법을 고려할 수 있다.

미세혈관감압술은 귀 뒷부분에 4~5cm 절개해 신경을 압박하고 있는 혈관에 테프론이라 불리는 의료용 솜을 삽입해 혈관과 신경 사이를 떨어뜨리는 것이다.

하지만 삼차신경통에 약물치료는 임시 미봉책이고 수술은 함부로 받을 수 없기 때문에 면역력 회복과 세포 기능 활성화에 초점을 둔 전기자극치료를 고려할 만하다.

엘큐어**리젠**요법은 미세전류를 1500~3000V 고전압, 100~800마이크로암페어(μA)로 세포에 흘려보내 부족한 세포대사를 활성화하고 면역력을 회복시켜 안면마비 증상을 개선한다.

손상된 신경줄기에 전기를 흘려보내면 신경세포가 튼튼해지고, 신경의 감각전달능력이 정상화돼 통증과 마비 증상을 개선할 수 있다. 따라서 2~5일 간격으로 통전 치료를 받으면 세포 대사와 면역력이 정상으로 회복되어 재발까지 막는 효과를 볼 수 있다.

# 임상 진료 코멘트

삼차신경통은 뇌간에서 나오는 제5번 얼굴의 감각을 담당하는 삼차신
경에 문제가 생긴 것이다. 증상은 얼굴 한쪽에 칼로 도려내는 듯하거
나 전기에 감전된 듯한 매우 심한 통증이 발작적, 순간적으로 나타난
다. 증상의 특징은 통증이 아주 갑작스럽게 나타나서 꼭 전기가 흐르는
듯한 아픈 통증이 입속이나 얼굴의 한 지점에서 다른 곳으로 지나가는
듯이 나타난다. 대개 입 주위, 잇몸, 코 주위 등에 통증유발점이 있어
세수하기 어렵거나 심한 경우에는 입을 움직이기만 해도 심한 통증이
나타나서 말을 할 수도 없고 식사를 하기 어려운 경우도 있다. 이런 통
증은 수 초 또는 수십 초 지속되다가 사라지며, 다음 통증이 나타날 때
까지는 아무런 증상이 없다. 대부분 얼굴 한쪽에만 나타나며 감각마비
증상은 없다.

주로 중년, 노년의 여성에게 많이 발생하고, 인구 10만 명당 4~5명꼴
로 발생한다. 삼차신경은 눈 위, 위턱, 아래턱의 3가지 신경이 있어 3차
신경이라고 하는데, 삼차신경통은 아래턱의 신경에 나타나는 경우가
가장 많고, 치통과 구분하기가 어렵다. 삼차신경통 원인이 뇌간에서 발

생한 것인지 아니면 말초 부위에서 발생한 것인지에 따라 예후는 다르다. 기본적으로 CT, MRI 등의 형태학적인 진단에서 이상이 발견되지 않은 상태의 문제라면 이들의 치료접근은 대동소이하다.

발병 이후 정밀검사에서도 특이 사항이 발견되지 않았다면 신경의 전기생리학적 문제라고 해석할 수 있다. 엘큐어리젠요법은 고전압을 채택하여 두개골의 작은 구멍들을 통해 전기자극이 심부까지 도달 가능하다. 엘큐어리젠요법으로 치료해본 결과 삼차신경통이 수년 이상 경과한 경우 엘큐어 치료를 해도 삼차신경의 위축으로 좋은 결과를 기대하기는 어렵다. 그러므로 발병 직후부터 1주일에 1~3회로 기존 대학병원이나 종합병원의 진단을 병행하고 스테로이드 주사는 가급적 맞지 말고, 엘큐어리젠요법으로 꾸준히 치료하면 상당한 효과가 있을 것으로 사료된다.

㈜ 모든 치료는 환자의 나이, 성별, 질병 발생기간, 질병의 위중한 정도, 건강 상태에 따라 치료 회수 및 경과에 차이가 있을 수 있습니다.

입을 벌리면 딱딱 소리가 나거나 아픈 증상

# 턱관절장애

## 환자의 주요 증상

혀가 잘 씹히고 입을 많이 벌리면 딱딱 소리가 나거나 교근 통증이 있다. 전신이 당기고 화끈거림 증상이 있다. 얼굴과 혓바닥의 화끈거림 증상이 심하다. 목이 당기고 아파서 깰 때가 많다. 침이 잘 안 나오는 구강건조증 증세가 있다. 음식물 섭취가 어려워 식습관이 불규칙적이다.

59세 여성 이 모씨는 1년 전에 음식을 먹을 때 혀가 잘 씹히고 입을 많이 벌리면 딱딱 소리가 나고 교근(깨물근, 이를 악물었을 때 볼쪽에 튀어나오는 근육) 통증이 생겼다. 입을 열고 닫는 데는 이상이 없으나 전신이 전체적으로 당기고 화끈거림 증상이 나타났다. 몸 부위 중에서는 특히 얼굴과 혓바닥의 화끈거림이 심했다. 구강 쪽에 문제가 생기니 음식 섭취가 불편해서 식습관이 불규칙해졌다.

목이 당기고 아파서 자다가 깰 때가 많고, 침이 잘 안 나오는 구강건조증 증세도 생겨났다. 이 씨는 집 근처 치과를 내원했고, 그곳에서 턱관절내장증 교근신경차단술과 침샘비대증 치료를 위해 보톡스 시술을 받았다. 또한 얼굴부종이 심해서 얼굴에 고주파초음파치료를 받았으며, 이후에도 쇄골이 안보일 정도로 얼굴부종이 심해서 주사를 많이 받았다. 이렇듯 여러 시술을 받았음에도 증상이 호전되지 않자 이 씨는 지인 소개로 연세에스의원을 찾았다.

이 씨는 얼굴부종, 턱관절장애와 함께 교근 근육통 진단도 함께 받았다. 전기자극 치료를 받은 이 씨는 엘큐어**리젠** 치료 7분 만에 우측 턱이 부드러워짐을 느꼈고, 1차 치료 후엔 침이 잘 나오는 것을 체험했다.

이 씨는 1년 동안 치과에서 여러 시술을 받았음에도 차도가 없었는데, 1회의 전기치료로 증상이 개선되자 적극적으로 엘큐어리젠요법 치료에 임하고 있다.

## 앞니로 손톱 물어뜯거나 입을 크게 벌리는 행동 삼가야

턱관절은 아래턱과 위턱이 연결되는 양쪽 관절을 말하며 턱 운동 중심축이다. 주변 근육 및 인대가 관절을 지지하고, 관절 사이에는 디스크가 있어 뼈와 뼈 사이 쿠션작용을 한다. 이때 디스크에 문제가 발생하면 통증이 나타나게 되는데 이를 '턱관절 장애'라고 한다.

턱관절 장애의 흔한 증상은 턱관절에서 딱딱 소리가 나는 관절 잡음, 음식을 씹거나 하품할 경우 양쪽 귀 앞의 아래턱뼈와 저작 근육에 통증을 느끼는 것이다. 심할 경우 턱관절의 강직이 일어나 입이 잘 벌어지지 않고, 음식물의 섭취가 어려워지기도 한다.

턱관절과 턱 근육은 서로 밀접한 관계를 맺고 있기 때문에 관절병과 턱 근육병이 함께 발생하는 경우가 많다. 따라서 턱관절에 통증이 발생하면 얼굴 주위 근육이 뻐근하고 신경이 연결된 어깨 및 목이 자주 결리거나 두통, 어지럼증, 이명 등의 증상이 나타나기도 한다.

턱관절 장애는 여러 가지 원인이 복합적으로 작용해 발생한다. 턱관절에 무리를 주는 나쁜 습관으로는 단단하고 질긴 음식을 즐겨 먹는 버릇, 앞니로 손톱 등을 물어뜯는 행위, 이를 꽉 물거나 이를 갈면서 자는 잠버릇, 입을 너무 크게 벌리는 행동, 옆으로 자는 수면자세 등을 꼽을 수 있다. 또한 교통사고나 상해로 인한 부정교합 외에 우울감, 신경과민, 불안증, 스트레스, 피로 등 정서적인 문제도 발병의 원인이 된다.

일반적으로 턱관절 장애가 나타나면 주로 치과에서 부정교합을 바로잡기 위해 교정치료를 많이 받는다. 하지만 이 질환은 대부분 평소에 씹는 습관이나 수면자세 등이 원인이 되었으므로 습관을 고치지 않으면 치유가 어렵고, 반복해서 질환이 나타날 수 있다.

턱관절 장애로 인한 두통, 어지럼증, 이명 등의 증상이 나타날 때는 엘큐어**리젠**요법 치료를 추천한다. 전기충전 치료를 통해 주변 근육통을 완화시키고 두통 등을 가라앉히는 데 효과적이기 때문이다. 심한 통증을 호소하며 내원했던 턱관절 장애 환자도 5회 차 엘큐어 전기충전치료를 끝낸 후 증상이 많이 개선되는 효과가 나타났다.

하지만 턱관절 질환을 방지하기 위해서는 환자 스스로 잘못된 습관을 개선하고자 하는 노력이 가장 중요하다. 평소에 오징어 등 단단하고 질긴 음식을 삼가는 것이 좋으며, 입을 크게 벌리지 않는 것이 좋다. 또한 카페인, 소금, 알코올 등도 절제해야 한다. 스트레스 해소를 위해 스트레칭 등을 자주 하며, 바른 자세를 유지할 것을 권장한다.

턱관절 장애는 생각보다 흔한 병으로 여러 가지 치료 접근에도 잘 낫지 않는 경우가 많다. 우선 턱관절 장애는 치과에서 교합 상태라든지 치아의 문제가 없는지를 우선적으로 검사를 받아야하며 치과적 소견에 특별한 이상이 없는 데 관절에 통증이 있거나 잡음이 나는 경우에는 근신경학적 문제로 해석할 수 있다. 엘큐어리젠요법은 신경기능 저하나 근육의 Taut band 형성으로 인한 저작기능의 균형이 깨진 경우에 효과적이다. 엘큐어리젠요법을 인가하는 부위는 턱관절 전후 부위 및 측두근, 저작근에 통전통의 세기를 측정하여 집중적으로 반복 치료하면 호전되는 경우가 많다.

㈜ 모든 치료는 환자의 나이, 성별, 질병 발생기간, 질병의 위중한 정도, 건강 상태에 따라 치료 회수 및 경과에 차이가 있을 수 있습니다.

뒷목이 경직되고 어깨와 팔의 통증이 심한

# 목디스크

팔이 자주 저리고 어깨를 움직일 때 뻐근한 통증이 느껴진다. 팔의 통증 때문에 단추를 채우는 동작, 글씨 쓰기, 젓가락질 등이 어렵다. 팔을 젖히는 동작 시 강한 통증이 느껴진다. 목 근육이 경직되어 컴퓨터 작업을 오래 하면 매우 피로하다.

50대 회사원 박 모씨는 몇 달 전부터 팔이 자주 저리면서 어깨를 움직일 때 뻐근한 통증을 느끼는 증상을 겪었다. '오십견 증상인가'라고 대수롭지 않게 여기며 파스도 붙이고 찜질도 자주 하며 회복되길 기다렸다. 오십견 증상은 심하지 않을 경우 자연스럽게 천천히 나아진다는 이야기를 들었기 때문이다. 하지만 팔 저림과 통증이 점점 심해지고 단추를 채우거나 글씨를 쓰는 등 세밀한 동작이 어려워지자 연세에스의원을 찾았다. 박 씨의 증상은 목 디스크(경추간판탈출증)로 진단됐다.

원장님의 권유로 자세 교정을 위한 물리치료를 병행하면서 비수술 치료인 전기자극 엘큐어**리젠**요법 치료를 1주일에 1~2회, 총 10회 받았다. 그 사이 스마트폰 사용도 줄이고 TV 시청 자세도 교정해서인지 팔 저림 현상과 목의 통증 등 불편한 증상은 신기할 정도로 거의 사라졌다. 수술을 안 하고 전기치료만으로 이렇듯 상태가 호전되어 얼마나 다행스러운지 모른다. 하지만 재발을 막기 위해 엘큐어**리젠**요법 치료를 5회 이상 추가로 더 받을 예정이다.

**팔 저림, 뒷목과 어깨 통증 동반되면 목디스크 가능성 높아**

40~50대 중년의 나이에 어깨통증이나 팔 저림 증상이 생기면 오십견을 의심하기 쉽다. 이 연령대에 발생하는 대표적인 어

깨 질환인데다가 레저 인구의 증가로 오십견을 겪는 연령대가 낮아졌기 때문이다. 하지만 어깨 통증은 목 질환이 원인일 가능성도 있다. 특히 팔 저림 증상과 함께 뒷목과 어깨 통증이 동반되면 목디스크일 가능성이 높다.

목디스크는 목뼈 사이에 위치한 추간판(디스크)이 외상 혹은 노화로 정상 범위 밖으로 빠져나와 신경을 압박하거나 자극해 통증·운동기능 이상·팔 저림 등을 유발하는 질환이다. 전 연령대에서 TV·스마트폰 사용이 늘면서 노인성 질환이었던 일자목과 목디스크 등의 환자 비중이 청소년·청년·중장년층을 가리지 않고 늘고 있다.

목디스크의 주요 증상은 목 통증과 결림으로 생각하기 쉽지만 병변의 원인이 되는 위치에 따라 어깨와 날개뼈 부분의 통증, 어깨 및 목 근육 강직, 팔의 통증과 저림 등 다양한 양상으로 증상이 나타날 수 있다. 이 때문에 중장년층에서는 목디스크로 어깨통증이 나타나도 오십견이라 착각해 엉뚱한 치료를 받다가 중요한 치료 시기를 놓치는 경우가 많다.

팔 저림이 생겼을 때는 증상이 어디서부터 나타나는지 잘 살펴봐야 한다. 특히 오른쪽 팔 저림이 있을 경우 목디스크일 확률이 높다. 목디스크일 때 초기 치료를 놓치면 수술로 이어지거나 만성통증으로 악화될 수 있다. 어깨를 치료해도 개선되지 않으면 목디스크를 의심하고 관련 검사를 받아보는 게 좋다.

오십견은 주로 어깨 관절주변에서 통증이 느껴지며 밤에 더 심해진다. 어깨관절의 운동에도 제약이 생겨 팔을 위로 들거나 뒤로 젖히는 동작이 어려운 특징이 있다. 반면 목디스크는 목뼈(경추) 사이의 척추원반(추간판)이 옆으로 삐져나와 신경을 누르기 때문에 일반적으로 뒷목 통증, 양쪽 어깨 통증, 팔로 뻗치는 통증(상지방사통)이 나타난다. 삐져나온 추간판이 누르는 신경에 따라 어깨나 팔 부위에 통증 및 감각 이상이 발생하는데 이 때문에 젓가락질, 글씨쓰기, 단추 채우기, 바느질 등 섬세한 동작을 하는데 어려움을 느낄 수 있다.

오십견인지, 목디스크인지 헷갈릴 때는 손가락의 감각을 확인해보는 것도 도움이 된다. 목디스크는 보통 목뼈 제 5·6번, 제 6·7번에서 가장 많이 발병하는 편이다. 제 5·6번 목뼈에서 발병하면 엄지와 검지에, 제 6·7번 목뼈 디스크가 탈출하면 중지와 약지에 통증과 감각 이상이 동반된다.

증상이 가벼운 초기에는 자세교정, 약물치료, 운동, 물리치료 등 비수술적 치료만으로도 개선이 가능하다. 하지만 증상이 심해 손가락이나 팔에 마비 증상이 나타나면 신경성형술이나 고주파감압술 등 수술적 치료가 필요하다. 주사 치료에는 뼈주사로 불리는 스테로이드 제제 주사나, 증식치료로 불리는 프롤로

테라피(Prolotherapy)가 있다. 스테로이드는 염증을 억제하지만 장기 투약할 경우 당뇨병·고혈압·염증·골 손실 등의 부작용을 겪을 수 있다. 인위적인 염증과 고 삼투압 자극을 유발해 조직의 정상화를 꾀하는 프롤로테라피는 아직 치료기전이 명확하게 입증되지 않았고, 치료결과도 들쑥날쑥한 편이어서 추천하고 싶지 않다.

약물치료의 부작용 때문에 경증 또는 중등도의 디스크에는 비침습적인 전기자극 치료가 선호되고 있다. 엘큐어**리젠**요법이 대표적이다. 세포에 전류를 흘러 넣어 정상화시킴으로써 증상까지 바로 잡는 원리다. 전기생리학 이론을 바탕으로 세포를 자극하고 음전하를 충전해 통증을 치료한다.

치료사례로 볼 때, 경증 목디스크의 경우 1주일에 2~3회, 약 2개월 동안 엘큐어**리젠**요법으로 꾸준히 치료하면 통증이 개선되고 발병 요인이었던 경추신경의 이완과 제자리 잡기가 유도되는 모습을 관찰할 수 있었다.

목디스크가 치유되려면 생활습관을 개선하는 것은 기본이다. TV·컴퓨터를 볼 때 턱을 가슴 쪽으로 당기는 듯한 반듯한 자세를 유지하고, 스마트폰을 장시간 사용하지 않도록 하며, 틈틈이 목을 스트레칭하고, 목이 C자 커브를 유지할 수 있도록 낮은 베개를 쓰면 치유 시간도 당겨지고 재발도 방지할 수 있다.

목디스크는 7개의 경추 사이에 쿠션 작용하는 주로 물렁뼈로 구성된 디스크가 신경을 압박하여 생기는 병이다. 치료를 해도 증상이 완화되지 않을 경우 마지막으로 수술을 선택하는 경우도 많다. 하지만 디스크로 인한 신경의 압박의 원인을 다른 각도에서 살펴보자. 경추를 지탱하는 것은 디스크가 아니고 목 주위의 수많은 근육들이 바이올린 줄처럼 탱탱하게 전후좌우 균형을 맞추면서 당기고 있어 경추가 자세를 유지하고 있는 것이다. 그런데 경추 주위의 수많은 근육들 중에서 한쪽의 근육들이 림프슬러지로 꽉 차여져 있어 수축과 이완이 되지 않고 단단하게 굳어진 근육이 한 방향으로 지속적으로 당기게 되면 경추가 휘어지면서 디스크가 삐져나오게 되고 신경을 압박하게 된다. 치료 포인트는 우선 경추 주위의 굳어져서 당기고 있는 근육을 엘큐어리젠요법으로 이완시켜주고 병변 부위를 어깨에서 팔꿈치 손목까지 풀어주는 계통적 치료를 하는 것이 원칙이며 많은 호전된 사례를 경험하고 있다.

㈜ 모든 치료는 환자의 나이, 성별, 질병 발생기간, 질병의 위중한 정도, 건강 상태에 따라 치료 회수 및 경과에 차이가 있을 수 있습니다.

팔을 뒤로 젖히거나 위로 올리면 아픈

# 오십견

**환자의 주요 증상**

옷 뒷부분의 단추 잠그기, 지퍼 올리기와 등 쪽 샤워하기와 같이 팔이 뒤로 젖혀지는 동작을 할 때 어깨부위가 찢어지는 것 같은 통증이 느껴진다. 잠잘 때 왼쪽 팔이 눌려지면 다음 날 어깨와 팔의 통증이 심해진다. 아파서 왼팔을 위로 올리기가 힘들다.

54세 주부 유 모씨는 3개월 전부터 옷 입기, 샤워하기 등 일상생활에서 팔 동작을 자유롭게 하는 데 불편함을 느끼고 있다. 속옷을 입은 후 뒤쪽의 후크를 잠그거나 등 쪽을 샤워하기 위해 왼쪽 팔을 뒤로 제치면 팔과 연결되는 어깨 부위가 찢어지는 것 같은 통증이 있기 때문이다. '조금 시간이 지나면 낫겠지' 하고 되도록 왼쪽 팔의 사용을 되도록 자제했는데도 상태가 나아지지는 않았다. 컨디션이 안 좋을 때는 무리를 하지 않았는데도 어깨와 팔 통증이 느껴질 때가 많았고, 특히 잠잘 때 왼쪽 팔이 눌리도록 옆으로 자면 다음 날 아침에 어깨와 팔이 너무 아파서 종일 고통스러웠다. '이러다 노후에는 팔과 어깨 장애로 살아야 하는 것 아닌가' 하는 걱정에 유 씨는 연세에스의원을 찾았고, '오십견'이란 진단을 받았다. 어깨관절을 풀어주는 스트레칭도 교육받았고, 전기자극 엘큐어**리젠**요법 치료를 1주일에 한 번씩 5주 받았다. 팔과 어깨 통증이 한결 나아져 샤워하거나 샴푸 등의 동작을 하는 데엔 크게 무리가 없는 것 같다. 하지만 아직 속옷을 자유롭게 입거나 팔을 등의 윗부분까지 올리는 데는 통증이 느껴져서 10주 더 치료를 받을 예정이다.

## 잘못된 자세교정과 주기적인 스트레칭이 오십견 예방법

어깨통증은 대개 중년 시기에 자주 발생한다. 보통 50대 이후부터는 뼈가 약해지고 골밀도가 낮아진 탓이다. 나이 들수록 증가하는 통증질환 중에서도 오십견은 만성 통증을 유발하고 운동 범위를 제약해 일상생활에 큰 지장을 주는 골치 아픈 질환이다.

동결견(凍結肩)이라고도 하는 오십견의 정확한 병명은 유착성 관절낭염이다. 팔 위쪽과 어깨를 연결해 움직임을 부드럽게 해주는 관절낭(관절주머니)에 염증이 생겨 발생한다. 초기에는 날카로운 것에 찔리는 듯한 통증을 시작으로 점차 어깨 운동에 제한을 초래한다. 주로 50대 전후에 많이 발생한다고 해서 오십견으로 불리지만 최근에는 이름이 무색할 정도로 30~40대, 심지어 20대에서도 발병이 증가하는 추세다.

오십견은 특별한 외상이 없는 상태에서 어깨가 아프고 통증이 느껴지는 탓에 대부분의 사람들이 가벼운 근육통 정도로 생각하고 방치한다. 그러나 머리를 감거나 옷의 단추를 잠그는 등 팔을 들어 올리는 동작이 어려워지거나 한쪽 어깨가 결리고 팔을 뻗을 때 찢어지는 듯한 통증이 느껴지며 지속적으로 쑤신다면 오십견 초기증상을 의심해 볼 수 있다.

대부분의 사람은 오십견이 노화에 의한 퇴행성 변화 또는 잘못된 자세나 습관에 의해 발생하는 것으로 생각하지만 겨울철 추운 날씨와 같은 환경적인 요인으로도 발생할 수 있다. 겨울엔 신체활동이 급격하게 줄어들어 관절이나 근육 등 신체 기관의 유연성도 함께 저하된다. 이로 인해 전반적인 신체조직들이 경직되면 어깨관절 역시 굳고 긴장되면서 오십견이 발생할 수 있다. 증상이 지속되면 가급적 빨리 적절한 치료를 받아야 한다.

오십견은 저절로 호전된다는 속설이 있지만 초기부터 적절한 치료를 하지 않으면 자칫 통증이 장기간 지속되거나 후유증이 생길 수도 있다. 몇 번의 치료를 통해 증상이 일시적으로 완화되면 완치된 것으로 지레짐작하고 치료를 중단하는 예가 많은데, 이 또한 증상을 심화시키거나 오십견이 사라진 후에도 어깨관절 운동 범위를 제한할 수 있는 만큼 각별한 주의가 요구된다.

오십견의 기본적인 예방법이자 치료는 잘못된 자세교정과 주기적인 스트레칭이다. 이는 근육과 인대의 유연성을 높여 어깨의 긴장을 풀어주는 데 도움을 준다. 잠을 잘 때 낮은 베개를 사용하고, 어깨관절을 압박하는 옆으로 누워 자는 습관을 피하도록 해야 한다. 이 같은 생활습관의 개선에도 불구하고 통증이 지속될 경우 물리요법이 필요하다. 그중에서도 전기자극 엘큐어리젠요법은 부족한 세포 음전하를 충전해 망가진 세포대사를 활성화하고 궁극적으로 세포 재생을 유도해 통증을 완화하고 장기적으로 재발의 가능성을 최소화하는 치료법이다.

엘큐어리젠요법은 피부 10~15cm 아래까지 전기자극을 가하기 때문에 통증의 근본적인 원인 해결에 기여할 수 있다. 방전된 세포에 전기에너지를 충전해주면 림프슬러지도 녹아 나오고 통증도 완화되는 효과가 나타난다. 다른 전기자극 치료에 비해 효과가 빠르고, 스테로이드 주사제 등 약물치료에 비해 부작용이 없으며, 장기적으로 재발의 가능성까지 차단하는 근본적인 통증치료가 될 수 있다.

통증의 근본적인 원인은 세포 내 전기가 방전된 상태로 인체의 배터리 역할을 하는 미토콘드리아에서 충분한 에너지가 생성되지 않아 모세혈관 순환이 저하되고 결국 세포가 병들고 손상된 데 따른 것으로, 이는 오십견 초기증상도 마찬가지 원리이다. 이런 상태를 방치하면 림프슬러지가 어깨에 축적되고 신경계가 점차 망가지고 통증이 유발되기 때문에 근본적으로 원인을 해결하는 치료를 권장한다. 환자들의 치료사례를 참고하면, 오십견은 주 1~2회, 총 15회의 엘큐어 치료로 증상이 완연하게 호전될 수 있다.

# 임상 진료 코멘트

오십견은 여러 각도의 수동적 운동 시 심한 통증을 호소하지만 회전근 개(어깨 표면의 삼각근 안쪽에 위치하여 안정적으로 어깨를 들고 돌리는 데 관여하는 극상근, 극하근, 소원근, 견갑하근을 총칭함) 질환은 별도의 운동에서만 통증을 보여 서로 구별할 수 있다. 방사선 촬영을 해보면 골다공증 외에는 특별한 소견이 없는 것이 특징이다. 저자는 어깨 관절의 운동제한은 림프슬러지의 장기적인 축적에 의한 관절낭의 유착에 의한다고 보고 있다. 유착은 만성 염증에 의한 반응으로 장기화되면 석회가 침착된 석회성 인대염으로 이행되는 경우도 많다.

불편감이나 통증을 느끼는 것은 전기생리학적으로 세포방전을 의미하므로 증상 개선이 없고 만성화되면 세포 충전 요법인 엘큐어리젠요법을 받아볼 수 있으며, 여러 차례 반복치료하면 림프슬러지가 녹으면서 유착된 관절낭이 부드러워지게 되면서 치료되는 질환이다.

㈜ 모든 치료는 환자의 나이, 성별, 질병 발생기간, 질병의 위중한 정도, 건강 상태에 따라 치료 회수 및 경과에 차이가 있을 수 있습니다.

날갯죽지 통증 심하고, 어깨와 팔 동작도 제한되는

# 견갑골통증

어깨와 날갯죽지에 담이 든 것처럼 아파서 무거운 물건을 들거나 배드민턴 같은 운동을 하기 어렵다. 겨드랑이 부근의 통증 때문에 잠을 잘 못 잔다. 어깨 아랫부분의 근육이 아프다. 높은 선반에 그릇을 두기 어렵고, 팔과 어깨의 스트레칭이 힘들다.

68세 여성 김 모씨는 10년 전 교통사고를 당한 이후 왼쪽 날개뼈 위쪽 통증 증상이 생겼다. 어깨와 날갯죽지에 담이 든 것처럼 아파서 무거운 물건을 들거나 배드민턴처럼 팔을 쓰는 운동을 하기도 어려운 상황이다. 잠잘 때 아픈 부위가 눌리면 통증 때문에 깊은 잠을 자기 어렵고, 어깨 아랫부분의 근육이 아플 때도 있다. 최근에 특히 어깨와 겨드랑이 통증이 심해져서 팔과 어깨의 스트레칭은 물론 접시를 싱크대 선반에 올려놓는 일조차 힘겹게 되자 김 씨는 연세에스의원을 찾았다. 오십견 증상으로 생각했는데, 견갑골좌측흉추4번 통증과 겨드랑이좌측 근육통 진단을 받았다.

김 씨는 고전압 전기치료 5회 차를 얼마 전에 끝냈다. 다행스럽게도 어깨와 겨드랑이 통증이 많이 개선되었다. 수면의 질도 상당히 좋아졌다. 하지만 건강을 완전히 회복하기 위해 김 씨는 15회 차까지 엘큐어**리젠** 치료를 꾸준히 받을 예정이다.

## 골프스윙처럼 한쪽으로 몸을 크게 회전할 때 생기는 질환

최근 중장년뿐 아니라 젊은 세대들 사이에서도 골프 붐이 일어나면서 견갑골 통증 질환도 함께 늘고 있다. 수려한 경관을 지닌 그린 필드에서 즐기는 골프는 테니스, 배드민턴 등의 격렬한 스포츠와 비교해 손쉬운 운동이라고 생각하기 쉽지만, 준비

운동을 충분히 하지 않고 실전에 임하면 부상을 입기 쉽다. 특히 골프는 한쪽으로만 스윙을 반복해서 치기 때문에 한쪽 상체에 무리가 가서 견갑골 통증이 나타날 수 있다.

견갑골은 흔히 날갯죽지라고 불리는 신체 부위이며 어깨 뒤쪽에 위치한 역삼각형 모양의 튀어나온 뼈를 일컫는다. 견갑골은 팔을 몸통에 연결하여 움직일 수 있도록 도와주는 역할을 하고 있다. 견갑골통증은 중년 이후에 많이 노출되는 증상으로, 견관절 주위의 퇴행적인 변화가 주요 원인으로 작용한다. 특히 한쪽 어깨를 무리하게 사용할 때 쉽게 발생하는데, 평소 무거운 가방을 한쪽으로만 들고 다니는 사람이나 골프 스윙과 같이 한쪽으로 몸을 과하게 회전할 경우에 통증이 발생할 수 있다.

어떤 원인으로 인해 일단 견갑골에 통증이 발생하면 날갯죽지를 올리기 어렵고, 결림과 저리는 증상이 나타나기도 한다. 또한 수면에 방해가 될 정도로 통증이 심하고 어깨 아랫부분 등 근육이 아프기도 한다.

견갑골은 몸통과 연결되어 있는 부위인 만큼 견갑골이 약해지거나 통증이 발생할 경우 다른 신체 부위까지 통증이 전이될 가능성이 있다. 때문에 견갑골 통증이 발생하면 신속하게 치료해주는 것이 바람직하다. 또한 틈틈이 스트레칭을 통해 어깨 긴장을 풀어주는 것이 증상을 예방하는데 도움이 된다. 하지만 이미 발생한 통증의 경우 예방법만으로는 통증 완화를 기대하기 어렵다. 이때 엘큐어 전기치료의 도움을 받는 것을 고려해볼 수 있다.

전기자극 치료법인 엘큐어**리젠**요법은 1500~3000V의 고전압으로 기존의 경피적 전기신경자극기(텐스)가 닿지 못했던 혈관 및 신경까지 100~800마이크로암페어 수준의 미세전류를 흘려보낸다. 전류가 혈액순환을 자극하고 세포주변의 림프액찌꺼기(림프슬러지)를 녹여 견갑골 주위의 근육 통증을 개선해줄 수 있다.

# 임상 진료 코멘트

견갑골 통증은 "등짝이 결린다" 혹은 "담이 들었다"라고 환자분들이 표현하는 것으로 무지룩하고 뻐근하게 등짝이 아픈 것으로 오십견과는 통증 부위가 다르다. 심장이나 폐질환이 있는 경우 방사통으로 이 부위가 아플 수도 있으므로 심장이나 폐에 이상이 없는지 우선적으로 내과 진찰을 받아보는 것이 좋고 대상포진이 잘 생기는 부위이므로 이 부분도 체크하는 것이 좋다. 상기 질환이 없으면서 등짝에 통증이 있는 경우에는 근육통으로 추정할 수 있으며 엘큐어 진단법으로 전기마찰계수를 측정하면 통증유발점 진단이 가능하며, 통증유발점에 전기자극치료를 1주일 간격으로 10회 내외 치료하면 호전율이 높다.

저자는 견갑골 통증의 주 원인을 림프슬러지의 장기적인 축적에 의한 근육의 Taut Band 현상으로 생각하고 촉진을 해보면 굵은 줄기가 만져지는 경우가 많으며 압통점이 있다.

보통 병원에서는 근육이완제나 진통제를 처방하고 스테로이드 일명 뼈주사 치료를 많이 하는 데 반복 치료나 장기간의 약물복용은 근본치료가 되지 않고 고질병으로 고착시키기 때문에 금물이다.

불편감이나 통증을 느끼는 것은 전기생리학적으로 세포방전을 의미하므로 증상 개선이 없고 만성화되면 세포 충전 요법인 엘큐어리젠요법을 받아볼 수 있으며, 여러 차례 반복치료하면 림프슬러지가 녹으면서 Taut Band가 부드러워지게 되면서 치료되는 질환이다.

㈜ 모든 치료는 환자의 나이, 성별, 질병 발생기간, 질병의 위중한 정도, 건강 상태에 따라 치료 회수 및 경과에 차이가 있을 수 있습니다.

# 테니스엘보, 골프엘보, 손주병

## 환자의 주요 증상

무거운 물건을 들었을 때 팔과 팔꿈치 내외 측 부위가 아픔. 손목을 구부리거나 비틀 때 통증이 심해진다. 장보기, 설거지, 청소기 돌리기 등 가사 일을 하기 힘들다. 손가락 마디가 아프고 손이 저림. 가끔 밤에 통증이 심해져서 숙면이 어렵다.

59세 주부 박 모씨는 마트에서 묵직한 장바구니를 들어 올리다가 팔꿈치 주변의 강한 통증을 느꼈다. 오래 전부터 손가락이 저리고 손가락 마디가 아픈 증상을 겪어왔고, 가끔 팔꿈치 내외측으로 통증도 느껴왔는데, 이 날은 무거운 물건을 드는 바람에 팔의 통증이 악화된 것이다.

걱정이 된 박 씨는 인근에 있는 정형외과를 방문했다. 그곳에서 손가락 퇴행성관절염을 진단받고 주사치료 3회와 진통소염제를 처방받았다. 또한 목을 뒤로 젖히면 뒤통수 아래가 꺾일 것 같은 증상도 있어서 목 뒤로도 스테로이드 주사를 여러 번 맞았다. 하지만 증상에 차도는 별로 없었고, 지속적으로 주사에만 의존할 수도 없었기 때문에 새로운 치료법을 찾다가 연세에스의원을 소개받았다.

정밀진단 결과 박 씨는 테니스엘보, 손가락 근육통, 목 근육통 등의 증상을 복합적으로 갖고 있었다. 또한 여러 차례 스테로이드 주사를 맞았기 때문에 림프슬러지가 차 있을 것으로 추정되었다. 따라서 고전압기기로 림프슬러지를 제거하고, 방전된 통증 부위에 전기에너지를 충전시키는 치료법을 적용했다. 엘큐어리젠요법은 꽤 효과가 있어서 8회차 치료를 받은 박 씨의 팔과 손가락 통증뿐 아니라 목의 통증도 많이 호전된 상태다.

## 손목을 뒤로 젖힐 때 아프면 테니스엘보 여부 체크해야

팔꿈치 바깥쪽으로 튀어나온 뼈를 둘러싼 주변 부위에 염증이 생기는 '외측상과염'을 흔히 '테니스엘보'로 부른다. 테니스를 치는 운동선수에서 잘 나타나기 때문이다. 반대로 팔꿈치 안쪽 뼈 주변에 염증이 생기는 '내측상과염'은 골프 마니아에서 잘 생겨 '골프엘보'란 이름이 붙었다.

그런데 테니스 같은 운동을 전혀 하지 않는 주부들에서도 테니스엘보의 발병률이 높다. 빨래·설거지·청소 등 집안일로 지속적으로 팔을 쓰다보면 운동선수만큼이나 팔꿈치 주변 조직이 상하기 쉽기 때문이다. 여기에 퇴행성 변화가 시작되는 중장년이 되면 발생 위험은 더욱 높아진다. 그래픽디자이너, 만화가 등 팔을 많이 쓰는 직업군에서도 나타나기 쉽다.

외측 힘줄에 손상이 생기는 외측상과염(테니스엘보)은 내측상과염(골프엘보)보다 10배 정도 잘 생기는 것으로 알려져 있다. 외측상과염은 팔꿈치에서 팔의 움직임을 담당하는 근육이 시작되는 지점인 '상과기시부'가 손상돼 통증이 나타난다. 발생 초기에는 팔을 사용할 때만 통증을 느끼다 후에는 찌릿찌릿한 느낌이 들면서 팔 전체에 통증이 나타난다. 손목을 구부리거나 비틀 때 느껴지는 통증도 점차 심해진다. 나중엔 물건을 들어 올릴 때 팔꿈치 주변이 아프면서 손에 힘이 빠지고, 세수를 하거나 손잡이를 돌려 문을 여는 등 가벼운 동작조차 힘들어진다. 방치하면 밤에 잠자기 힘들 정도로 통증이 심해지고, 머리를 빗거나 양치질을 하는 등 가벼운 일상생활도 어려워진다.

주부 박 씨처럼 팔꿈치 통증을 호소하며 내원하는 환자의 80%가 외측상과염을 진단받는다. 팔을 앞으로 쭉 편 상태에서 팔꿈치부터 손목 방향으로 1~2㎝ 내려간 부위를 손가락으로 눌렀을 때 통증이 있거나, 손목을 뒤로 젖힐 때 아픔이 느껴지면 병원을 찾아 테니스엘보 여부를 체크해보는 게 좋다.

증상이 약한 초기에는 충분한 휴식을 취하는 것만으로도 상당히 호전된다. 통증을 참아가며 손과 팔을 사용하면 근육과 힘줄의 손상 정도가 심해져 치료가 어려워지게 된다. 4주 이상 손과 팔의 사용을 자제하면서 통증 부위에 온찜질 등을 해주면 증상이 개선될 수 있다. 하지만 증상이 반복되고 개선되지 않으면 병원 진료를 받아야 한다. 방치할 경우 만성통증으로 이어져 삶의 질을 크게 떨어뜨릴 수 있다. 테니스엘보 환자 10명 중 1명 정도가 만성화된다.

치료는 대부분 비수술적 보존치료로 이루어진다. 가장 흔한 치료제로는 스테로이드 성분 주사제가 있다. 염증을 억제해 단기간에 통증을 가라앉히는 효과가 있다. 하지만 스테로이드는 장기 사용할 경우 비만·고지혈증·고혈압·면역력저하 등 부작용이 나타날 수 있다. 때문에 장기적인 테니스엘보 치료에는 약물보다 부작용이 없는 물리치료·체외충격파치료·전기자극 치료 등이 선호되는 추세다. 특히 전기자극 치료는 병변에 적절한 전기자극을 가해 통증을 완화시키며 손상된 세포를 치료하는 데 부작용과 통증이 적어 인기가 있다. 대표적인 전기자극 치료인 '엘큐어리젠요법'은 피부 깊숙이 전류를 보내 병변에 직접 자극을 줘 효과가 빠르게 나타난다. 전류가 세포 주변에 쌓인 림프 찌꺼기를 녹이고 세포 대사를 촉진해 병변의 회복은 물론 재발을 막는 효과도 있다.

테니스엘보는 한번 나타나면 쉽게 재발될 수 있어 치료 후에도 주의해야 한다. 재발을 예방하기 위해서는 팔·손목·어깨 부위를 자주 스트레칭하고, 적당한 무게의 아령·물병·탄력밴드로 관절 주변 근육을 강화하는 게 도움이 된다.

# 임상 진료 코멘트

테니스엘보 골프엘보와 같은 팔꿈치 통증은 비교적 흔한 질병이다. 현대의학에서는 스테로이드 일명 뼈주사 치료를 90% 이상의 통증치료 병원에서 사용한다. 한두 번의 치료로 통증이 기적적으로 좋아지기 때문이다. 하지만 반복치료는 힘줄이 약해지고 오히려 상태를 악화시켜 고질병이 되기 쉽다. 당뇨병이 있는 환자들은 급격히 혈당이 올라가는 부작용도 흔히 발생한다. 귀여운 손자를 수시로 안아주고 키우다보면 없던 엘보가 생기거나 악화되기도 해서 일명 "손주병"이라고도 한다. 팔을 적게 쓰고 진통제 약물을 모두 끊고 지속적으로 엘큐어리젠요법을 하면 호전되는 질환이다. 팔꿈치 아대 착용도 도움이 된다.

실제로 진료해보면 팔꿈치에만 문제가 있는 경우가 드물고 목, 어깨, 손목까지 전기생리 반응이 나타나는 경우가 있다. 치료는 경추, 어깨, 팔꿈치, 손목까지 계통적인 전기 충전을 해주면 호전율이 높아진다.

㈜ 모든 치료는 환자의 나이, 성별, 질병 발생기간, 질병의 위중한 정도, 건강 상태에 따라 치료 회수 및 경과에 차이가 있을 수 있습니다.

# 허리 통증이 엉덩이, 다리까지 뻗치고 저린 증상
## 척추디스크

### 환자의 주요 증상

허리를 굽힐 때 통증이 심하다. 우측 옆구리가 아프고 오른쪽 다리로 통증이 퍼져 계단을 오르내릴 때 주변의 부축을 받아야 함. 허리, 엉덩이, 다리에 이르기까지 아프고 저리다. 기침, 재채기를 할 때 통증이 느껴진다.

택배업을 하는 자영업자 윤 모씨(58세)는 얼마 전 무거운 짐을 옮기다 허리 주변에 갑작스러운 통증을 느끼면서 쓰러졌다. 군 복무 시절 허리를 다친 이후 종종 요통을 겪었던 터라 대수롭지 않게 여겼지만 며칠 후 허리를 굽히기 힘들 만큼 통증이 심해졌다.

시간이 지날수록 오른쪽 다리로 통증이 퍼져 계단을 오르내릴 땐 주변의 부축을 받아야 했다. 일을 할 수 없을 정도로 상태가 악화되자 정형외과를 찾은 결과 요추간판탈출증(허리디스크)이라는 진단을 받았다. 정밀검사 결과 요추 4~5번 신경이 눌려 요통에 하지 방사통까지 동반된 상태였다. 의사는 당장 수술 받는 게 좋겠다고 권유했지만 수술에 대한 공포와 부담감 탓에 선뜻 결정하지 못했다.

그러던 중 지인으로부터 전기치료가 허리디스크에 효과적이라는 이야기를 듣고 연세에스의원을 찾았다. 1주일에 2~3회 간격으로 한 달간 전기치료를 받으면서 체외충격파 치료도 병행한 결과 허리 기능이 아프기 전의 80% 수준으로 회복됐고 통증도 상당 부분 개선됐다.

**육체적 과부하, 잘못된 자세, 흡연, 비만 등이 발병 원인**

흔히 '허리디스크'로 불리는 요추간판탈출증은 나이 들어 찾아오는 퇴행성질환으로 생각하는 경우가 많다. 노화, 운동부족, 과도한 운동으로 디스크(추간판)이 변성된 상태에서 순간 과도한 외력이 가해졌을 때 디스크가 튀어나와 신경근을 누르면 다리 등에 방사통을 일으켜 다리가 아프고 저려오는 것으로 알려져 있다. 대체적으로 허리를 앞으로 굽히면 통증이 발생하고 허리와 다리가 함께 아프다. 앉아 있을 때 통증이 심하고 서있거나 걸으면 통증이 줄어든다.

허리디스크 발병위험을 높이는 요인으로는 노화와 함께 육체적 과부하, 약한 허리근육, 잘못된 자세, 흡연, 비만, 유전 등이 꼽힌다. 때문에 이 증상은 중장년층뿐 아니라 젊은 층도 발병율이 높은 편이다.

과거에는 허리디스크는 무조건 수술해야 한다는 인식이 강했지만 점차 흉터가 작고 통증이 덜한 비수술요법의 비중이 높아지고 있다. 의학계는 허리디스크 환자의 90~95% 정도는 약물치료·주사치료·운동요법·물리치료 등 비수술요법 만으로 2개월 이내에 증상이 호전되며, 나머지 5~10%만 수술이 필요한 것으로 보고 있다.

최근에 허리 수술 대신 활용되는 비수술요법 중 주목할 만한 게 전기자극을 이용한 엘큐어**리젠**요법이다. 이 치료법은 100~800마이크로암페어($\mu$A) 수준의 미세전류를

1500~3000V의 고전압으로 흘려보내 세포의 부족한 전기를 충전함으로써 세포대사를 촉진, 통증과 염증을 개선하고 면역력을 회복시킨다.

요통, 섬유근육통, 관절통 등 만성 통증질환을 느끼는 세포는 세포 밖과 비교해 전기생리학적으로 -30mV~-50mV 수준의 음전하상태를 띤다. 이에 비해 정상세포는 -70mV~-100mV, 심장세포는 -90mV~-100mV의 전위차를 보인다. 건강한 세포는 음전하가 충만한 상태이지만 통증세포는 상대적으로 음전하가 부족한 -30mV~-50mV 상태를 보인다. 암세포나 사멸직전의 세포는 -15mV~-20mV로 현저히 낮은 상태를 보인다.

전위차가 저감된 세포에선 통증이 느껴지기 시작하고, 모세혈관의 순환이 줄어들며, 피로감이 만성화된다. 엘큐어 치료는 병든 세포에 음전기를 채워 넣어 활기가 돌게 하고 결과적으로 통증을 완화시키는 원리다.

엘큐어**리젠** 치료와 병행하는 체외충격파는 초음파 에너지를 한 곳에 집중시켜 굳어진 근육 인대 연골 등의 굳어지고 석회화된 조직을 깨부수고 정상화를 유도하는데, 허리디스크에선 디스크 주변 근육과 인대를 이완시켜 통증을 감소시키는 효과를 낼 수 있다.

평소에 요통을 방지하려면 코어근육 강화 운동이나 요가, 필라테스 등을 해주는 것이 도움이 된다. 단 디스크가 이미 터져 통증이 심하고 신경마비 증세가 있으며 방사통이 심하면 운동이 역효과를 낼 수 있으므로 수술적 치료를 우선 실시한 뒤 엘큐어**리젠**요법으로 남아있는 통증을 치료하는 게 바람직하다.

심영기 박사의 진료실 상담
# 임상 진료 코멘트

디스크에서는 신경마비증세가 어느 정도 심하느냐?에 따라 수술을 하
느냐? 아니면 보존치료를 하느냐?를 결정한다. 다리를 움직이지 못할
정도의 운동신경마비가 있으면 수술을 권하고 싶으며, 대퇴로 뻗어 내
려가는 방사통 통증이 있지만 어느 정도 견딜만하면 보존치료를 권하고
싶다. 그러므로 기본적으로 CT, MRI 진단을 받아보는 것이 중요하다.

추간에 있는 디스크가 신경을 압박할 때 디스크가 발생하는 데 이는
척추를 쌓고 있는 근육의 균형이 깨지면서 발생한다. 엘큐어리젠요법은
근육이 림프슬러지로 인해 굳어 있는 부위를 부드럽게 해줌으로서 근
육의 밸런스를 맞추어 신경을 압박하고 있는 디스크를 원래의 위치로
돌려주는 역할을 한다. 그러므로 응급상황이 아닌 경우에는 수 차례의
엘큐어리젠요법으로 치료해보면서 경과를 지켜 보는 것도 수술을 피할
수 있는 방법이다.

---

㈜ 모든 치료는 환자의 나이, 성별, 질병 발생기간, 질병의 위중한 정도, 건강 상태에 따라
치료 회수 및 경과에 차이가 있을 수 있습니다.

다리가 저리고 허리, 엉덩이가 아픈

# 척추협착증

다리에 쥐가 자주 나고 무겁다. 다리가 당기고 저리다. 50미터 걸으면 허리에 통증이 느껴진다. 앉아 있으면 엉치가 아프다. 허벅지 밖으로 쭉 뻗어 내려가는 통증이 있다. 계단을 오르내릴 때 무릎이 아프고 밤마다 계속되는 간헐적인 통증이 있다.

80대의 여성 민 모씨는 최근 무릎과 허리 통증이 재발해 잘 걷지를 못하고 밤에도 깊이 잠을 이루지 못해 연세에스의원을 찾은 사례이다. 3년 전 양측 무릎수술 후 관절 약을 계속 복용하고 있으며, 그 후 척추와 관절 시술도 했다. 통증을 완화시키기 위해 최근에 타 병원에서 풍선 시술을 받은 후에도 허리 아픈 증상이 지속되는 상태이며, 이유 없이 다리가 자주 저리고 아파서 걷기 힘들고 쥐도 자주 나고 무겁게 느껴질 때가 많다. 평균 50미터 정도 걸으면 허리에 통증이 와서 더 이상 걷기 힘들어 자주 쉬었다가 다시 걷는다. 소파에 앉아 있으면 엉치뼈가 너무 아프고, 침대에 누워 있다가 일어나기도 힘든 상태이다. 무릎 수술하고 난 후부터 허리가 아프기 시작했는데, 요즘 계단을 오르내릴 때 통증이 많이 심하다.

그동안 여러 병원을 다니면서 물리치료, 주사치료 등 치료라는 치료는 모두 받아보았으나 별다른 차도가 없는 상태이며, 최근엔 진통제도 잘 듣지 않아서 마지막 희망을 '엘큐어**리젠**요법'에 걸고 꾸준히 치료를 받고 있는 중이다. 엘큐어 치료를 8주째 받고 있는데, 예전보다 허리 통증이 덜하고 걷기도 한결 수월해졌다.

**수면 장애, 우울증 유발률 높은 노인성 척추질환**

사례로 소개된 80대 민 씨는 노년층에게 많은 척추협착증과 무릎 관절 통증을 함께 진단받은 경우이다. 척추협착증은 어떤 질환일까. 노인성 척추질환의 하나로 척수신경이 지나가는 통로인 척추관, 신경근관, 추간공 등이 좁아져 신경이 눌림으로써 요통, 하지 통증 같은 다양한 증상을 나타낸다.

척추협착증이 있으면 일반적으로 요통과 양측 엉치 부위 통증 및 양 다리에 방사통증과 저린 증상을 보인다. 특히 협착증은 디스크와 달리 오래 서 있거나 걸을 때 엉덩이와 종아리, 허벅지 부위에 뒤쪽에서 전해지는 통증이 심해 조금 걷다가 서는 일명 '신경학적 파행성 보행 증상'을 보이거나 양 종아리와 허벅지에 시리고 저린 증상이 나타나는 것이 특징이다.

일반적으로 척추에서 시작된 신경병증성 통증은 주로 말초신경 경로를 따라 다리 통증으로 나타난다. 이에 따라 허리와 다리 통증이 심해질 경우 노년기의 삶의 질이 크게 떨어지는 경우가 많다. 학계의 통계에 의하면, 척추협착증이 있는 환자들은 통증이 심해서 수면 장애와 우울증 유발율도 상당히 높은 편이다.

허리와 엉덩이, 다리의 통증이 심할 경우 신경차단술이나 척추자극술 등의 시술과 항경련제 계통의 약물치료를 시도해볼 수 있다. 하지만 척추협착증을 앓고 있는 민 씨가 우리 병원에 내원했을 때는 오랜 기간 관절약과 진통제를 복용해왔으며, 몇 달 전에 신경 압박을 완화시키는 풍선 시술을 시도했으나 효과가 미미한 상태였다. 따라서 추가 시술을 진행하기 보다는 복용 중인 진통제를 끊고 손상된 신경 부위에 전기자극을 가해 통증을 완화시키는 치료 방법이 적합하다고 판단되었다. 엘큐어**리젠** 전기자극 치료는 고전압으로 전류를 흘려보내 손상된 신경세포를 자극해 재생을 촉진하며, 세포 사이의 림프슬러지(림프액 찌꺼기)를 녹여 통증을 개선하는 효과가 뛰어나므로 민 씨처럼 오랫동안 고통을 받아온 만성 통증 환자들에게는 최상의 치료법이라고 여겨진다.

약물, 전기자극 치료도 중요하지만 평소에 규칙적인 운동으로 근육을 강화시켜 척추를 지지하는 힘을 길러두면 신경병성 통증을 이기는 데 큰 도움이 된다. 흔히 척추협착증 환자들은 움직이는 것조차 힘들 때가 많아서 운동을 소홀하게 된다. 하지만 스트레칭과 근력강화운동을 꾸준히 해주면 신경 손상을 회복할 수 있으며 걷기, 자전거 타기, 수영 등 유산소 운동도 중추 감작에 작용하는 신경전달물질 분비를 조절해주어 통증을 줄이는 데 효과가 있다. 다만 과도한 운동은 허리통증을 악화시킬 수 있으니, 몸 상태를 보면서 천천히 강도를 늘리는 것을 권장한다.

척추관협착증은 척수신경이 지나가는 통로인 척추관, 신경근관, 추간공 등이 좁아져 신경이 눌림으로써 생기는 질환인데 CT, MRI로 쉽게 진단이 가능하다. 저자는 통로가 좁아지는 원인이 척추관 내에 림프슬러지가 쌓여서 신경을 압박한다고 생각한다.

외래 진료실에서 보통 환자분들이 이야기하는 증상 중에 가장 대표적인 증상이 통증 때문에 오래 걷지 못하고 걷다가 쉬어 가야 한다고 하는 파행성 보행현상이다.

척추관협착증은 약물치료나 수술적인 치료로 쉽게 호전되지 않는 만성질환 중의 하나이다. 저자는 척추관협착증 진단을 받은 환자들 중 70% 이상이 좌골신경통으로 이행된 사례들을 보아 왔다. 수술적치료를 선택하기 전에 근육이완제나 진통제를 끊고 효과가 깊숙이 침투하는 엘큐어리젠요법으로 림프슬러지를 녹이는 치료를 10회 이상 받아 보기 바란다.

엘큐어리젠요법은 강력한 고전압으로 찌꺼기를 이온분해하는 데에 탁월한 치료법이다. 그리고 3개월 이상 몸에 해로운 진통제나 근육이완제는 모두 끊고, 알칼리성식품을 많이 드시고 꾸준하게 힘들더라도 걷기 운동을 하루에 30분 이상 약간 땀이 날 정도로 빨리 걸어보자. 그리고 척추나 좌골 부위에 자석 파스를 장시간 붙여서 림프순환을 향상시키는 것도 치료에 도움이 될 것으로 보인다.

㈜ 모든 치료는 환자의 나이, 성별, 질병 발생기간, 질병의 위중한 정도, 건강 상태에 따라 치료 회수 및 경과에 차이가 있을 수 있습니다.

# 앉을 때 엉덩이와 다리에 통증 심해지는
# 좌골신경통

**환자의 주요 증상**

다리가 시리고 저리다. 보기 싫은 혈관이 보이고 부기가 있다. 다리가 쉽게 피로해지고 피가 쏠리는 느낌이 든다. 허리, 오금, 좌측발목, 무릎, 발바닥, 발가락, 다리 통증이 느껴지고 오래 서 있으면 아프다.

마트에서 일하는 50대의 주부 배 모씨는 2년 전부터 다리에 보기 싫은 혈관이 보이고, 오래 서서 일하면 다리가 시리고 저리는 증상이 나타났다. 다리가 쉽게 피로해지고 부기도 심해져서 장시간 서있기가 불편했다. 피가 아래로 쏠리는 느낌도 들고, 허리·오금·좌측발목·무릎·발바닥과 발가락 통증이 심했다. 집안일을 할 때나 출퇴근 시 지하철이나 버스를 이용할 때 오래 서 있으면 척추부터 하반신 부위들이 아파서 고통스러웠다.

배 씨는 타 병원에서 정맥류로 진단받고, 혈관경화요법 및 혈관 레이저시술을 받았으나 통증에 대한 효과는 거의 보지 못했다. 극심한 통증을 치료하기 위해 연세에스의원을 찾았고, 정밀 진단한 결과 정맥류가 아닌 좌골신경통으로 판정을 받았다.

현재 그는 엘큐어**리젠** 치료를 통해 증세가 80% 이상 호전되었다. 피가 아래로 쏠리는 증상도 사라졌고 다리가 시리고 저리는 증상도 현저히 줄어들었다. 하지만 가족 중에 정맥류를 지닌 사람이 있어서 재발이 염려되는 만큼, 통증과 불편한 증상이 완전히 사라질 때까지 1주일 1번씩 엘큐어**리젠** 치료를 받을 예정이다.

## 쪼그려 앉으면 다소 증상이 완화되고 시원해지는 느낌

좌골신경통 증상은 왜 생기는 것일까? 우리 몸 신경 중에서 가장 굵은 엉덩이 뼈 신경은 허리에서부터 근육 사이를 지나고 허벅지 뒤쪽을 거쳐 발끝까지 내려가며 다리의 감각을 느끼고 운동을 조절하는 역할을 한다. 이 신경의 특정 부위에 압박을 받고 눌리면 통증이 나타나는 것이다. 일반적으로 허리와 엉덩이, 허벅지 뒤쪽이 당기고 찌릿하고, 저림 증상과 함께 통증이 나타난다. 좌골신경통 증상은 평생 동안 한 번 이상 겪을 확률이 20~30%에 육박할 만큼 흔한 질환이며, 3개월 이상 통증이 지속되면 만성으로 발전할 가능성이 높기 때문에 조기에 발견해 치료를 시작하는 것이 좋다. 흔히 허리디스크라고 불리는 추간판 탈출증이나 척추관협착증 등에 의해 발생하는 경우도 약 10~20% 되며 의자에 앉을 때 엉덩이와 다리에 통증이 심해지고 정상적인 거동이 어려워지는 것이 대표적인 좌골신경통 증상이다. 심한 환자의 경우 발가락까지 통증이 발생하기도 하며 감각 마비와 더불어 찌르는 것 같은 통증을 보인다. 쪼그려 앉으면 다소 증상이 완화되고 시원한 느낌이 들기 때문에 이 질환을 앓고 있는 환자들의 경우 바른 자세를 취하기 어렵다는 호소를 많이 하는 편이다. 좌골신경통 증상을 가진 환자들의 대다수가 척추 디스크를 진단받는 경우가 많으며, 통증으로 인해 의자에 오래 앉아 있지 못하는 불편함을 호소하기도 한다.

실제로 여러 병원을 다니다가 우리 병원에 내원하는 환자들 중에는 디스크나 협착증 없이 좌골신경통 증상만 발생하는 경우가 많다. 이는 순수하게 이 질환만 진단할 수 있는 방법이 부족하기 때문이라고 여겨진다. 하지만 정확한 진단을 받지 못한 채 엉뚱한 치료만 받게 되면 손상된 좌골 신경 부위가 전혀 치료되지 않고 점차 질환이 악화된다. 감각 소실, 하지근력 약화, 배뇨 장애 등 여러 문제를 초래할 수 있기 때문에 확실한 진단을 받을 수 있는 통증 전문 의사를 찾아서 치료받아야 한다.

치료사례로 소개된 주부 배 씨의 경우처럼 좌골신경통으로 진단이 되면 엘큐어리젠요법으로 치료를 시작하는 것이 효과적이다. 통증이 있는 부위에 전기자극기의 탐침자를 접촉시키면 손상된 병변 부위에서 전기를 많이 흡수하면서 통전통이 발생하게 되는데, 이러한 통전통으로 정확한 통증의 원인을 찾아낼 수 있다. 또한 미세 전류가 충전되어 통증을 감소시키고 증상 개선도 기대할 수 있다. 좌골신경통은 치료에만 의존하면 빠른 회복을 기대하기 어려운 질병이다. 때문에 걷기, 조깅, 수영, 자전거 타기 등 유산소 운동을 평소에 꾸준히 하고 척추 주변의 근력을 강화하는 운동을 통해 코어 힘을 키워야 한다. 의자에 오래 앉아 있으면 척추와 그 주변 구조물의 압력을 가중시키기 때문에 질환이 더 악화될 수 있으므로 틈틈이 스트레칭을 해주고, 충분한 휴식을 취하는 것이 도움이 된다. 특히 비만은 여러 척추 질환의 원인이 될 수 있으므로 적정 체중을 유지할 것을 권장한다.

# 임상 진료 코멘트

저자의 외래 진료환자 중에 좌골신경통 환자가 거의 50% 정도를 차지한다. 좌골신경은 인체에서 가장 굵은 신경으로 연필 정도의 굵기를 갖고 있으며, 척추의 뼈 안에 있는 흉골 요골신경과는 달리 이들 신경이 모아져서 천골신경총의 형태로 이상근(梨狀筋) 아래에서 대좌골공을 지나서 골반의 밖으로 나와 고관절과 둔부의 근육을 지배하고 다리까지 내려가는 신경을 말한다.

그러므로 뼈와 신경의 상관관계에 있어서 압박 정도를 측정하는 진단법인 CT, MRI로는 좌골 신경통이 진단되지 않는 것이 특징이다. 증상은 디스크 혹은 척추관협착증과 유사하나 걷는 데 불편한 경우는 드물고 방사통도 디스크보다 심하지 않다.

대부분의 환자들은 요추부에 신경차단술을 받았지만 좌골신경통이 좋아지지 않은 경우가 많았고, 꼬리뼈 시술이라고 해서 고용량의 스테로이드 주사를 꼬리뼈에 주입하는 시술도 받았지만 통증이 사라지지 않아 저자에게 찾아온 경우가 대부분이었다. 이는 문제가 있는 좌골신경의 치료가 이루어지지 않아서이며 정확히 좌골신경이 문제가 있다고 진단할 수 있는 방법이 없었기 때문이다.

좌골신경통은 엘큐어리젠요법으로 약 15회 정도 치료하면 평균 80% 이상 호전된다. 최종적으로 수술적 치료를 선택하기 전에 우선 근육이 완제나 진통제를 끊고 엘큐어리젠요법으로 림프슬러지를 녹이는 치료를 5회 이상 받아보시기 바란다. 그러면 좌골신경이 활성화되면서 통증의 강도에 변화를 대부분 느끼게 된다. 지속적으로 치료받아보기를 권한다. 그리고 3개월 이상 알칼리성식품을 많이 드시고 꾸준하게 힘들더라도 하루에 30분 이상 약간 땀이 날 정도로 빨리 걸어보고, 척추나 좌골부위에 자석파스를 장시간 붙여서 림프순환을 향상시키는 것도 치료에 도움이 될 것으로 보인다.

㈜ 모든 치료는 환자의 나이, 성별, 질병 발생기간, 질병의 위중한 정도, 건강 상태에 따라 치료 회수 및 경과에 차이가 있을 수 있습니다.

오래 앉아 있으면 항문이 뻐근하고 아픈

# 항문거근증후근

**환자의 주요 증상**

골반 ·항문 통증. 발바닥 열감이 있다. 의자에 앉으면 양측 엉덩이가 배긴다. 항문 중압감, 배변감, 잔변감 등이 있다.

40대 후반의 회사원 김 모씨는 1년 반 전부터 항문이 뻐근하면서 아팠다. 특히 의자에 조금 오래 앉아 있으면 엉덩이가 배기는 느낌과 함께 항문에 중압감이 커졌다. 따뜻한 물로 좌욕을 하면 약간 상태가 완화되었지만, 어느 정도 시간이 흐르면 어김없이 항문에 묵직한 불쾌감이 이어졌다.

그는 항문외과는 물론이고 신경외과와 정형외과, 외과, 통증의학과에서 진료를 받아보았지만 증상은 좀처럼 나아지지 않았다. 급기야는 전기치료숍(체험방)을 다녀보기도 하고 혹시 대장암이 아닐까 싶어 병원에서 대장내시경을 해봤지만 특별한 이상은 없었다. 치질이나 항문 염증도 없었다. 마지막으로 찾은 병원에서 촉진을 통해 손가락을 항문에 넣어 항문 위쪽에 있는 근육을 눌러보는 직장수지 검사를 한 후 생소한 병명인 '항문거근증후군'이란 진단을 받았다.

이후 김 씨는 난치병 치료에는 엘큐어 전기충전요법이 효과적이라는 지인의 추천으로 연세에스의원을 찾게 되었다. 병원에서 근육마사지와 전기자극을 주는 물리요법, 엘큐어**리젠**요법 치료 등을 받으면서 항문 통증이 90% 이상 사라졌다. 하지만 통증 재발을 예방하기 위해 지속적으로 엘큐어 치료를 받고 있는 중이다.

## 엘큐어 치료효과가 좋은, 난치성 항문 주위 통증 질환

치료사례로 소개된 40대 김 씨의 증상인 항문거근증후군은 최근에 급증하고 있는 난치병 중의 하나이다. 항문거근증후군은 항문거근의 과도한 긴장이나 반복적인 미세손상으로 인해 '평소에 항문 안쪽에 뭔가 끼인 느낌' 또는 '항문이 빠질 듯한 느낌 또는 작열감', '대변을 보고난 후에도 묵직하고 배변 후 5~10분 정도 지나 증가하는 통증' 등을 느끼는 질환이다. 항문거근(肛門擧筋)은 항문올림근으로 불리는데 항문 괄약근 중 가장 깊은 곳에 위치해 배변을 조절해주는 역할을 한다. 이 항문거근이 경련을 일으키기 때문에 생기는 질환이라고 생각하면 된다.

항문거근증후군은 대개 과로하거나 극심한 스트레스를 받는 경우, 배변 시 힘을 과하게 주는 사람 또는 장시간 앉아서 생활하는 사람에게서 많이 발생하며 통증 또한 심하다. 간혹 치질, 치루 수술 후에도 발생할 수 있다. 일반인의 15% 정도에서 항문거근증후군이 있는 것으로 보고될 만큼 아주 흔하게 발생한다. 환자의 대부분은 항문 부위의 뻐근한 통증을 호소하며 병원을 찾지만 X-레이, 혈액검사 등 일반적인 진찰로는 거의 정상 소견이 나오고 진단이 어려워 이 병원 저 병원 전전하는 경우가 많은 것이 현실이다.

항문거근증후군은 일반적인 진찰로는 진단이 어려운 특성이 있어서 가능하면 질환에 대한 경험이 많은 의사에게 진찰을 받는 것이 중요하다. 특히 항문 주위 통증은 대장·자궁·척추 등의 질환에 의해서도 발생할 가능성이 있어서 항문거근증후군의 발병 여부와 함께 이들 장기의 질환 유무도 세심히 살펴볼 필요가 있다.

항문거근증후군 진단을 받은 경우 대부분의 병원에서는 배변을 원활하게 하기 위한 식이섬유와 통증을 경감시키기 위한 진통제·근이완제, 심리적 안정을 위한 신경안정제 등을 처방하고 물리치료를 병행 실시한다. 또한 항문 근육에 전기자극을 주는 텐스 치료를 시행하는 데도 불구하고 통증이 낫지 않으면 통증 부위에 국소마취제나 스테로이드 주사를 주입하여 치료하는 방법을 사용하기도 한다.

하지만 근본적인 통증과 질병 치료를 위해서는 엘큐어리젠요법으로 치료할 것을 적극 추천한다. 엘큐어리젠요법은 고전압 미세전류를 인체에 흘려보내 마비된 세포에 전기 자극을 가해 대사를 촉진하고 손상된 신경의 회복을 돕는 치료법이다. 신경세포를 활성화하고 세포 주변에 쌓인 노폐물을 녹여 신경이 조속히 회복될 수 있도록 도와준다. 특히 강력한 피부저항을 뚫고 미세전류가 깊숙이 흐르게 해 침·전자 침·도수치료·체외충격파, 고주파치료기, 저주파치료기, TENS 등 일반 전기치료기에 비해 항문거근증후군과 같은 만성통증의 치료에 뛰어난 효과를 보이고 있다. 환자 김 모씨는 통증을 치료하기 위해 신경외과와 정형외과, 한의원 등을 두루 다녀보았지만 효과를 거의 보지 못했다. 하지만 엘큐어**리젠** 치료를 받으면서부터 점차적으로 통증이 완화되기 시작해 지금은 거의 아픔을 느끼지 못할 정도까지 쾌유된 매우 긍정적인 사례이다.

항문거근증후군의 통증 재발을 막기 위해서는 항문 부위에 스트레스를 주지 않도록 생활 습관을 개선하는 것이 중요하다. 치료를 통해 증상이 호전된 경우라도 재발이 잘 되는 만큼 평소에 온수좌욕, 케겔운동 등을 꾸준히 할 것을 권한다. 또한 식이섬유 중심의 식단으로 변비를 개선해야 하며 과로와 스트레스를 피하는 것이 통증 관리에 유리하다.

# 임상 진료 코멘트

항문거근은 S2, S3, S4에서 나오는 회음신경의 지배를 받는 근육으로 좌골신경 계통의 신경과 신경 유래 부위가 비슷하다. 신경 작동의 이상 유무를 정확히 진단하는 방법이 현대의학에서는 근전도 검사 이외에는 없다. 엘큐어전기자극진단으로 항문거근의 신경기능을 간접적으로 측정할 수 있다. 항문거근 증후군 환자의 대부분은 항문 주위에 전기자극 진단으로 강력한 전기마찰 현상을 관찰할 수 있고 전기 자극이 깊숙하게 침투가 가능한 최소 10회 이상의 엘큐어리젠요법으로 호전된다. 항문 옆이나 좌골부위에 자석파스를 장시간 붙여서 림프순환을 향상시키는 것도 치료에 도움이 될 것으로 보인다.

㈜ 모든 치료는 환자의 나이, 성별, 질병 발생기간, 질병의 위중한 정도, 건강 상태에 따라 치료 회수 및 경과에 차이가 있을 수 있습니다.

등산, 계단 오르내릴 때 무릎 통증이 심한

# 무릎퇴행성관절염

다리가 쉽게 피로하고 항상 다리가 무겁다. 자주 다리에 쥐가 난다. 오래 서 있거나 걷기 불편하다. 통증이 심해서 잠을 못 잔다. 손발이 시리고 저린 증상도 나타난다. 무릎이 뻐근하고 계단을 내려가기 힘들다.

90대의 여성 이 모씨는 60대부터 다리가 쉽게 피로하고 다리 통증이 심했다. 다리가 항상 무겁고 자주 쥐가 나는 증상도 발생해서 오래 서 있거나 걷기가 불편했다. 무릎이 뻐근하기도 하고, 통증 때문에 계단을 내려가기가 힘들었다. 밤에도 아파서 잠을 잘 못 잔다. 최근에 손발이 저리고 시리고 당기고 화끈거리는 증상이 생겼는데, 움직일 때 너무 아파서 연세에스의원을 내원했다. 진단 결과 이 씨의 증상은 좌골신경통과 무릎퇴행성 관절염이었다. 전기치료 2회 차에 이 씨는 통증이 완화된 것 같고, 잠을 잘 잔다고 만족해했다. 손발 당기는 증상도 좋아지고 있어서 지속적으로 엘큐어리젠요법 치료를 받을 예정이다.

## 무릎질환 예방 위해 걷기, 수영, 적정 체중 유지 권장

퇴행성관절염은 60대 이상의 노년층에서 발병하는 질환으로 나이가 들면서 자연스럽게 무릎관절의 연골이 변성되고 닳아 없어지는 병이다. 연골이 닳을 때 염증 반응이 초래되어 무릎에 통증이 생기고 관절의 변성이 일어나 점차 움직이기 힘들어진다. 하지만 최근에는 비만과 과체중, 바르지 못한 자세 등으로 인해 무릎에 충격이 가해지면서 젊은 층의 발병률도 높아지고 있고, 여성이 남성보다 약 3배 높은 유병률을 보이고 있다. 이는 체중을 많이 받는 관절, 즉 무릎과 엉덩이 관절 등과 관계가 깊다.

퇴행성관절염 초기는 움직일 때 통증이 심하다. 계단을 오르내리기가 힘들고 무릎을 움직일 때 소리가 나기도 한다. 그런데 휴식을 취하면 통증이 사라지는 경우가 많다. 퇴행성관절염이 차츰 진행되면 관절조직이 두꺼워지고 관절액인 활액이 늘어나면서 무릎이 붓고 통증은 더욱 심해진다. 통증 때문에 무릎을 자주 사용하지 않으면 무릎 주위의 근육도 위축되어 점차 무릎을 굽히거나 펴기도 힘들게 된다. 관절파괴가 심해지면 휴식을 취해도 통증이 가라앉지 않아서 밤에 잠을 못 이루는 경우가 많다. 이 때문에 불면증과 우울증이 생기기 쉽다.

외부에서 전기를 넣어주는 엘큐어**리젠**요법은 고갈되었거나 방전된 상태의 세포를 외부에서 충전시켜주는 작용을 한다. 즉 쇼크환자에게 수혈을 시켜주는 효과와 유사하다. 특히 피부를 통한 전기충전요법인 엘큐어**리젠**요법은 약물 부작용이 없으므로 초고령 환자들에게 도움이 되며, 영양수액 투약과 함께 외부에서 전기를 공급해주면 통증을 완화시키는 데 큰 도움이 될 것이다.

무릎 통증을 유발하는 퇴행성관절염을 예방하려면 평소에 걷기, 수영 등이 도움이 된다. 또한 적정 체중을 유지하고 주기적으로 휴식 시간을 갖는 것을 권장한다.

# 임상 진료 코멘트

무릎의 퇴행성관절염은 70세가 넘은 환자들에게 흔한 질환이다. 무릎관절의 연골은 손상되면 거의 재생되지 않는다. 무릎 앞에는 동그란 모양의 슬개골이 있는데 계단을 잘 오르내리지 못할 정도로 통증이 심하고 누르면 아프고, 외견상 슬개골의 윤곽이 부어서 잘 보이지 않고 무릎 안쪽이 많이 부어 있을 경우에는 인공관절 수술을 하는 것이 좋다.

인공관절 수술을 하면 대부분 통증이 사라지고 걷기가 편해진다. 하지만 수술을 하고 3개월이 지나도 지속적으로 무릎 통증이 있어 걷기 힘든 경우는 대개 무릎 주변의 인대가 약화되어 있었거나 근육통이 심한 경우이므로 이런 경우 엘큐어리젠요법이 도움이 될 수 있다. 젊은 나이에 무릎이 시큰거리고 슬개골 주위의 윤곽이 뚜렷한 경우에는 수술을 미루고 엘큐어리젠요법을 1주 간격으로 약 15회를 권장한다. 인대를 약화시키는 스테로이드 주사는 근본적인 치료가 아니기에 가급적 주사를 맞지 말고 엘큐어리젠요법으로 꾸준히 치료하면 상당한 효과가 있을 것으로 사료된다.

㈜ 모든 치료는 환자의 나이, 성별, 질병 발생기간, 질병의 위중한 정도, 건강 상태에 따라 치료 회수 및 경과에 차이가 있을 수 있습니다.

# 다리정맥의 판막 이상으로 생긴 혈관 기형과 합병증
## 하지정맥류

### 환자의 주요 증상

종아리에 보기 싫은 혈관이 노출되어 있다. 오후에 다리가 붓고 피곤한 증상이 심해진다. 밤에 다리에 쥐가 날 때가 많다. 다리가 늘 무겁게 느껴지고 오래 서 있으면 통증이 심하다. 다리 피부의 색소가 변해 있다. 다리에 쉽게 멍이 들고 피가 잘 멈추지 않는다.

보험 영업을 하는 55세 여성 나 모씨는 10년 전부터 종아리에 보기 싫은 혈관이 생겨서 스커트 입기를 꺼렸다. 최근에는 오후 시간대로 갈수록 다리가 붓고 피곤한 증상이 심해지고, 밤에 다리에 쥐가 나는 일도 종종 생겼다. 다리가 늘 무겁고 오래 서 있으면 통증이 심해서 외근이 차츰 부담스럽게 여겨졌다. 자세히 살펴보니 그사이 다리 피부의 색소도 변한 것 같았다. 특히 다리에 타박상을 입으면 쉽게 멍이 들고, 피가 잘 멈추지 않아 걱정되었다.

가족 중에 정맥류가 있어서 건강이 염려가 된 나 씨는 연세에스의원을 찾았고, 하지정맥류 진단을 받았다. 고전압 전기치료를 받기 시작한 지 6회 차가 되자 다리 부종이 많이 완화되고 다리에 쥐가 나는 일도 줄어들었다. 다리 피부의 변화된 색소도 점차 제 색을 찾고 있는 것 같아서 나 씨는 흡족해한다. 향후 튀어나온 혈관을 제거하기 위해 혈관경화요법과 레이저치료를 병행하면서 고전압 치료를 꾸준히 받고자 한다.

### 다리 경련, 저림, 부종, 통증 나타나면 하지정맥류 의심해야

하지정맥류 질환은 유전 또는 임신, 생활습관에서 비롯하는 질환으로 주로 장년층 여성들에게 흔히 나타난다. 최근에는 잘못된 생활습관에 의해 젊은 층에서도 발병률이 높아지고 있는

데. 다리 정맥의 판막 이상으로 혈액순환에 이상이 생겨 정맥이 늘어지고 푸르거나 검 붉은색 혈관이 피부를 통해 구불구불 튀어나오는 혈관 기형을 의미한다. 모든 환자에게서 이렇게 구불구불한 혈관이 보이지 않고 마치 거미줄과 같은 실핏줄이 나타나기도 하며 눈에 보이지 않고도 이상 감각이 지속적으로 느껴지는 등 환자마다 여러 하지정맥류 증상을 호소하곤 한다.

처음에는 장딴지부터 시작해서 점점 위쪽으로 올라가 사타구니까지 돌출정맥이 생길 수 있으며 오래 서 있는 경우 더 악화될 수밖에 없다. 다리 정맥에는 혈액의 역류를 막는 판막이 한쪽 다리에 약 6~70여 개 정도가 존재하며 이 판막이 심장 방향으로만 피가 흐르도록 도와야 하지만, 여러 다양한 원인에 의해 판막이 손상되어 나타난다. 이 판막에 문제가 생겨 혈관벽이 약해지고 늘어나면 혈액이 위로 올라가지 못하는 증상이다. 역류해 발끝에서 올라오는 혈액과 충돌하게 되면서 정맥이 팽창하고 하지정맥류 증상이 발생하는 것이다. 정확한 발생 원인은 밝혀지지 않았지만 유전적 요인, 환경적 요인, 운동 부족, 비만, 호르몬 변화 등 여러 요인이 복합적으로 어우러져 발병한다고 알려져 있다.

성인 4명 중 약 1명에게 발생할 만큼 흔하게 나타나 그 위험성을 간과하는 경우가 많다. 하지만 이 질환은 진행형 질환이기 때문에 방치하게 되면 정맥 혈전성 피부염, 색소침착, 혈전, 궤양 등 여러 합병증까지 이어질 수 있기 때문에 빠른 발견과 치료가 무엇보다 중요하다. 초기에는 단순히 피로가 쌓여 나타나는 일반적인 증상으로만 생각해 자각하기 쉽지 않으며 많은 사람들이 꼬불꼬불한 혈관이 눈에 보이는 3기 이상이 되어야 병원을 내원하게 되는데, 이 때는 이미 질병이 많이 진행된 상태로 볼 수 있기 때문에 가급적 초기 단계에서 질환의 진행을 억제하는 알맞은 치료가 이뤄지는 것이 좋다.

정맥류는 총 5단계로 구분할 수 있다. 1단계는 모세혈관 확장증으로 0.1mm~1mm 굵기의 붉은 색감의 혈관이 드러나는데 마치 거미의 다리 모양처럼 보이기 때문에 '거미 양 정맥'으로 불린다. 2단계는 세정맥 확장증으로 냉면발 두께와 비슷한 1~2mm 굵기의 보랏빛 혈관이 보인다. 이 시기에는 꼬불꼬불한 혈관이 육안으로 확인되며 초기 1~2단계에는 의료용 압박스타킹 착용, 혈관경화요법 등의 비수술적 치료와 함께 철저한 생활습관 관리로 호전을 기대해볼 수 있다.

하지만 라면발 굵기의 3단계부터 앞서 언급한 하지정맥류 증상과 함께 다리 부종으로 인해 다리 굵기에 차이가 발생하고 통증을 비롯한 쥐내림, 저림 증상이 심해진다. 우동발 굵기의 4단계, 손가락 굵기의 5단계가 되면 서서히 피부 착색, 정맥성 습진, 하지 궤양 등이 발생할 가능성이 높아지며 4~8mm 정도 굵기의 푸른 혈관이 뭉친 상태가 되면 수술적 치료를 고려해야 한다.

혈관 도플러 검사를 통해 판막에 역류 현상이 0.5초 이상 나타나면 정맥류로 진단하며 환자마다 다른 하지정맥류 증상과 혈관의 상태에 따라 치료 방법이 달라진다. 때문에 정맥류로 진단되면 1995년부터 하지정맥류를 치료한 경험이 풍부한 연세에스의원에서 진료받을 것을 권장한다. 하지정맥류 전문의와의 상담을 통해 환자별 맞춤형 치료 계획을 수립하는 것이 중요하다.

하지정맥류는 사소한 일상생활의 잘못된 습관에서 비롯되어 발병하는 만큼 다리 경련이나 통증, 저림, 부종, 저림 등의 증상이 지속적으로 나타나면 이 질환을 의심하고 주의할 필요가 있다. 평소 한 자세를 오래 유지하는 것보다 규칙적으로 걷거나 틈틈이 스트레칭을 하는 등 다리 근육을 지속적으로 움직여 주는 것을 권장한다.

# 임상 진료 코멘트

국내에서는 최초로 독일 연수 후에 1995년도부터 하지정맥류를 치료를 시작하였고 2001년도에는 대한정맥학회를 설립하여 현재 대한민국은 정맥치료에 있어서 국제적으로 선진국 수준이 되었다. 저자는 2000년도 중국 대련, 2006년도 중국 북경에 하지정맥류 전문병원을 설립하여 4만례가 넘는 환자 경험이 축적되었고 재발률 0.1%의 좋은 결과로 현재까지 성공적으로 운영하고 있다.

모든 병이 그렇듯이 특별히 아프지 않은 하지정맥류도 혈관 초음파 검사를 통한 정확한 진단 및 경험이 많은 전문의에게 조기에 치료받을 것을 권장한다.

㈜ 모든 치료는 환자의 나이, 성별, 질병 발생기간, 질병의 위중한 정도, 건강 상태에 따라 치료 회수 및 경과에 차이가 있을 수 있습니다.

# 숙면을 방해하는 다리 감각의 이상 증세
# 하지불안증후군

### 환자의 주요 증상

주로 잠잘 때 다리가 떨리고 벌레가 기어가는 느낌이 들어 중간에 깨는 경우가 많다. 다리나 손을 움직이지 않을 때 불쾌한 느낌이 든다. 수면장애로 인해 낮 시간에 피로감과 졸림 증상 심하고 신경이 예민해진다.

40대 초반의 김 모씨는 얼마 전부터 불면증에 시달리고 있다. 자다가 다리에 벌레가 기어가는 느낌이 들어 다리를 심하게 움직이다가 새벽에 자꾸 깨기 때문이다. 낮에는 바쁘게 활동해서 그런지 거의 증상을 못 느끼는데, 퇴근해서 휴식을 취하거나 침대에 누우면 다리에 왠지 불편한 느낌이 생기게 되어 계속 다리와 발을 움직이게 된다. 때론 손을 움직이고 싶은 충동도 생길 때가 있다. 이런 증상이 연일 계속되다보니 김 씨는 수면장애로 인해 낮 시간에 피로감과 졸림 증상을 심하게 겪고 있다.

몸도 지치고 신경쇠약 증세도 나타나자 김 씨는 연세에스의원을 방문했고, 하지불안증후군이란 진단을 받았다. 정밀검사에서 철분이 부족한 것으로 판명돼 철분 정맥주사 요법과 함께 전기충전 엘큐어**리젠**요법 치료도 함께 진행하기로 했다. 아직 완전히 안심하긴 이르지만, 엘큐어**리젠**요법 치료를 5회 이상 받으면서 다리 감각이 차츰 안정되고 조금씩 숙면하는 시간이 늘어나는 것 같아서 만족스럽다.

## 활동하는 낮보다 밤에 다리 불편 증상이 심한 것이 특징

불면증을 초래하는 주요 원인 중 하나로 다리의 이상감각과 함께 다리를 움직이고 싶은 충동을 유발하는 하지불안증후군은 비교적 흔한 질환임에도 잘 알려져 있지 않다. 때문에 증상이 나타나도 스스로 알지 못해 적극적인 치료를 받는 것보다 방치하는 경우가 더 많다.

하지불안증후군은 주로 활동할 때 보다는 휴식을 취하거나 자려고 누웠을 때, 낮보다 밤에 증상이 심하게 느껴지는 것이 큰 특징으로 다리를 움직이게 되면 일시적으로 증상이 나아질 수 있지만 이내 다시 증상이 나타나기 때문에 질 좋은 수면을 방해하게 된다. 주로 다리에 벌레가 기어 다니는 느낌, 쑤시거나 찌릿한 느낌, 바늘로 쿡쿡 찌르는 것 같은 느낌 등 환자에 따라 다양하게 나타나므로 의심될 만한 증상이 있다면 빠르게 내원해 근본적인 원인을 개선하는 치료가 이뤄져야 한다. 이처럼 다리 감각의 불편감이 특징인 하지불안증후군은 처음에는 작은 감각 이상으로 시작하지만 점차 더 커지는 통증으로 번질 수 있으며 나중에는 팔까지 통증을 느끼기도 한다. 때문에 가급적 초기에 바로잡는 것이 바람직하다.

하지불안증후군의 주요 원인은 철분 부족, 도파민 부족, 유전적인 요인이 있으며 이외에도 혈액순환 장애, 신경장애, 비타민 또는 미네랄 부족 등이 연관이 있다고 알려져 있다. 다리에 평소와 다른 통증이 발생해도 시간이 지나면 자연스럽게 증상이 나아질 것이라고 가볍게 생각하는 사람들이 많다. 하지만 정확한 진단을 통해 원인을 파악한 후 증상에 알맞은 치료가 진행되어야 개선이 가능하므로 여러 정밀검사를 받는 것을 추천한다.

만일 검사 결과 상 철분 부족이 원인이라면 철분 정맥주사 요법 또는 철분제를 경구 복용하는 등 부족한 철분을 보충하면 증상 개선에 도움이 될 수 있으며, 이 때 엘큐어**리젠**요법을 함께 병행한다면 더 효과적인 치료 결과를 기대할 수 있다. 고전압의 미세 전류를 순간적으로 세포에 흘려보내면 세포가 필요로 하는 만큼 전기에너지를 잡아당기면서 손상된 세포의 재생을 도울 뿐만 아니라 하지불안증후군 증상의 개선도 기대할 수 있다. 꾸준하게 전기자극 치료를 시행하면 사막화된 세포가 다시 건강한 세포로 거듭날 수 있다. 또한 세포 대사 활동의 에너지원인 APT 생산과 도파민 분비를 촉진시킬 뿐만 아니라 여러 질병의 근본적인 원인인 림프슬러지를 녹여 배출하기 때문에 장기적으로 보았을 때 면역력을 향상시켜 건강한 신체를 유지할 수 있는 장점이 있다.

무엇보다 하지불안증후군은 몇 번의 치료로 완치되는 질환이 아니기 때문에 증상이 심하지 않고 간헐적으로 발생되는 초기에 잘못된 생활습관 및 수면습관을 개선하는 것이 가장 바람직하다. 가급적 취침 시간 및 기상 시간을 일정하게 유지하고 침대에 오래 눕지 않으며 수면의 질을 저해하는 과도한 카페인 섭취, 과음은 삼가는 것이 좋다. 또한 취침 전 명상으로 심신을

안정시키거나 가벼운 스트레칭이나 마사지를 통해 혈액 순환을
원활하게 하고 다리의 피로를 해소해주는 것이 증상을 예방하
고 완화시키는데 큰 도움이 될 수 있다.

# 임상 진료 코멘트

하지불안증후군은 하지에 여러 가지 다양한 증상들이 나타난다. 환자 분들은 하지정맥류의 증상과 유사하여 정맥류로 오인하고 정맥류 전문 병원을 찾는 경우가 많다. 하지정맥류는 하지의 정맥 판막에 병이 생겨 혈액이 거꾸로 흐르는 역류가 생겨 생기는 질환이다. 하지불안증후군을 초음파검사를 해보면 장딴지 근육통과 동반된 경우가 약 60% 정도며, 전기생리학적 검사를 하면 좌골신경, 대퇴부, 장딴지, 발목에 전기반응 이 나타나는 경우가 많다.

하지불안증후군은 지속적으로 엘큐어리젠요법으로 신경의 균형과 근 육의 뭉침 현상을 풀어주면 호전되는 질환이다.

㈜ 모든 치료는 환자의 나이, 성별, 질병 발생기간, 질병의 위중한 정도, 건강 상태에 따라 치료 회수 및 경과에 차이가 있을 수 있습니다.

# 손발의 감각저하와 저림, 통증 느껴지는
# 말초신경병증

## 환자의 주요 증상

양팔이 저리고 손가락에 힘이 없어서 키보드를 치기 어렵다. 발가락 감각이 둔하고 다리에 힘이 없어서 걷기가 어렵다. 발목과 종아리가 저린 증상도 나타나고 옷에 단추를 채우기 힘들다. 손과 발에 바늘로 찌르는 듯한 통증이 느껴질 때가 있다.

40대 중반의 디자이너 한 모씨는 올해 초부터 양팔이 저리고 힘을 줄 수 없어 컴퓨터 키보드를 치거나 마우스를 움직일 기운조차 없는 상태가 되었다. 5년 전 팔의 통증으로 비타민 주사 치료를 받은 적이 있었지만 이후 별다른 이상이 없어 안심하던 차에 지난해 폐암 진단을 받고 항암치료를 하면서 면역력이 약해진 탓인지 증상이 다시 악화되었다. 왼발의 셋째, 넷째 발가락 감각이 둔해져서 혼자서 외출하는 것이 불안한 상황이 되었으며, 팔이 저리고 아픈 증상으로 인해 잠을 설치는 지경까지 이르렀다. 기본적인 일상생활과 업무조차 어려워진 한 씨는 연세에스의원을 방문했고, '말초신경병증'이라는 진단을 추가로 받았다. 이후 병원에서 교육받은 스트레칭, 토끼뜀, 벽치기 등을 병행하면서 엘큐어**리젠**요법 치료를 받았다. 4주가량 전기자극 엘큐어**리젠**요법 치료를 받으니 왼쪽 팔에 힘이 들어가고 저림 증세도 나아졌다. 오른쪽 팔도 상태가 호전되는 양상이라 희망이 보인다.

## 근육 약화로 물건을 쥐는 힘이 약해지고, 걷기도 어려워

대부분의 사람은 손발이 저리고 힘을 주기 어려운 증상이 나타나면 가장 먼저 혈액순환장애를 떠올린다. 하지만 저리고 힘을 줄 수 없는 상태를 넘어 통증까지 느껴지는 상태가 지속된다면 단순한 혈액순환장애가 아닌 말초신경병증을 의심해 볼 필요가 있다. 말초신경계는 중추신경과 손·발·팔·다리 등 말초를 연결하는 중추신경계 이외의 것을 말한다. 전 세계적으로 10만 명당 77명 정도에서 말초신경장애가 발생하며 연령이 높을수록 발생 가능성도 상승한다.

말초신경병증은 손발의 감각이 무뎌지는 증상 때문에 혈액순 환장애로 오인하는 경우가 많다. 하지만 혈액순환장애는 손끝 발끝에 통증이 나타나고 차가운 물에 담그면 희게 질리며 통증 이 심해지는 반면 말초신경병증은 통증 외에 화끈거림, 저림, 시림 등 다양한 이상 감각이 함께 느껴지며 따뜻한 곳에서도 말초에 먹먹하고 무딘 느낌이 유지되는 등의 증상이 나타난다.

말초신경병증을 초래하는 원인은 매우 다양하다. 말초신경 자 체가 눌리거나 외상을 입었을 때 또는 비타민 부족과 영양결핍, 당뇨병 등 대사질환이 있는 경우에 발병 가능성이 높다. 또 면 역체계에 이상이 생겼거나 약물이나 독소에 중독됐을 경우, 한 가지 자세를 장시간 유지하고 있을 경우에 신경이 압박을 받아 발생하기도 한다. 말초신경병증이 발생하면 감각저하와 저림, 화끈거림과 함께 통증을 호소하는 경우가 많다. 근육이 약화돼 물건을 쥐는 힘이 떨어지고 걷기가 어렵다. 더욱이 적절히 치료 하지 않고 방치하면 운동신경까지 손상돼 물건을 집거나 단추 또는 지퍼 잠그기, 열쇠로 문 열기 등 세밀한 동작을 하는 데

애를 먹는다. 상태가 더욱 악화되면 근육이 손상돼 걷기나 균형을 잡고 일어서는 것조차 힘들어진다. 자율신경계로 파급되면 자리에서 일어나거나 앉을 때 심한 어지러움을 느끼고, 체온이 조절되지 않아 땀이 흐르지 않으며, 대소변 기능과 성기능에도 문제가 나타날 수 있다.

말초신경병증은 국소 부위에만 나타나는 단일신경병에서부터 광범위하게 이상을 초래하는 다발신경병까지 다양하다. 단일신경병으로는 손목의 신경이 눌려 나타나는 손목터널증후군, 종아리의 신경이 손상되어 생기는 종아리신경병 등이 대표적이다. 다발신경병은 당뇨병, 항암치료, 면역계 이상 등 다양한 원인으로 인해 전신에 퍼진 말초신경 이상이다. 대부분 발끝에서 저린 감각이 시작돼 위쪽으로 올라온다. 발목과 종아리가 저릴 때 손끝도 저리기 시작하며 양손 양발이 대칭을 이루며 증상이 같이 나타나는 경우가 많다. 이처럼 말초신경병증은 환자의 삶의 질을 저하시키고 다양한 질병을 초래하지만 진단이 매우 까다롭다. 우선 신경전도검사와 근전도검사를 실시해 신경병증이 침범하는 신경의 위치를 파악하여 신경기능 손상 정도를 평가하게 된다. 다발성 말초신경손상일 경우 혈액검사, 소변검사 등을 통해 원인질환을 찾으며, 경우에 따라 여러 특수검사가 필요하다. 그러나 이 같은 검사를 해도 환자의 25~30%는 원인을 찾지 못할 만큼 진단이 난해하다. 말초신경병증은 진단도 어렵지만 설령 진단을 받더라도 치료가 상당히 어려워서 의사들이 곤혹스러워하는 질병 중의 하나다. 아직까지 말초신경 손상에 대한 재생치료가 제대로 이뤄지지 못해서다. 물론 기존의 영양요법 운동요법 재활치료 등이 시행되고는 있으나 뚜렷한 증상 개선을 기대하기는 어렵다.

말초신경병증 같은 난치병 치료에는 전기자극 치료가 대안이다. 환자 한 씨의 증세를 엘큐어리젠요법으로 치료했더니, 손끝 통증과 저림 현상도 완화되고 손상된 신경이 회복되는 치료효과가 나타났다. 엘큐어리젠요법 치료는 고전압미세전류를 인체에 흘려보내 이상이 발생한 신경세포에 자극을 가해 대사를 촉진하고 신경의 회복을 돕는다. 말초신경장애 증상의 정도와 부위에 따라 치료기간이 오래 걸리기는 하지만 호전되는 경우가 많다.

난치병인 말초신경장애는 치료보다 예방에 노력을 기울이는 게 우선이다. 당뇨병·고혈압·고지혈증 등 기저질환을 갖고 있다면 혈압, 혈당, 고지혈증 등에 대한 철저한 대사질환 관리가 필요하며 말초신경에 해가 되는 음주·흡연을 삼가는 등 생활습관을 개선해야 한다. 평소에 옆으로 누워 자는 등 신경을 누를 수 있는 잘못된 자세를 고치고 손목 과 종아리 등 자주 사용하는 부위는 자주 스트레칭을 해주면 예방에 도움이 된다.

# 임상 진료 코멘트

말초신경병증은 신경의 오작동으로 인한 것으로 기본적으로 몸의 상태를 정상화시켜주는 노력이 무엇보다도 중요하다. 몸 상태가 정상이 된 후에 신경이 회복되는 순서로 치유되므로 환자에 따라 치료 횟수에 차이가 많지만 최소 3개월 이상 장기적인 치료가 필요한 경우가 대부분이다. 당뇨 환자에게 엘큐어리젠요법을 하면 췌장 세포가 활성화되어 혈당이 떨어지므로 저혈당 쇼크가 일어나지 않도록 평소보다 더욱 세심한 혈당체크 및 관리가 필요하다.

말초신경병증에 스테로이드 주사 치료는 신경의 전도를 차단하는 신경차단치료가 대부분이며 신경재생 치료의 반대 역할을 하므로 가급적 맞지 않는 것이 좋다. 담당 의료진과 치료 전에 충분한 상담을 통하여 스테로이드 주사인지 아닌지 확인할 필요가 있다.

㈜ 모든 치료는 환자의 나이, 성별, 질병 발생기간, 질병의 위중한 정도, 건강 상태에 따라 치료 회수 및 경과에 차이가 있을 수 있습니다.

# 악화되면 신경마비로 발전하는 난치성 당뇨합병증상
# 당뇨병신경병증

양 발바닥 열감과 통증이 심하다. 밤에는 낮보다 화끈거림이 더해서 깊은 잠을 못 잔다. 비 오기 하루 이틀 전 화끈거림과 저린 증상이 심하게 느껴진다. 두 시간 걸으면 발바닥이 너무 아파서 길바닥에 주저앉는다. 발이 많이 저릴 때는 감각이 없어지고 자갈마당을 맨발로 걷는 것같이 느껴지기도 한다.

63세 여성 정 모씨는 7년 전에 당뇨 진단을 받고 계속 당뇨약을 복용 중이다. 현재 공복혈당 120, 식후혈당 160, 당화혈색소는 7.5를 유지 중인 상태다. 32년 전에는 하혈이 심해 자궁적출을 했으며, 오래 전에 교통사고로 입원한 적이 있었다. 그런 영향 때문인지 나이가 들면서 엉덩이 통증이 심해 의자에 20분 정도 앉아 있으면 지속적으로 아픔 증상이 느껴진다. 운전할 때 특히 심하고, 허벅지 뒤로 당기고 종아리도 당긴다.

 2~3년 전부터는 당뇨 합병증 탓인지 양 발바닥 열감이 심해서 깊은 잠을 못 잔다. 비 오기 하루 이틀 전엔 화끈거림과 저린 증상이 더 심하다. 두 시간 이상 걸으면 발바닥이 너무 아파서 주저 앉게 된다. 걸을 때 자갈마당을 밟는 것처럼 따끔거리기 일쑤다. 정씨는 증상이 악화되어 당뇨발이 될까봐 연세에스의원을 찾았다. 정 씨는 당뇨병신경병증 외 좌골신경통과 하지근육통 진단을 받았다.

 정 씨는 고전압 미세전류 치료를 15번 받고나서 엉덩이 통증과 발바닥 통증이 많이 완화되었고, 공복혈당 수치도 110까지 내려갔다. 하지만 당뇨발 등 위험한 합병증을 막고 혈당을 안정적으로 관리하기 위해 일주일에 1번씩 엘큐어**리젠**요법 치료를 지속적으로 받을 계획이다.

## 신경세포가 손상되는 합병증. 혈당관리가 중요하다

당뇨병은 질환 자체보다 합병증이 더 심각한 질환이다. 인슐린 기능이 정상적으로 이뤄지지 않고 에너지의 주원료인 포도당이 세포 안에 들어가지 못해 혈중 포도당의 농도가 점차 높아지면서 이로 인해 여러 합병증이 초래된다. 큰 혈관과 작은 혈관, 신경이 동시에 망가지는 전신적인 고위험 질환으로 증상이 나타나기 전 조기 대처가 중요하다.

특히 당뇨병신경병증은 당뇨를 오래동안 앓아온 제1형과 제2형 당뇨병 모두 합병증 유발 확률이 약 60%에 이를 정도로 높아 일상생활에서 꼼꼼한 관리가 필요하다. 고혈당이 지속되면 신경에 영양분을 공급하는 미세혈관이 막히게 되고 대사 이상과 관련된 여러 독성 대사물질이 축적돼 신경세포가 손상되는 게 이 질환의 핵심이다. 발끝에서 시작된 감각이상 증상은 시간이 지날수록 점차 위로 올라오면서 무릎 부위까지 번지고 더 심해질 경우 다리를 비롯한 양쪽 손에도 증상이 나타날 수 있다. 이러한 당뇨신경병증 증상은 짧게는 수개월에서 길게는 수년에 걸쳐 서서히 진행되는 탓에 당뇨병 환자라면 스스로 신체 상태에 각별한 주의를 기울여야 한다.

대한당뇨병학회가 최근에 발간한 당뇨병 팩트시트(DFS 2020)을 보면 국내 30세 이상 성인 당뇨병 환자의 유병률은

13.8%다. 7명 중 한 명 꼴이며 2018년 추계 인구를 적용하면 494만 명에 달했다. 그러나 당뇨병 치료율은 60%에 불과했으며 당화혈색소를 6.5% 미만으로 조절하는 비율은 28.3%로 더 낮았다.

당뇨병신경병증은 위험한 질환이기는 하지만 대부분 혈당만 원활하게 조절되면 호전되는 경우가 많은 편이다. 환자의 증상 관리 상태에 따라 호전 속도가 달라질 수 있고, 제 때 치료하지 않을 경우 오랜 치료기간이 소요될 수도 있어 지속적인 혈당관리, 정기검진, 초기부터 적절한 치료가 무엇보다 중요하다.

최근엔 병변이 생긴 발 세포에 활기를 넣어주는 전기자극치료가 시도되고 있다. 전기자극치료인 엘큐어**리젠**요법은 부족한 전기에너지(음전하)를 공급해 신경세포를 활성화시킨다. 말초혈관과 신경 주변이 전기로 자극을 받으면 세포가 건강해지고 혈액순환이 원활해져 신경이 회복되는 원리다. 이 때 세포 사이에 쌓인 찌꺼기가 녹아나와 배출됨으로써 세포 재생이 촉진되고 더불어 증상이 개선되는 효과가 나온다. 이 때 고주파 에너지 파동을 이용한 체외충격파 치료를 병행하면 보다 효과적인 신경 회복을 기대할 수 있다. 체외충격파 치료는 이미 오십견과 석회성건염 등의 치료방법으로 잘 알려져 있으며 안전성이 입증된 치료법이다.

# 임상 진료 코멘트

'질병 종합선물세트'라는 별칭을 가진 당뇨병은 각종 합병증으로 환자를 시달리게 한다. 통증도 그중 하나다. 당뇨병신경병증은 신경세포에 에너지의 주원료인 포도당이 원활하게 공급되지 못하여 생기는 신경질환으로 혈액순환이 적은 발, 손 등 말초 부위부터 증상이 나타나는 경우가 대부분이며 통증과 감각 이상이 가장 전형적인 증상이다. 이때 진통소염제는 근본적인 원인치료에 도움이 되지 않으며, 통증을 강력하고 신속하게 제압하는 흔한 수단이 일명 '뼈주사'라는 스테로이드 주사다. 그러나 당뇨 환자가 스테로이드 주사를 맞으면 혈당이 급격히 올라가는 '스테로이드 고혈당'이라는 매우 위험한 부작용이 초래될 수 있어 반드시 병원에 당뇨가 있음을 알리고 스테로이드 주사는 맞지 않겠다고 고지하는 것이 좋다.

일단 신경세포의 기능 이상으로 통증이나 감각 이상이 발생하면 엘큐어 세포충전요법을 이용하여 최소 3개월 이상 1주일에 1회씩 장기간 신경세포 재생 치료를 해야 한다. 그리고 치료 도중 가장 기본적인 것은 혈당 관리를 철저히 해야 한다는 것이다. 항상 병원에서 주기적으로 검사하는 당화혈색소 검사 수치를 본인이 숙지하고 있어야 하고 최소 7 이하로 유지 관리해야 한다.

저자의 경험상 주기적으로 3개월 이상 엘큐어리젠요법을 하면 모든 당뇨 환자에서 혈당이 떨어지고 당화혈색소가 정상으로 되는 경우가 많았다. 아마도 이 원인은 전기자극으로 인한 세포충전현상으로 췌장 세포에서 인슐린 분비가 활성화되기 때문으로 사료된다. 그러므로 세포충전 치료 도중에는 저혈당이 생기지 않도록 수시로 혈당을 체크하면서 당뇨약이나 인슐린 투여량을 줄여나가야 한다.

㈜ 모든 치료는 환자의 나이, 성별, 질병 발생기간, 질병의 위중한 정도, 건강 상태에 따라 치료 회수 및 경과에 차이가 있을 수 있습니다.

악화되면 궤양으로 발전하는 난치성 당뇨합병증상

# 당뇨발

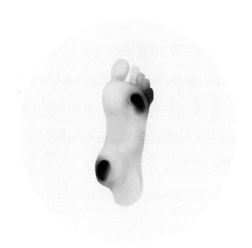

## 환자의 주요 증상

발가락 궤양, 진물, 피부썩음, 발적, 통증이 심하다. 발에 감각이 무디어지고 감각이 예민하지 못해 걸음을 헛 디딜 때가 많다.

65세 김 씨는 20년 전부터 당뇨약을 복용하여 왔으며 하루 3번 속효성 인슐린 및 하루 1번 지속성 인슐린 주사로 혈당을 조절하고 있었다. 10년 전부터 혈압약, 고지혈증약, 만성신부전증약을 복용 중이었으며 공복 혈당 180, 당화 혈색소 12.0 상태로 조절 중이었다. 한 달 전부터 다리가 감각이 무디고 가끔 찌릿찌릿하더니 통증이 생겼다. 발가락에 처음에는 물집이 잡히고 진물이 나고 악취가 나며 피부가 붉게 변하고 점점 검은 색으로 변해서 병원에 갔더니 정형외과 진료 후 발가락 절단을 하라고 해서 놀라서 인터넷을 검색한 후 연세에스의원에 방문하였다. 김 씨는 엘큐어 전기충전치료를 1주일 간격으로 19번 받고 통증이 많이 완화되었고, 발에 생겼던 피부 궤양이 없어지고 검게 죽었던 피부 아래로 새살이 돋아 올라오면서 상처가 완치되었다. 공복혈당 수치도 180에서 110까지 당화 혈색소 수치도 12.0에서 6.6으로 내려갔다. 당뇨발로 너무 놀라서 당뇨병으로 인한 위험한 합병증을 막고 혈당을 안정적으로 관리하기 위해 엘큐어**리젠**요법 치료를 지속적으로 받을 계획이다.

## 당뇨 환자는 족부 온도를 따뜻하게 유지하도록 신경 써야

당뇨병 환자는 환절기와 겨울철, 늘 체온 변화에 주의해야 한다. 차가운 실외와 난방이 강하게 가동되는 실내를 오가면 급격한 체온 변화로 혈액순환에 장애가 생겨 혈당이 오르내릴 수 있다. 혈액순환이 잘 이뤄지지 않으면 말초미세혈관 신경이 손상될 가능성도 높다. 심장과 가장 멀리 떨어진 족부는 그만큼 위험하다. 평소 당뇨발이 있거나 당뇨발로 진행할 위험이 있는 이환기간이 긴 당뇨병 환자는 체온, 특히 족부의 온도가 따뜻하고 일정하게 유지되도록 신경써야 하며, 수시로 씻고 말리고 보습크림을 발라 주는 것이 좋다.

'당뇨발'은 혈당 상승 등으로 인해 발에 말초혈관질환·신경병증·궤양 등이 생기는 모든 문제적 증상을 총칭한다. '당뇨병성 족부궤양'이라고도 한다. 혈당이 높으면 혈액이 끈적해져 혈액순환이 잘 되지 않아 말초에 충분한 산소와 영양소가 공급되지 않는다.

이런 상황이 장기화되거나 반복되면 족부에 운동신경·감각신경·자율신경 등이 손상돼 감각이 떨어져 상처 입기도 쉽고 한번 생긴 상처가 잘 회복되지 않는다. 이 때 상처가 세균 등에 감염되면 조직이 괴사되면서 심하게는 발등·발목·다리를 절단해야 하는 상황이 발생할 수 있다.

건강보험심사평가원에 따르면 2019년 당뇨병성족부궤양으로 진료받은 사람은 1만 5,287명으로 2015년 1만 3,944명보다 10%가량 증가했다. 당뇨발은 당뇨병 환자의 60~70%가 평생에 한번 이상은 경험할 정도로 흔한 합병증이다. 전체 당뇨발 환자의 40%는 1년 안에 족부 절단수술을 받으며, 수술 환자의 10%가 발목 위까지 절단한다는 통계가 있을 만큼 심각한 질환이다.

최근 당뇨발에서 발 온도 변화가 심할 경우 혈액순환이 더뎌져 상처 회복이 느려진다는 연구결과가 국내에서 발표되었는데 일교차가 10도(21±5도) 이상일 때 상처 회복 속도가 10% 느렸으며 신생혈관도 적게 생성됐다고 한다. 실제로 당뇨발은 혈당으로 인한 미세혈관의 혈액순환 장애가 가장 큰 원인이며, 여름철에는 발의 상처를 막기 위해 겨울철에는 발 온도를 따뜻하고 일정하게 유지하기 위해서라도 늘 땀을 잘 흡수할 수 있는 재질의 양말을 신고 다니는 게 좋다. 당뇨발은 신경 손상이 천천히 일어나 당뇨발에 걸린 것을 뒤늦게 아는 경우가 많으므로 당뇨병 환자는 언제든 자신에게도 당뇨발이 나타날 수 있다는 생각을 가져야 한다. 외출 후에는 발에 상처·굳은살·티눈 등이 생기지는 않았는지 확인하고 발을 깨끗이 씻어 청결하게 관리해야 한다. 하지만 겨울철이나 환절기에 피부가 너무 건조할 경우 발이 트고 갈라져 상처가 생기기 때문에 보습크림 등을 발라 피부를 부드럽게 유지해야 한다. 또 빡빡한 밑창이나 높은 굽의 신발을 피하고, 등산·축구·마라톤 등 발을 혹사시키는 운동도

하지 않는 게 좋다.

발에 상처가 있는데도 통증이 잘 느껴지지 않고, 상처가 회복되지 않으며 붉게 부어오르는 등 감염이 확인되면 즉시 병원을 찾아 진료를 받는 게 좋다.

당뇨발로 인한 족부궤양은 일반적으로 약물치료가 우선이며 정도가 심하면 수술적 치료가 요구되기도 한다. 최근에는 미세현미경 수술인 '유리피판술'이 점점 많이 시행되는 추세다. 건강한 혈관 및 신경조직을 말초혈관에 이어 손상을 회복한다. 하지만 혈관 상태에 따라 수술이 어렵거나 예후가 나쁜 사례도 많다는 게 단점이어서 의사와 충분한 상담 후에 선택해야 한다. 하지만 조직괴사가 심해서 뼈, 연부조직까지 괴사된 경우에는 절단 수술 외에 다른 방법이 없다.

그러므로 당뇨발이 발생하면 조기에 적극적으로 치료해야 하며, 보존치료로는 체외충격파치료, 엘큐어 전기자극통증치료 등이 있다. 체외충격파치료는 고에너지 파동으로 병변을 자극해 통증을 완화하고 손상조직을 회복시킨다. 국내에서는 오십견, 석회성건염, 무릎관절염, 족저근막염, 내측상과염(골프엘보), 외측상과염(테니스엘보) 등의 치료에 사용되다 2016년 미국 식품의약국(FDA) 공식 승인을 받아 당뇨발 치료에도 적용 중이다.

전기자극통증치료는 말초혈관과 신경 주변을 전기로 자극해 혈액순환 및 신경회복을 돕는다. 병든 세포의 전위차가 낮아진 다는 전기생리학 이론으로 최근 개발된 '엘큐어**리젠**요법'은 기존 의 물리치료보다 효과적인 치료법이다. 1500~3000V의 고전압 미세전류를 피부 깊숙이 흘려보내 말초혈관과 말초신경을 자극, 혈액순환을 향상시키고 세포 사이의 슬러지를 녹여 세포재생에 도움을 주어 치료 효과가 비교적 빠르다.

# 임상 진료 코멘트

그동안 상기 환자는 경구용 혈당 강하제를 복용 중이었으며, 엘큐어리젠요법 치료 전에 오전에는 지속성 인슐린, 오후에는 속효성 인슐린을 투여 중이었다. 속효성 인슐린은 치료 4주 차에 끊었고 지속성 인슐린은 점차 감량하여 투여량을 50%로 줄였다.

적혈구 속에는 산소 운반에 중요한 역할을 하는 헤모글로빈(혈색소)이라는 단백질이 있다. 이 중 일부가 포도당과 결합된 상태로 존재하는데 이를 '당화혈색소(HbA1c)'라고 한다. 혈액 속에 떠다니는 혈색소의 평균 수명이 약 3개월이며, 혈당이 높아지면 당화혈색소가 더 많아지므로 당화혈색소의 수치를 통해 2~3개월간의 평균 혈당 농도를 짐작할 수 있다. 즉, 그 순간의 혈당 수치만을 반영하는 일반적인 혈액검사 혈당 수치와는 달리 당화혈색소는 보다 장기간의 혈당 조절 정도를 알 수 있는 장점이 있다. 대한당뇨병학회에서는 당뇨병 환자의 당화혈색소 조절 목표를 6.5% 이하로 보고 있으며 7.0% 이하이면 혈당 조절 정도가 양호하다고 할 수 있다

저자의 경험상 당뇨발의 괴사 상태가 뼈까지 침범하지 않은 경우에는

엘큐어리젠요법으로 주 1회 주기적으로 3개월 이상 엘큐어리젠요법을 하면 대부분의 연부조직 및 피부가 재생되었음을 관찰하였다. 동시에 모든 당뇨 환자에서 혈당이 떨어지고 당화혈색소가 정상으로 되는 경우가 많았다. 아마도 이 원인은 전기자극으로 인한 세포충전현상으로 췌장 세포에서 인슐린 분비가 활성화되기 때문으로 사료된다. 세포충전 치료 도중에는 혈당이 떨어지므로 당화혈색소 검사 및 수시로 혈당을 체크하면서 저혈당 쇼크가 일어나지 않도록 유의해야 하며 당뇨약이나 인슐린 투여량을 줄여나가야 한다.

㈜ 모든 치료는 환자의 나이, 성별, 질병 발생기간, 질병의 위중한 정도, 건강 상태에 따라 치료 회수 및 경과에 차이가 있을 수 있습니다.

# 발바닥과 발뒤꿈치 통증이 심한
# 족저근막염

## 환자의 주요 증상

엉치, 허벅지, 종아리, 발뒤꿈치 통증이 심하다. 통증 때문에 깊은 잠을 이룰 수 없다. 밤에는 발이 칼에 베인 듯 아린 증상이 있다. 아침에 일어나 첫발을 내딛을 때 왼발 우측 발꿈치에 찢어지는 듯한 통증이 느껴진다. 의자에 오래 앉아 있다가 일어나서 첫발 내딛을 때, 운동 후에 발바닥과 발뒤꿈치 통증이 심해진다.

마트에서 파트타임 판매원으로 일하는 50대 후반의 주부 안모씨는 5개월 전부터 시작된 발뒤꿈치 통증 때문에 일상생활에 많은 불편을 겪고 있다. 특히 오래 서서 일하는 직업이라 퇴근 후엔 발뒤꿈치뿐 아니라 엉치, 허벅지, 종아리 통증도 심해서 밤에 깊이 잠을 못 자는 편이다. 이처럼 수면 부족 현상이 지속되어서 그런지 요즘은 통증 외에 극심한 피로감도 느끼고 있다. 밤에는 발이 칼에 베인 것처럼 아린 증상이 더 심해진다. 아침에 침대에서 일어나 첫발을 내딛을 때 특히 급격한 통증이 느껴지며, 왼발의 우측 뒤꿈치는 누르면 '악' 소리가 나올 정도로 심하게 아파서 저절로 까치발로 걷게 된다.

연세에스의원의 정밀진단 결과, 안 씨의 통증 원인은 족저근막염과 좌골신경통이었다. 고전압 전기치료기기로 아픈 부위와 통증이 시작된 부위를 정확히 찾는 것이 신기했다. 좌골신경통을 함께 치료하지 않으면 족저근막염도 호전되기 어렵다는 것이 원장님의 조언이었다. 통증 부위에 전기에너지를 충전시키는 엘큐어**리젠**요법을 시작했고, 얼마 전 10회 차 엘큐어 진료를 끝냈다. 이젠 엉치도 덜 아프고 왼쪽 발바닥 통증도 덜해져 예전에 비해 살맛이 나는 것 같다. 하지만 아직 장시간 서 있거나 의자에 오래 앉아 있다가 첫발을 내디딜 때 발뒤꿈치 통증이 느껴질 때가 있어서 5회 정도 추가로 엘큐어**리젠**요법 치료를 받을 예정이다.

## 폐경기 여성과 마라톤 즐기는 젊은 층이 발병률 높아

50대 여성 안 씨가 겪고 있는 발뒤꿈치 통증은 족저근막염의
주요 증상이다. 특히 요즘처럼 기온이 낮아지면 추위로 인해 근
육과 인대가 경직되고 혈관이 수축하기 때문에 근골격계 질환
의 발생 빈도가 높아지게 된다. 특히 발은 1년 365일 몸의 하중
을 버텨내다 보니 다른 부위보다 더 망가지기 쉽다.

족저근막은 발뒤꿈치뼈(종골)에서 시작돼 발바닥 시작 부분까
지 5개 가지를 내어 붙어 있는 강하고 두꺼운 섬유 띠를 말한
다. 충격을 흡수해 발의 아치 형태를 유지하고 걸을 때 발을 들
어 올리는 동작을 보조한다. 이 부위에 염증이 발생하면 오래
앉거나 누워 있다가 첫발을 디딜 때 발바닥 전체와 발뒤꿈치 부
위에 찢어지는 듯 통증이 느껴지는 것이다. 발이 바닥에 닿을
때 통증이 심한 이유는 수축해 있던 족저근막이 체중부하로 갑
자기 쭉 펴지기 때문이다. 발꿈치 부위에 명확한 압통점이 발견
되고 일정 시간 걸어 다니면 통증이 약해지는 게 특징이다.

최근 살이 급격하게 쪘다면 발바닥에 집중되는 하중이 급증
하면서 족저근막염 발생 위험이 높아질 수 있다. 폐경기 중년여
성은 호르몬 분비 변화로 발바닥 지방층이 얇아져서, 젊은 층

은 마라톤이나 조깅 등 격렬한 운동을 장시간 할 때 발바닥에 무리가 와서 발병하는 사례가 대부분이다. 선천적으로 발바닥 아치가 낮은 평발(편평족), 아치가 정상보다 높은 요족변형이 있는 사람도 발병 위험이 높은 편이다.

발은 26개 뼈로 구성될 만큼 구조가 복잡하다. 그래서 발에 관련된 다른 질병이라도 증상은 비슷하게 나타날 수 있다. 발바닥 중 앞쪽, 발가락 부분이 아프면 족저근막염이 아닌 지간신경종일 확률이 높다. 이 질환은 발가락에 분포하는 족저신경이 두꺼워져 염증과 통증이 생기는 것으로 두 번째·세 번째 발가락 사이, 세 번째·네 번째 발가락 사이에서 극심한 통증이 나타나고, 발바닥이 저리고 마치 모래알을 밟는 느낌이 들기도 한다.

발바닥 안쪽과 복사뼈 아래가 함께 아프면 부주상골증후군을 의심해보는 게 좋다. 이 질환은 없어도 되는 뼈가 하나 더 존재해 통증과 불편함을 준다. 부주상골은 발목과 엄지발가락을 이어주는 뼈, 주상 골 옆에 붙어있다. 발 안쪽 복숭아뼈의 2㎝ 밑에 볼록하게 튀어나와 육안으로 식별할 수 있다. 평소엔 별다른 이상이 없다가 발목을 접질리거나 발에 딱 맞는 신발을 착용하면 튀어나온 부주상골이 눌리면서 뼈에 붙어있는 힘줄이 손상돼 통증이 느껴진다.

전기생리학에 따르면 노화, 스트레스, 과도한 운동, 염증 등이 반복되면 세포에서 전기에너지가 제대로 생성되지 않아 결국 세포 내 전기가 방전된다. 이럴 경우 혈류가 느려지면서 림프액 찌꺼기가 신체 곳곳에 끼면서 급성·만성통증, 감각이상, 마비 등을 유발할 수 있는데, 림프액 찌꺼기가 족부에 집중되면 족저근막염을 비롯한 족부질환의 발생 위험이 높아지게 된다.

족저근막염은 엘큐어**리젠**요법으로 효과가 양호한 질병이다. 엘큐어는 미세전류를 피부 깊숙이 흘려보내 세포 전기에너지를 충전함으로써 세포대사를 촉진, 혈류를 개선하고 림프액 찌꺼기를 녹여 체외로 배출시켜 통증을 개선하는 효과를 나타낸다. 족저근막염 같은 근골격계 통증은 2~3일 간격으로 총 15회 치료하면 효과를 볼 수 있다.

발은 하루도 빠짐없이 계속 사용되는 중요한 부위다. 그런 만큼, 치료와 함께 생활습관 개선이 이루어져야 건강하게 관리할 수 있다. 바닥이 과도하게 얇거나 딱딱한 신발보다는 부드러운 깔창이 있는 신발을 착용하는 게 좋다. 신발 굽은 2~3cm가 적당하고 신발 안에 부드러운 재질의 뒤꿈치 패드를 깔면 발에 가해지는 충격을 줄일 수 있다. 장시간 서 있거나 운동할 땐 수건으로 발 앞쪽을 감싼 뒤 몸쪽으로 당기는 스트레칭을 해주면 족저근막염 예방에 도움이 된다.

# 임상 진료 코멘트

족저근막염 증상을 가진 환자 안 씨는 정밀 진단 결과 좌골신경통 증상도 나타났다. 참고로 여러 병원을 거쳐 우리 병원에 온 대다수의 족저근막염 환자들은 좌골신경통 증상을 함께 보이고 있었는데, 대부분 여러 병원에서 족저근막염은 물론 지간신경종, 부주상골증후군으로 진단 및 치료를 받다가 호전이 되지 않았다. 그것은 발바닥 치료만 해서는 족저근막염의 근본적인 치료가 어렵다는 사실을 의미한다.

고전압 통증 치료기기인 엘큐어로 측정한 데이터를 보니, 안 씨는 좌골, 엉치, 허벅지, 종아리, 발바닥 등 통증 부위에 전기에너지가 방전된 것으로 측정되었다. 그래서 엘큐어리젠요법을 통해 전기에너지를 좌골신경 전체 부위에 계통적으로 충전시켜서 통증을 완화시키는 치료 방법을 택했다. 약 15회 치료후 결과는 양호했다.

㈜ 모든 치료는 환자의 나이, 성별, 질병 발생기간, 질병의 위중한 정도, 건강 상태에 따라 치료 회수 및 경과에 차이가 있을 수 있습니다.

# 과도한 운동이나 잘못된 자세로 인해 발생되는 통증
# 근막동통증후군

## 환자의 주요 증상

담이 든 것처럼 어깨 뒤쪽 날개 뼈 부위와 목 부위가 뻐근하다. 목의 통증이 심해서 고개를 상하좌우로 돌리기 힘들다. 뒤통수가 뻐근하고 지속적으로 당기는 느낌이 든다. 두통이 심하다. 가끔 귀에서 소리가 날 때도 있다.

40대 초반의 회사원 김 모씨는 새로 받은 프로젝트로 인해 최근에 스트레스를 많이 받고 있다. 2달 후에 중역들 앞에서 직접 발표를 해야 하기 때문이다. 참신한 기획을 하기 위해 한 달 내내 야근을 했다. 그러던 어느 날 어깨 뒤쪽에 담이 들면서 목이 뻐근하고 뒤통수가 당기는 느낌이 들기 시작했다. 고개를 돌리기도 불편하고 두통 증세도 생겼다. 처음엔 "내가 요즘 너무 무리해서 일을 했나"라고 생각하며 파스를 사다 붙이기도 하고 한의원에서 침도 맞고 물리치료도 해보았지만, 통증이 가라앉지 않았다. 정형외과에서 스테로이드 주사를 맞고 잠시 통증이 나아졌지만, 일주일 뒤에 다시 재발했다.

김 씨는 목과 어깨 부위의 통증, 두통 치료를 위해 연세에스의원을 찾았다. 검사 결과 '근막동통증후군'이란 진단을 받았다. 진통제를 끊고 전기자극 엘큐어리젠요법으로 통증유발점을 찾아서 치료받으니 증세가 호전되는 기미가 보였다. 5회 차 엘큐어리젠요법 치료를 받았는데, 어깨 뒤쪽 날개 뼈 부위의 뻐근한 증상과 목의 통증이 거의 사라졌다.

## 뒷목이 뻐근하고 당기거나 어깨 결림, 두통이 주요 증상

근막동통증후군은 목에서 어깨로 내려오는 곳이 심하게 결리고 딱딱해진 상태를 말한다. 이 질환은 우리가 흔히 '근육이 뭉쳤다' '담이 들었다'라고 표현하는 증상이다. 근육을 둘러싼 얇은 근막의 통증 유발점에 자극이 있거나 그 부위가 압박을 받으면서 극심한 통증이 나타나는데, 초기에는 목과 어깨에 담이 든 것처럼 가볍게 시작하지만 시간이 지날수록 운동 범위가 점차 감소하고 근육 약화 및 자율신경계 이상 등으로 일상생활에 큰 불편함을 초래할 수 있다. 이렇게 근막동통증후군이 만성화될 경우 정형외과에서 시행하는 일반적인 물리치료만으로는 온전한 증상 개선이 어렵기 때문에 조기에 알맞은 치료를 받는 것이 좋다.

특별한 외상이 없이 잘못된 자세로 근육이 과도하게 긴장하게 되면 결절이 생기고 뭉치게 되는데, 대표적인 근막동통증후군의 증상으로는 뒷목이 지속적으로 뻐근하고 당기거나, 고개를 상하좌우로 움직일 때 통증이 있을 수 있으며 목이 굳어져 원활한 움직임이 어려워진다. 또한 어깨와 목 주변 근육의 깊은 곳에서 단단한 띠가 만져지기도 하는데, 이러한 통증 유발점을 누를 때 아프면서 주변으로 퍼져 나가는 양상이 나타나면 근막동통증후군을 의심해 볼 수 있다. 이렇게 특징적인 증상 외에도 눈이 충혈되거나 어지러움, 이명 등이 나타나는 환자도 있으며 통증 유발점에 따라 흉통이나 복통, 생리통 등 환자마다 다양한 양상으로 나타나기 때문에 정확한 통증 유발점을 파악해서 근본적인 치료가 이뤄져야 한다.

이렇게 통증이 시작되는 통증 유발점을 파악해 비활성화하고 근육의 정상적인 기능 회복을 도모하면서 만성화 요인을 차단해 근막동통증후군이 재발하지 않도록 하는 것이 치료의 핵심이라고 볼 수 있다. 이 질환은 평소의 잘못된 자세습관과 무리한 운동으로 인해 발생하는 경우가 많기 때문에 천천히 스트레칭을 하면서 아픈 부위를 마사지하거나 풀어주면 호전이 되기도 한다. 하지만 통증이 참을 수 없을 만큼 심하고 며칠 동안 지속되는 경우 통증전문 병원을 찾아 정확한 통증 유발점을 확인해 치료하는 것이 바람직하다.

전기자극 치료 엘큐어리젠요법은 탐침자를 피부에 접속시키면 전기가 부족한 부분에 있는 세포들이 전기를 잡아당기면서 세포에 전기에너지가 충전되는 원리로, 여러 검사에서 정확하게 파악하기 어려운 통증 유발점의 병소를 찾는 데 효과적이다. 이렇게 찌릿한 통전통의 세기는 세포의 방전된 정도와 비례하며 주기적으로 엘큐어리젠요법을 적용하면 높은 전위 상태를 유지하는 시간이 늘어난다. 결과적으로, 세포가 다시 정상 기능을 회복해 원인 치유와 함께 만족스럽게 근막동통증후군을 개선할 수 있다.

근막통증(筋膜痛症)이란 근육에 존재하는 통증유발점(Trigger point)에 의해 발생하는 근육의 통증을 지칭한다. 통증유발점은 촉진 시 누르면 통증이 발생하는 지점인 압통점(Tender point)과는 다른 것으로 연관통 영역이라고 알려진 타 근육 부위에 통증을 일으킨다. 근막통증증후군의 경우 소위 단단한 띠(Taut band)가 존재하는데 이는 근막통증증후군의 객관적이고 지속적인 소견이다. '단단한 띠'라고 지칭할 만한 부위는 근육 섬유들이 뭉쳐져 하나의 띠를 형성한 부위로 만지면 단단하고 상당한 통증이 있다. 저자는 단단한 띠는 근육내외에 림프슬러지가 장시간 고여 딱딱하게 굳어진 현상으로 해석한다.

보통 병원에서는 근육이완제나 진통제를 처방하고 스테로이드(일명 뼈 주사) 치료를 많이 하는데, 반복 치료나 장기간의 약물복용은 근본치료가 되지 않고 고질병으로 고착시키기 때문에 금물이다.

불편감이나 통증을 느끼는 것은 전기생리학적으로 세포방전을 의미하므로 증상 개선이 없고 만성화되면 세포 충전 요법인 엘큐어리젠요법을 받아볼 수 있으며, 여러 차례 반복치료하면 Taut band가 잘 풀어지며 대부분 호전되는 질환이다.

㈜ 모든 치료는 환자의 나이, 성별, 질병 발생기간, 질병의 위중한 정도, 건강 상태에 따라 치료 회수 및 경과에 차이가 있을 수 있습니다.

발진, 수포와 함께 심한 신경통 나타나는
# 대상포진후유증

## 환자의 주요 증상

(사례1) 왼쪽 어깨와 목주변, 왼쪽 턱선까지 발진, 수포, 신경통 수반. 심한 통증 때문에 밤잠을 설친다. (사례2) 어깨와 명치 통증에 시달린다. 우측 어깨에 줄기가 있는 양 조이고 당기는 것처럼 아프고, 명치는 우측으로 돌아가서 어깨 쪽으로 당기면서 아픈 증세가 지속된다. 누웠을 때 통증이 더 심해서 잠을 제대로 이루지 못 하는 경우가 많다.

## 사례1

73세 김 모씨는 대상포진에 걸린 후 왼쪽 어깨와 목 주변, 왼쪽 턱선까지 심한 피부발진, 수포, 신경통이 동반됐다. 3주 이상 통증평가지수(VAS, Visual analog scale) 8 이상의 참기 힘든 통증에 시달렸으며, 연일 심한 통증 때문에 밤에 잠도 잘 못자고 제대로 된 일상생활이 힘들었다. 한 달이 지나도 통증이 가라앉는 기미가 보이지 않자 김 씨는 연세에스의원을 찾았고, 대상포진 후유증 진단을 받았다.

하루 15분씩 총 3회 엘큐어리젠요법으로 병변에 전기자극을 가하자 발진과 수포가 개선됐고 통증도 기존 VAS 8에서 2로 상당 부분 개선됐다. 통증이 사라져 더 이상 진통제도 복용할 필요가 없었다.

## 사례2

31세 회사원 차 모씨는 1년 반 전부터 어깨와 명치 통증에 시달리고 있었다. 우측 어깨에 줄기가 있는 양 조이고 당기는 것처럼 아프며, 명치는 우측으로 돌아가서 어깨 쪽으로 당기면서 아픈 증세가 지속되었다. 하루 종일 통증이 느껴졌는데, 특히 누웠을 때가 가장 아파서 깊이 잠을 못자는 상황이 이어졌다. 3주 전 종합병원에서 섬유근육통이란 진단을 받고 약을 복용 중인

데, 어지럽고 소화불량까지 생겨서 더 고통스러웠다.

차씨는 연세에스의원에서 목 근육통과 어깨 근육통이 동반된 대상포진 후유증이란 진단을 받고, 현재 엘큐어**리젠**요법으로 치료중이다. 직장을 휴직중인 차씨는 15차 치료를 목표로 하고 있으며, 5차 전기자극 치료를 끝낸 지금은 어깨와 명치의 통증이 많이 완화되어 밤에도 비교적 잠을 잘 자는 편이다.

## 대상포진바이러스가 활성화되는 원인은 면역력 저하

'띠 모양의 발진'이라는 의미의 대상포진(帶狀疱疹, Herpes zoster)은 신경에 잠복해 있던 수두바이러스(대상포진바이러스)가 면역력 저하로 활성화되면서 피부발진, 물집(수포), 통증을 유발하는 질환이다.

대상포진은 산통·요로결석과 함께 '3대 통증질환'으로 꼽힐 만큼 극심한 통증을 유발해 삶의 질을 떨어뜨리고 정신까지 피폐하게 만든다. 초기엔 국소적인 통증이나 몸살 증세가 이어지다 바이러스가 인체 곳곳에 뻗어있는 신경절을 따라 증식하면서 3~4일 뒤 목, 어깨, 가슴, 등 부위에 피부발진과 물집이 띠 모양으로 나타나고 바늘로 찔리는 것처럼 심하게 아픈 것이 이 질병의 특징이다.

뇌신경에 대상포진바이러스가 증식해 안면(顔面) 신경이나 3

차 신경에 영향을 끼치면 청각손상, 안면마비가 동반되는 람세이헌트증후군(Ramsay-Hunt Syndrome)을 유발할 수 있다. 바이러스가 눈을 침범하면 눈꺼풀이 부어오르면서 눈이 충혈되고 통증이 생긴다. 심하면 안구에 흉터가 남아 시력이 떨어지고 포도막염, 각막염, 녹내장의 발병 위험이 높아질 수 있다.

치료시기를 놓치면 바이러스가 중추신경까지 침범해 수개월에서 1년 이상 통증이 계속되는 '대상포진 후 신경통'이 후유증으로 남을 수 있다. 이 단계에선 살갗이 옷깃에 살짝만 스쳐도 피부가 화끈거리면서 심하게 아파 우울증 같은 정신적인 문제로 이어지게 된다. 신경절에 잠복했던 대상포진바이러스가 활성화되는 가장 큰 원인은 면역력 저하다. 노화, 만성질환, 항암치료 등으로 면역기능을 담당하는 T-세포(T-Cell)의 기능이 떨어지면 발생률이 높아질 수 있다.

대상포진 후유증으로 인한 통증은 세포내 부족한 전기를 충전하는 방식으로 개선할 수 있다. 모든 통증은 체내 세포의 음전하 부족으로 발생한다. 세포는 안쪽이 음전하(-), 바깥쪽이 양전하(+)를 이루는 전기배터리로 볼 수 있다. 나이가 들거나, 질병에 걸리거나, 스트레스를 심하게 받으면 세포내 미토콘드리아의 활성도가 감소하고 'ATP(Adenosine triphosphate, 아데노신 3인산)' 생산이 저하돼 충분한 전기에너지가 만들어지지 않는다. 이럴 경우 세포내 음전하가 부족해지면서 양전하와 음전하간 전위차인 막전위가 정상인 −70~−100㎷에서 −30~−50㎷까지 떨어져 통증, 만성피로, 신경마비, 사지감각 저하, 우울증 등이 나타날 수 있다.

이런 지긋지긋한 대상포진 후유증을 미세전류로 신경세포를 살려 개선하는 치료법이 바로 '엘큐어리젠요법'이다. 부족한 세포 전기를 고전압으로 충전, 세포대사를 활성화해 통증을 개선하고 장기적으로 면역력을 높여 각종 질병에 대한 내성을 강화하는 것이 원리다. 음전하를 띤 전기가 손상된 신경줄기를 따라 흐르면 신경의 감각전달능력이 정상화되고 신경세포가 튼튼해져 대상포진 후유증으로 인한 통증을 개선하는 데 도움 된다.

대상포진은 완치가 어려운 병으로 알려져 있는데, 띠 모양의 피부발진과 통증이 나타난 뒤 2~3일 이내에 치료하면 통증과 합병증을 억제하고 일상생활로 복귀할 수 있다. 치료와 함께 스트레스 노출을 줄이고 틈틈이 유산소운동과 근력운동을 병행해 면역력을 원상 복귀시키는 게 중요하다.

# 임상 진료 코멘트

대상포진 후유증으로 고생하시는 분들이 의외로 많다. 대상포진 감염은 대부분 면역력결핍, 과도한 스트레스, 영양실조 등의 상태에서 고령자에게 호발하나 젊은 층에서도 걸리는 경우가 적지 않다. 호발부위는 대부분 몸통이나 안면부에도 생긴다. 일단 대상포진에 걸리면 주로 피부과, 통증의학과를 찾는다. 물집은 생겼다가 2~3주만에 없어진다. 항바이러스제재를 복용하고 소염진통제를 처방 받는다. 이 치료로 합병증이 생기지 않고 잘 나으면 다행이지만 통증이 3개월 이상 지속되면 신경에 대상포진 바이러스가 염증을 일으켜 신경에 고착된 상태로 보면 된다.

이와같이 합병증이 6개월 이상 장기화 되면 거의 진통제 중독이 된 상태에서 저자를 찾아온다. 대상포진 합병증은 난치병에 속하지만 장기간 꾸준히 엘큐어리젠요법을 했을 경우 조금씩 호전되는 분들이 많다. 합병증인 경우 신경이 재생되는 시간이 필요하기 때문에 최소 6개월 이상 1주에 1회씩 치료받기를 권해드린다.

㈜ 모든 치료는 환자의 나이, 성별, 질병 발생기간, 질병의 위중한 정도, 건강 상태에 따라 치료 회수 및 경과에 차이가 있을 수 있습니다.

## 손상된 뇌세포로 인한 신경 마비증세

# 뇌졸중후유증

**환자의 주요 증상**

발음을 정확히 내기 어려워 상대방에게 의사 전달이 힘들다. 기억력이 희미해지고 자주 잊어버린다. 왼쪽 다리 마비 증상으로 지팡이 도움 없이 몸의 중심을 잡기 힘들다. 목 부위 마비로 음식물을 삼키기 어렵다.

63세의 남성 김 씨는 50대부터 혈압이 높아 고혈압 약을 계속 먹고 있고, 노년기에 접어들었지만 과음을 자주 하는 편이다. 지난해 겨울 김 씨는 바이어와 술을 먹고 나오다가 뇌혈관이 터진 채로 쓰러져 자칫 큰 일을 당할 뻔 했다. 비교적 빨리 병원에 옮겨져 생명에 지장은 없었지만, 뇌졸중 후유증을 피하기 어려웠다. 쓰러지고 난 후 김 씨는 발음이 불분명해져서 상대방에게 의사표현을 하기도 어려워졌고, 왼쪽 다리 마비 증상으로 인해 지팡이가 없으면 똑바로 걷기도 힘들어졌다. 기억력도 감퇴되었고, 목 부위도 마비되었는지 음식물 삼키는 것도 어려웠다.

김 씨는 한의원에서 침 치료를 받으면서 건강을 회복하려 했지만, 생각만큼 개선이 되지 않았다. 지인의 소개로 연세에스의원에서 전기치료를 받아보기로 했다. 1주일에 2번씩 한 달 동안 엘큐어**리젠**요법 치료를 받고 나서 마비된 왼쪽 다리가 약간 올라갔다. 김 씨는 전기치료에 희망을 걸고 있다. 다리 마비와 근육 경직이 풀릴 때까지 열심히 엘큐어**리젠**요법 치료를 받을 예정이다.

## 전신 · 반신마비 · 인지저하 · 발음장애 등 무서운 후유증

기온이 크게 떨어져 아침저녁으로 싸늘한 영하의 날씨가 이어지면, 혈압이 높거나 뇌졸중후유증이 있는 환자들은 일상생활이 더욱 힘들어진다. 겨울철엔 전신혈관이 급격히 수축하고 혈압이 상승하기 때문이다. 뇌졸중은 무서운 질병이다. 어느 날 갑자기 발생해 응급치료로 다행히 목숨을 건졌더라도 전신 또는 반신마비와 삼킴장애·인지기능저하·발음장애·실어증 등 뇌졸중 후유증이라는 무서운 결과와 맞닥뜨리게 된다. 그만큼 뇌세포가 손상을 입게 되면 회복되기 어렵다는 것을 의미한다. 뇌세포는 어떠한 원인에 의해 혈관이 막혀 충분한 영양분과 산소를 공급받지 못하거나 혈관이 터질 경우 빠른 속도로 괴사 과정에 접어들게 되며, 손상된 뇌세포로 인해 신경마비 증세가 나타나기 때문에 본래 상태로 돌아가기 어려운 것이다.

뇌졸중 후유증이 생기면 신경마비로 인해 힘이 들어가지 않으므로 근육이 제대로 수축 이완되지 않아 운동능력이 소실된다. 또한 감각의 이상증세가 생기는 감각신경에 미세한 혈액 순환 장애가 생긴다. 이로 인해 마비된 세포 내외에 림프슬러지가 쌓여 근육이 딱딱하게 굳고 근육이 퇴축되어 가늘어지며 관절이 유착되면서 점점 악화되는 것이 뇌졸중 후유증의 과정이다.

그동안 뇌졸중 후유증에 대한 재활치료는 운동요법, 물리치료 외에 특별한 치료법이 없었다. 그러나 최근에 뇌졸중 환자들의 마비된 운동신경을 지속적으로 회복시키는 전기자극 치료가 주목받고 있다. 엘큐어리젠요법은 고전압 미세전류를 인체에 흘려보내 마비된 세포에 전기 자극을 가해 세포를 충전시키고, 혈액

순환 및 대사를 촉진하고 손상된 신경의 회복을 돕는 치료다.

신경세포 활성화는 물론 세포 주변에 쌓인 림프슬러지 노폐물을 전기 이온 분해 작용으로 녹여 신경이 조속히 회복될 수 있도록 도와준다. 또한 혈액 순환을 원활하게, 근육위축을 더 이상 진전되지 않도록 해주며 관절의 운동범위도 늘려주는 효과가 있다. 전기생리학적으로 마비된 부위에는 세포가 거의 방전된 상태이므로 전기자극을 하면 통전량이 급격히 증가하면서 통전통이 심하게 나타난다. 하지만 부위별로 1분 정도 통전시키면 통전량이 줄면서 세포가 충전되는 원리이다. 마비된 신경의 주행경로를 따라 충전시켜주어야 하기에 치료시간이 길고 반복적인 치료를 장기적으로 해야 하기 때문에 인내심이 필요하다.

엘큐어리젠요법 치료를 꾸준히 받으면, 뇌졸중 후유증으로 신경마비가 된 부분의 신경과 오그라든 근육을 부드럽게 해주고 활성화시켜 근육의 퇴축을 늦추고 신경 전도를 높여줘 재활치료의 효과를 극대화해준다. 후유증을 개선하는 것은 물론 혈관 탄력을 높여줘 뇌졸중의 후유증을 최소화하는 효과도 기대할 수 있다. 마비된 신경의 회복은 쉽지 않고 어려운 과정이므로 장기적이고 지속적인 엘큐어리젠요법 치료를 권한다. 또한 운동치료와 재활치료를 병행하면 뇌졸중 후유증으로 인한 합병증 진행이나 악화되고 있는 근육 위축 등을 늦출 수 있다.

# 임상 진료 코멘트

현대의학에서 해결하지 못하는 중풍 즉 뇌졸중 후유증에 대해서는 의사들도 속수무책이다. 특히 뇌의 혈관병변인 뇌출혈이나 뇌경색으로 뇌세포에 영양공급이 되지 않아 생긴 신경마비로 운동신경, 감각신경의 마비 현상으로 평생 불구로 살다가 결국은 근육위축 및 관절강직, 영양실조로 운명하게 된다. 뇌세포 자체를 재생시키는 것은 불가능하지만, 엘큐어리젠요법으로 신경마비로 인한 합병증을 최소화하고 신경세포의 활성도를 높임으로서 주어진 삶을 보다 덜 고생하면서 살 수 있도록 도움을 줄 수는 있다.

전기의 옴의 법칙에 의하면 High V = high I 즉 전압을 높이면 저항이 같을 경우 전류량이 증가한다. 고전압일 경우 전자 흐름의 속도가 빨라져서 심부 조직까지 도달한다. 기존 전기 치료기기는 낮은 전압을 채택하였기 때문에 피부표면이나 얕은 층의 근육을 전기자극하는 데 효과도 짧고 역부족이었다. 하지만 엘큐어리젠요법에서는 고전압을 채택하여 심부까지 도달 가능하여 위, 심장, 근육, 인대, 관절의 깊숙한 곳과 같은 심부조직의 장기에도 치료 효과가 있다.

특히 뇌졸중의 경우 두개골의 절연작용으로 전류의 심부 침투가 용이하지는 않지만 목 안면부 두피를 통해 지속적으로 전기 자극이 가능하며 마비가 있는 척추신경의 자극치료가 가능하다. 저자의 경험으로는 63세의 완전 편마비 환자에게 2주일간 하루에 4번 30분씩 엘큐어 전기 자극을 시도해 본 결과 전혀 움직이지 않던 다리를 30도까지 들어 올린 경험이 있다.

바라건대, 대체요법의 일환으로 개인이 엘큐어리젠 전기충전장치로 하루 3회 1시간씩 지속적으로 세포충전을 하게 된다면, 뇌졸중으로 인한 근육퇴축·관절경직·통증 개선 등 다양하게 효과가 있을 것으로 사료된다.

㈜ 모든 치료는 환자의 나이, 성별, 질병 발생기간, 질병의 위중한 정도, 건강 상태에 따라 치료 회수 및 경과에 차이가 있을 수 있습니다.

몸 여기저기가 아프고 기운이 떨어지는 증상
# 노인성 기력저하

**환자의 주요 증상**

어지럼증이 심하고 골반, 엉덩이 등이 아프다. 발등이 화끈거리고 발바닥이 아프고 저린 증상도 나타난다. 얼굴과 귀도 아프다. 소화가 잘 안되고 밤에 깊은 잠을 못 잔다. 기력이 없고 온 몸이 쑤실 때가 많다. 만사가 귀찮고 의욕이 생기지 않는다.

73세 여성 김 모씨는 몇 개월 전부터 골반과 엉덩이가 저리고 아파서 의자에 오래 앉아있기가 불편했다. 뿐만 아니라 발바닥이 아프고 힘이 없고, 발등이 화끈거리고 발바닥이 저린 증상도 나타나 오래 서있기도 힘들었다. 올해 1월에는 어지럼증이 심해서 입원한 적도 있다. 소화가 잘 안 되는 증상과 밤에 잠을 깊이 못 자는 불면증 증상도 심했다. 다리가 항상 무겁게 느껴지고 기운이 없고 얼굴과 귀가 아픈 증상도 나타나자 김 씨는 동네 병원에서 영양제 주사와 진통소염제 처방을 받았으나 일시적인 효과가 있을 뿐 곧 재발했다. 지인의 소개로 연세에스의원에 내원한 김 씨는 좌골신경통, 소화불량 및 만성피로 에너지 저하 증후군 진단을 받았다.

엘큐어**리젠**요법으로 1주일에 2회씩 전기에너지 충전 치료를 시작한 김 씨는 5회 차 치료를 마친 후 어지럼증 증상 및 소화불량 증상, 불면증이 개선되었고 기력도 많이 회복되었다. 그러나 여전히 좌골신경통 증상이 남아 있는 상태여서 추가 치료를 받을 예정이다.

## 노인의 기력 회복하려면 전기에너지 충전이 필요해

2017년 고령사회에 접어든 한국은 2026년이면 노인이 20%를 넘어서는 초고령 사회에 진입한다. 노인 인구 수가 8백만 명을 넘어선 요즘 주변에서 기력이 없다거나 만성피로에 시달린다고 호소하는 고령층을 쉽게 찾아볼 수 있다.

자신은 물론 가족조차도 "젊을 때보다 기력이 떨어졌나 보다" 또는 "나이가 드니 어쩔 수 없다"며 대수롭지 않게 여기고 지나치는 경우가 대부분이다. 하지만 노인들이 호소하는 만성적인 피로는 정상적인 노화 현상의 일부가 아니다. 단순히 나이 탓이 아니라 다른 사람에 비해 건강 상태가 좋지 않다는 몸의 구조신호일 수 있다.

나이가 들수록 근육량이 감소되어 같은 활동을 하더라도 예전보다 더 많은 에너지가 소모돼 노인들이 쉽게 피로를 느낄 수 있다. 소화능력의 저하, 이로 인한 에너지 생성 능력 감퇴, 기후 변화에 대한 대응력 떨어짐, 면역력 저하 등이 만성피로를 초래한다. 이를 적극적으로 개선하지 않으면 삶의 질이 떨어지고 몸과 마음의 질환으로 이어지게 된다.

몸 이곳저곳이 쑤신다며 이 병원 저 병원 돌아다니면서 수많은 약물을 처방받아 복용하는 경우, 대다수가 에너지 레벨이 떨어진 상태가 지속되고 만성화돼 기력 저하를 거쳐 질병 및 통증이 발생하게 된다.

여러 가지 약물을 동시에 복용하는 것은 간장과 신장, 위장 등에 심각한 부작용을 초래할 뿐만 아니라 약물 부작용으로 몸속의 에너지를 떨어뜨릴 수 있어 오히려 건강을 악화시킬 수 있다. 에너지 레벨이 바닥인 상태에서 기력이 없고 통증이 계속돼 진통제를 복용하거나 스테로이드 주사, 물리치료, 침, 뜸 등의 치료를 시행하면 일시적이거나 효과가 없는 경우가 많다.

따라서 노인들의 만성피로가 지속되면 정확한 원인을 파악해 근본적인 치료 대책을 세워야 한다. 조금만 피곤하면 흔히 떠올리는 것이 개인의 건강상태에 맞게 영양소를 적절하게 혼합해 정맥에 주사하는 수액요법이다. 실제로 수액요법은 피로와 기력을 회복하는 데 기여한다. 수액요법은 과거에 기력이 바닥을 보인 노인들이 주로 이용하는 주사에 불과했지만 최근에는 응용 범위가 확대되면서 노인의 기력회복은 물론 젊은 층의 활력 충전, 피로 회복에도 애용되고 있다. 매일 꼬박꼬박 챙겨먹어야 하는 영양제보다 빠른 효과를 느낄 수 있어 선호도 또한 높은 편이다.

영양수액주사는 마늘주사, 아미노산주사, 감초주사, 태반주사, 백옥주사, 신데렐라주사 등이 있다. 비타민B군, 필수아미노산, 자하거(태반)추출물, 글루타치온, 알파리포산(Alpha Lipoic Acid), 글리시리진, 셀레늄, 알부민, 비타민D 등 다양한 성분의 영양공급, 항산화, 간기능 개선, 면역력증강 등의 작용을 통해 빠르게 원기를 회복할 수 있도록 돕는다.

그러나 수액요법이 만능 영양치료법이 될 수는 없다. 따라서 지나친 의존이나 과용은 바람직하지 않다. 수액을 사용하는 목적과 기저질환, 복용 중인 약물, 환자의 상태 등 복합적인 요인들을 고려해 적절한 용량을 조절해야 한다. 일부 성분은 과용할 경우 오히려 인체에 해로울 수 있어 의사의 모니터링과 적절한 투여 횟수 조절이 필요하다.

특히 신장이나 간에 질환이 있다면 오히려 고농도 영양 및 기능성 성분이 독이 될 수도 있다.

나이 들어 만성피로와 무기력증을 호소한다면 기본적인 검진과 상담을 받은 후 원인이 무엇인지 파악해 개선에 나서야 한다. 기저질환이 있다면 전문의와 충분히 상담한 후 맞춤처방이 이뤄져야 한다.

단순한 피로라도 몸이 보내는 신호를 무시하지 말고, 근본적인 원인이 무엇인지 파악해 개선하는 노력이 필요하다. 노인의 기력회복에는 수액요법 외에도 세포 활동에서 가장 기본이 되는 전기에너지(음전하)를 보충하는 것도 필요하다. 만성피로, 노화로 인한 무기력증이나 막연한 통증은 세포내 음전하가 부족한 것과 관련 깊기 때문이다.

매주 2~3회의 엘큐어 전기충전요법은 세포의 발전소를 돌리는 것처럼 세포를 자극하고 재생해주면서 다양한 통증을 감소시키는 효과가 나타난다.

노인성 기력저하는 전체적인 노화현상으로 표현될 수 있으며 세포의 활성도가 젊을 때와는 달리 저하돼서 나타나는 현상이다. 인체의 세포 종류는 256가지가 있다고 하며, 노인이 되면 눈세포의 기능저하로 눈이 침침해지고 귀세포의 기능이 저하되면 난청이나 이명이 생기고 피부기능이 떨어져 주름 및 검버섯이 생기는 등 인체의 모든 기능이 떨어지면서 통증이 전신적으로 생기고 운동력도 떨어진다. 엘큐어 진단으로 환자의 에너지레벨을 전인현상과 전기마찰현상을 이용하여 간접적으로 측정해 보면 노인들의 전기 충전도가 젊은 사람들에 비해 현저히 떨어져 있는 것을 알 수 있다.

항노화요법을 간략히 설명하면, 노인들의 세포전기를 수시로 충전해줄 때 미토콘드리아에서 ATP 생산량이 3배에서 5배로 증가한다. 이렇게 되면 새로운 세포를 만드는 세포분열이 왕성해지며 젊은 세포의 비율이 높아진다. 새로운 세포로 완전하게 바꾸어 주기 위해서는 물, 산소, 단백질, 탄수화물, 지방의 3대 영양소를 비롯하여 비타민, 미네랄 등의 영양물질이 필요하다. 그리고 혈액순환 및 혈액보다 3배 이상 많은 림프 순환을 원활하게 하기 위해 적당한 운동과 알칼리체질로 만들어 주는 음식을 산성체질의 음식보다 4배 이상 섭취하는 식습관이 중요하다. 그리고 1년에 3~4회 림프해독 관리를 받아서 몸에 쌓여있는 림프 슬러지를 배출시켜주는 것이 좋다.

그리고 세포 스스로 미토콘드리아에서 전기를 잘 만들 수 있도록 엘큐어리젠요법으로 수시로 세포를 충전시켜주면 가벼운 통증이나 몸이 찌뿌드드한 것은 물론 수면장애, 만성통증, 기력저하, 식욕저하 등 체력이 떨어지는 느낌을 완화시키고 기력을 회복시킬 수 있다.

젊은 사람들의 경우 세포가 젊기 때문에 엘큐어리젠요법의 세포반응이 빠른 편이나. 고령 환자들은 세포반응이 느리므로 장기간 지속적으로 엘큐어리젠요법을 받는 것이 좋다.

고령환자의 치료는 처음엔 3~4일 주기로 일주일에 2회 약 3개월 지속한 후 서서히 치료 간격을 길게 해드리면 효과적이다.

㈜ 모든 치료는 환자의 나이, 성별, 질병 발생기간, 질병의 위중한 정도, 건강 상태에 따라 치료 회수 및 경과에 차이가 있을 수 있습니다.

# 수면장애와 우울증, 의욕상실로 삶의 질 저하되는
# 번아웃증후군

극도의 피로감, 삶에 대한 의욕과 자신감 상실, 체력 고갈. 숙면이 어렵고, 잠을 자는 도중에 악몽을 많이 꾼다. 늘 비몽사몽인 상태. 무기력증, 불안감이 있고, 가끔 현실과 자신에 대해 화가 난다.

36세의 회사원 김 모씨는 요즘 무기력 상태에 빠져 있다. 신제품 개발 부서에서 업무 스트레스가 과중한 탓이다. 얼마 전 최근에 발표한 신제품 반응이 신통치 않다는 이유로 상사로부터 강한 질책을 받은 후론 잠도 오지 않고 식욕조차 잃었다.

스트레스로 수면 장애를 겪고 있는 김 씨는 회사에 출근해도 거의 비몽사몽의 상태다. 커피와 비타민 음료 등의 각성제로 버티며 겨우겨우 업무를 진행하고 있지만, 이 상태로는 몸이 견뎌내지 못할 것 같아서 회사 근처 병원을 찾았다. 병명은 '번아웃 증후군'이었다. 병원에서 처방해준 호르몬 주사를 맞고 나니 한결 살 것 같았다. 하지만 약효가 떨어지니 다시 몸의 피로감이 심해지고 의욕이 떨어져서 반복적으로 호르몬 주사를 맞게 되었다.

그러던 중 친구가 그렇게 약으로 버티면 나중에 면역력이 바닥날 수도 있다며, 차라리 휴직원을 내고 장기휴식을 취하거나 근본적인 치료를 하라는 권유를 했다. 그래서 '엘큐어리젠요법' 치료를 하는 연세에스의원을 찾게 되었다. 비타민 수액 주사를 맞고 엘큐어리젠 전기치료를 받으니, 1회 차부터 기운이 다시 돌아오는 것 같은 느낌이 들었다. 엘큐어리젠 치료는 약을 처방하는 것이 아니라 방전된 세포에 전기에너지를 충전시켜 세포를 활성화시키는 방식이라 마음에 들었다. 얼마 전에 5회 차 치료를 끝냈는데, 요즘은 잠도 편하게 잘 수 있고, 무엇보다 몸에 활기가 생겨서 야근을 해도 예전에 비해 덜 지친다. 번아웃증후군으로 고생하는 동료들에게 엘큐어**리젠**요법을 강력하게 추천해주고 싶다.

## 스트레스가 질병의 주요 원인. 적절한 운동과 취미 즐겨야

사례로 소개된 김 씨의 증상은 번아웃증후군으로, 바쁘게 살아가는 현대인들에게 주로 나타나는 신종 질병이다. 이 증상은 어느날 갑자기 손 하나도 까딱하기 싫을 만큼 피로감과 무기력감이 들면 의심해 볼 필요가 있다. 신체적, 정신적인 스트레스가 지속적으로 쌓여 만성적인 피로감을 비롯해 무기력증, 불안감, 자기혐오, 분노, 의욕 상실 등의 증상이 나타나는 번아웃증후군은 말 그대로 '불타서 없어진다'는 뜻이다. 과도하게 스트레스가 쌓이게 되면 부신의 코르티솔이라는 호르몬이 분비되면서 에너지 소모가 많이 일어나는데 이런 상황이 지속되면 정해진 에너지 총량을 초과해 에너지가 방전되면서 증상이 나타나며, 말로 표현할 수 없을 정도의 에너지 고갈 상태를 보인다.

이러한 번아웃증후군이 오래 지속될수록 업무뿐만 아니라 대인기피, 불면증을 비롯해 수면 장애, 우울증, 불안장애 등 정신적인 문제로 이어질 수 있다. 번아웃증후군의 가장 큰 원인은 스트레스로 볼 수 있다. 이를 해소하기 위해 충분한 휴식을 취하고 적절한 운동과 건강한 취미 생활을 통해 스트레스가 쌓이지 않도록 노력하는 것이 좋다. 하지만 여러 시도에도 불구하고 피로감이 지속되거나 의욕이 저하되고 정서적으로 감정이 고갈되는 느낌이 들 때는 증상이 더 악화되기 전에 병원을 내원해 적절한 상담과 체계적인 치료를 통해 회복하는 것이 필요하다.

특히 코로나로 인해 사회적 거리두기 4단계가 지속되면서 재택근무를 하는 직장인들이 상당히 많다. 이는 일과 휴식의 경계가 점차 흐릿해져 피로와 스트레스가 쌓일 수밖에 없는 상황을 만들기 때문에 번아웃증후군 증상이 나타나지 않도록 다양한 방법을 통해 사전에 예방하는 것이 상책이다. 업무를 할 때는 틈틈이 스트레칭을 하며 신체 근육이 경직되지 않도록 노력하는 것이 좋으며, 관절에 적정 강도로 자극을 주면 림프관 흐름을 원활하게 해 피로감을 해소하는 데 도움이 된다.

전자기기를 오래 사용할수록 코르티솔 분비가 늘어나면서 면역 기능이 감소하고 교감신경이 자극되어 휴식을 방해할 수 있으므로 평소에 전자기기의 사용은 되도록 줄이는 것이 바람직하다. 또한 질 좋은 수면 습관을 충분히 가져야 한다. 주말에 잠을 몰아서 자는 경우 오히려 신체 바이오리듬이 깨지면서 피로감이 더 심해질 수 있다. 규칙적인 수면 습관을 갖고 잠자리에 들기 3시간 전 가벼운 스트레칭과 명상 등을 통해 심신의 긴장을 풀어주는 것도 도움이 될 수 있다.

 일반적으로 번아웃증후군의 환자가 병원을 찾으면 스테로이드, 갑상선 호르몬 처방을 많이 해주는 경향이 있다. 이러한 호르몬 치료는 단기적인 효과는 있지만 장기적으로 호르몬을 복용할 경우에는 효과가 짧아져서 점점 고용량을 처방하게 된다. 결과적으로 약물 중독이 되어 완전히 에너지가 고갈되어 버리는 번아웃 증후군 즉 고질병으로 이행되므로 권장할만한 치료는 아니다. 극도의 번아웃 증상으로 병원을 찾은 김 씨도 약물 중독 증상이 심한 경우였다. 그래서 복용하던 약을 일체 끊게 하고 비타민 수액과 함께 고전압 충전요법인 엘큐어**리젠**요법 치료를 시작했다. 엘큐어**리젠**요법은 에너지 원천인 ATP 생성을 단시간에 촉진할 뿐만 아니라 세포 스스로 에너지를 생산할 수 있도록 도와준다. 즉, 몸에서 필요로 하는 영양성분을 즉각적으로 공급시켜주기 때문에 김 씨도 빠른 시일 내에 예전의 건강과 활기를 되찾을 수 있었다.

번아웃증후군은 대부분 정신적 육체적 스트레스에 의해 전신적으로 에너지가 고갈되어 나타나는 질병인데, 엘큐어 진단으로 환자의 에너지레벨을 간접적으로 측정할 수 있다. 측정원리는 총론에서 서술한 전인현상과 전기마찰현상을 통한 에너지 레벨을 간접적으로 측정할 수 있다. 번아웃증후군 환자들의 특징은 특별한 통증유발점이 있는 것이 아니고 경추 흉추 요추 천추 좌골신경이 기시하는 좌우로 전기마찰현상이 일정하게 심한 반응을 보인다는 것이다.

젊은 사람들의 경우 엘큐어리젠요법의 반응이 빠른 편이다. 70세 이상의 고령환자보다 30대의 젊은 환자들은 치료효과가 나타나는 속도가 2~3배 빠르다. 진통제나 호르몬제를 끊고 꾸준히 엘큐어리젠요법으로 세포충전을 해주면 호전될 수 있는 질환이다.

㈜ 모든 치료는 환자의 나이, 성별, 질병 발생기간, 질병의 위중한 정도, 건강 상태에 따라 치료 회수 및 경과에 차이가 있을 수 있습니다.

# 방치하면 난치성으로 악화되는
# 복합부위통증증후군

## 환자의 주요 증상

3~4년 전부터 무릎 통증이 심하고, 바늘로 찌르는 것 같은 통증이 느껴진다. 자극이 들어가면 30~60분간 통증이 지속된다. 차가운 데 노출되면 더 아프고 밤에 깊이 잠을 못 잔다. 평상 시에도 반복적으로 통증이 나타나서 진통제 없이 생활하기 어렵다. 변비 증세도 있다.

25세 남성 유 모씨는 3~4년 전부터 무릎통증이 심했다. 차가운 데 노출되면 아프고, 바늘로 찌르는 것 같은 통증이 느껴졌다. 자극이 들어가면 30~60분 동안 통증이 지속되었다. 변비 증세도 있고, 통증이 심해서 밤에 깊이 잠을 못 잔다.

3년 전, 종합병원에서 복합부위통증증후군 의심증상을 진단받았는데, 이 증상은 무거운 것을 들고 난 다음에 발생한 것으로 여겨진다. 2년 후 대학병원에서 동일 증상으로 확진되었고, 그때부터 통증 완화 목적으로 진통제를 포함한 4종의 약물을 복용 중이다.

연세에스의원에 내원한 유 씨는 복합부위통증증후군 외 좌골신경통과 척추긴장, 하지 근육통도 함께 진단받았다. 효과적인 전기충전을 위해 일단 약을 끊고 엘큐어 치료를 15회 받기로 했다. 내원할 당시 유 씨는 무릎통증이 심해서 목발에 의지해야 걸을 수 있었으나 5~6회 차 전기치료 이후에 무릎 통증이 많이 완화된 상태다.

## 치료가 늦어질수록 통증 더 악화되는 경향 나타나

우리 몸에 외상이 발생하면 쓰라리거나 욱신거림 등의 증상이 잠시 나타나고 상처가 아물면서 이러한 통증도 서서히 사라지곤 한다. 하지만 외상이 사라졌음에도 불구하고 극심한 통증으로 인해 일상생활에 큰 고통을 주는 질환이 있다. 바로 복합부위통증증후군이다.

이 질환은 CRPS(Complex regional pain syndrome)라고도 하며 특별한 자극 없이도 팔이나 손가락 등의 환부에 바늘로 찌르는 것 같은 통증이나 예리한 날카로운 것에 베인 것 같은 느낌, 마치 쥐어짜는 듯한 느낌이 반복적으로 나타나는 증상이며, 바람만 불어도 칼에 베이는 듯 고통을 느끼게 된다. 이러한 이상 감각 외에도 국소적인 피부색 변화, 부종과 같은 자율신경계 징후들, 손발톱의 이영양성(영양결핍, 퇴행위축 등 이상 증세) 징후들을 호소하는 등 통증의 정도가 매우 심하고 진단과 치료에 있어 어려움이 따르는 대표적인 난치성 만성형 통증 질환이다.

복합부위통증증후군은 보통 수술이나 외상 등 유해 손상 이후에 발생한다. 유해 손상이 발생한 병변 부위를 중심으로 말로 표현할 수 없는 고통을 보이는데, 이 통증의 정도는 손상 정도에 비례하지 않는 특징이 있다. 복합부위통증증후군은 치료가 늦어질수록 고통을 느끼는 부위가 더 넓어질 뿐만 아니라 악화되는 경향이 있기 때문에 통증이 더 악화되거나 만성화되는 것을 막기 위해 발병 초기에 적극적으로 치료하는 것이 매우 중요하다. 출산의 고통보다 더 심하다는 복합부위통증증후군은 마약성 진통제로도 효과를 보기 어려울 뿐만 아니라 평범한 일상생활을 유지하기 어려울 만큼 삶의 질이 크게 저하되기 때문에 어느 특정 치료방법을 고집하는 것보다 환자의 상태에 알맞게 복합적인 치료 계획을 수립하는 것이 현명하다.

마치 꾀병으로 오인하기 쉽지만 이 질병은 난치성 질환이기 때문에 발병 초기부터 정밀 검사를 통해 정확한 진단 후 체계적인 치료를 시행하는 것이 바람직하다. 일시적인 가벼운 통증으로 여기고 방치하게 되어 적절한 치료시기를 놓치게 될 경우, 고통으로 인해 삶의 질을 황폐하게 만들어 심리적인 문제로도 이어질 수 있음을 기억해야 한다. 외상이 완전히 사라졌음에도 불구하고 통증이 지속적으로 느껴지거나 복합부위통증증후군 질환이 의심되는 증상이 나타나면 빠르게 전문병원을 찾아 통증을 조절하는 치료를 시작하는 것이 좋다.

이처럼 난치병인 복합부위통증증후군에 우수한 통증 조절 효과를 기대할 수 있는 치료법이 바로 엘큐어**리젠**요법이다. 전기자극 치료인 엘큐어**리젠**요법은 손상된 신경을 직접적으로 자극해 통증을 조절할 수 있으며, 높은 전압으로 미세전류를 흘려보내 피부 깊이 있는 병변에 직접적으로 자극하여 세포 사이에 남아 있는 림프슬러지를 녹이고 세포 재생을 도와 재발을 예방하는 데 효과적인 치료법이다. 체내 깊숙이 전기에너지를 흘려보내면 세포의 부족한 전기를 충전해 미토콘드리아의 활성도가 증가하고, ATP 생산량이 증가해 신체 전반적인 컨디션과 면역력을 회복하고 강화할 수 있다. 엘큐어**리젠**요법으로 꾸준하게 반복적으로 치료하면 통증과 함께 합병증을 억제하고 다시 원활한 일상생활로 복귀할 수 있으며 체내 자가 치유 능력을 향상시켜 건강 회복에 큰 도움이 될 수 있다.

# 임상 진료 코멘트

복합부위통증증후군은 원인도 자세히 모르고 치료법도 딱히 없는 난치병이다. 강력한 마약성 진통제는 물론 국소 스테로이드 주사도 맞아보고 교감신경절 차단 수술, 신경차단시술, 진통제점적 정맥주사법, 진통제 점적주사 카테터삽입술 등 여러 가지 치료법을 동원하지만 좀처럼 치료하기 힘든 경우가 많다.

복합부위통증증후군 환자를 자세히 진찰해 보면 호소하는 통증의 강도가 부위마다 다른 점을 발견할 수 있다. 전기반응에 대한 신경반응이 상당히 부위별로 차이가 있다. 가장 통전통이 심한 부위를 정기적으로 치료했을 경우 완벽하지는 않지만 어느 정도 조금씩 호전되는 경우가 많았다. 완치가 가능하다고 말하기는 힘들지만 진통제 계통의 약을 끊고 엘큐어리젠요법의 세포충전 원리와 신경재생 및 활성화 원리를 이용하여 1주일에 1회 간격으로 6개월 이상 장기간 꾸준히 치료하면 그 전보다는 좋아질 가능성이 높다고 본다.

㈜ 모든 치료는 환자의 나이, 성별, 질병 발생기간, 질병의 위중한 정도, 건강 상태에 따라 치료 회수 및 경과에 차이가 있을 수 있습니다.

# 만성피로와 불안, 소화 장애 증상이 나타나는
# 부신스트레스증후군·화병

## 환자의 주요 증상

극도의 피로감을 느끼고 불안, 초조 증세가 심하고, 목의 통증과 두통, 귀의 통증이 나타난다. 식욕이 없고 소화 장애가 심하고, 깊은 잠을 못 자고, 새벽에 일찍 깨는 불면증 증세가 있다.

40대 후반의 여성 사업가 양 모씨는 얼마 전부터 목의 통증과 함께 두통, 귀의 통증이 나타나기 시작했다. 사업으로 인해 10년 이상 업무에 매달리고 과중한 스트레스에 시달리다 보니 한때 화병(火病)과 부신기능저하증 진단을 받은 적은 있었지만 큰 문제 없이 일을 해왔기에 별일 아닐 것으로 여기고 지나쳤다.

하지만 부부관계 문제로 남편과 갈등을 빚고, 소화불량과 불면증 증상까지 나타나면서 걱정스러운 마음에 병원을 찾았다. 그곳에서 약물치료를 시행했으나 증상이 개선되기는커녕 오히려 약물 부작용으로 고통이 가중됐다. 그러던 중 연세에스의원을 소개받았고, 부신스트레스증후군 진단을 받았다. 양 씨는 먹던 약을 일체 끊고 전기자극 엘큐어리젠요법 치료 5회 차를 얼마 전에 끝냈으며, 발병 직후보다 목의 통증과 두통 증상이 개선되는 등 조금씩 예전의 건강했던 모습을 찾아가고 있다. 특히 소화 기능이 회복되고 피로감도 줄어들어서 활기를 되찾은 양 씨는 전기에너지를 충전하는 엘큐어리젠요법 치료를 10회 이상 추가로 받을 예정이다.

## 충분한 알칼리식품 섭취와 운동이 증상 개선에 도움

현대인은 정도의 차이는 있으나 업무와 생활 속에서 가중되는 스트레스의 홍수 속에 살고 있다 해도 과언이 아니다. '만병의 근원'으로 불리는 스트레스가 각종 질환을 야기하고 있으며 부신스트레스증후군도 그 중 하나다. 이 증후군은 말 그대로 스트레스로 인해 부신의 기능에 문제를 초래해 피로감·어지럼증·관절통·소화장애·기억력저하·성욕감퇴·갑상선기능저하 등 다양한 증상이 나타나는 질환이다.

신장 위에 위치한 고깔 모양의 부신(Adrenal)은 신체 활동에 중요한 호르몬을 분비하는 기관으로 감염이나 면역질환에 대응하는 역할을 한다. 피질에서는 코르티코스테로이드가 분비돼 외부 자극에 순응해 완충하는 효과를 보인다. 수질에서는 아드레날린이라는 호르몬이 나와 외부 자극에 맞서 대항하게 한다. 둘의 균형으로 인체는 공격과 방어를 적정하게 할 수 있다. 하지만 과도한 스트레스를 받으면 코르티코스테로이드와 아드레날린의 균형은 깨지며 부신스트레스증후군이 발생하게 된다.

이와 비슷한 질병으로 불합리한 일을 당하거나 스트레스가 쌓였을 때 우리가 흔히 말하는 '화병'을 들 수 있다. 화병은 사전적 의미로는 '억울한 일을 당했거나 한스런 일을 겪으며 쌓인 화를 삭이지 못해 생긴 몸과 마음의 질병'이라고 정의하고 있다. 화병은 부신스트레스증후군와 비슷하게 가중되는 스트레스를 해소하지 못해 야기된다. 둘 다 심신 건강에 이런저런 손해를 끼치는 것은 물론 방치할 경우 고혈압·당뇨병 등을 유발할 수 있어 증상 발현 시 초기부터 적극적인 진단과 치료를 시작하는 게 바람직하다.

부신스트레스증후군이나 화병으로 고통을 받는 환자의 경우 정밀한 검사와 정확한 진단을 통해 근본적인 치료를 시행해야 한다. 하지만 대부분 증상의 완화 혹은 통증의 감소 등을 목적으로 약물치료를 시행하는 경우가 많다. 그러나 관습적인 약물치료는 증상을 일시 개선하는 데 그치거나 오남용으로 약물중독을 초래할 수 있다. 실제로 외래에서 장기간 치료를 시행한 통증 환자의 90%가 약물중독 현상을 보인다는 보고도 있다.

40여 년간 임상 경험을 지닌 의사로서의 결론은 "모든 약은 치료라는 긍정적인 측면이 있는 반면 독이 될 수도 있는 양면성을 가지고 있다"는 것이다. 약물에 중독될 경우 질환은 더욱 깊어져 보다 강력한 약물을 사용해야 하는 것이 문제다. 이런 과정을 계속 겪다보면 간장·위장·신장·뇌세포 기능이 악화되며 고질병, 불치병으로 이환될 수 있고 우울증까지 초래할 수 있다. 따라서 약물중독이 없는 보다 근원적인 치료를 택하는 게 중요하다.

부신스트레스증후군 또는 화병이 보이면 발병 원인을 파악하는 게 우선이다. 부득이 약물치료를 하더라도 2주 이상 증상 개선이 없는 경우 복용을 중단하는 게 바람직하다. 또 질병을 초래하는 스트레스의 원인을 제거하고 충분한 수분 섭취와 적당한 땀 빼기 운동, 알칼리체질화 식품 섭취 비중 80% 유지하기 등 식습관 개선과 운동을 병행하는 것이 증상 개선에 도움이 될 수 있다.

양 씨의 치료사례에서도 나타났듯이, 부신스트레스증후군이나 화병 치료에는 전기자극 치료인 엘큐어리젠요법이 효과적인 것으로 확인되고 있다. 엘큐어리젠요법은 손상된 세포에 미세전류를 흘려보내 세포대사를 활성화하고 면역력을 복원시켜 근본적인 문제를 해결해주는 치료법이다. 질환을 야기하는 병든 세포의 경우 음전하가 크게 부족한 상태여서 엘큐어리젠요법을 통해 이를 충전시켜주면 세포가 튼튼해지고 신경의 감각전달능력 등이 정상화되면서 증상의 호전을 기대할 수 있다. 특히 약물을 사용하는 치료가 아닌 만큼 약물중독에 대한 우려가 전혀 없다는 것도 이 치료법의 장점이라고 할 수 있다.

엘큐어리젠요법으로 부신스트레스증후군의 근본적인 치료가 상당 부분 가능하다는 것이 임상사례로 나타나고 있다. 하지만 치료 후에도 증상 재발을 방지하기 위해서는 긍정적인 마인드를 갖고 규칙적인 생활을 영위하면서 스트레스를 제때에 해소하는 노력을 기울여야 한다.

심영기 박사의 진료실 상담
# 임상 진료 코멘트

화병은 강도 높은 스트레스가 장기간 계속될 때 부신피질호르몬의 고갈 상태에서 나타나는 다양한 증상의 질환이다. 이런 상태를 해결해주는 것이 치료의 핵심이다. 응급 상황에는 외부에서 호르몬을 직접 구강약이나 주사로 보충해주지만, 장기적으로는 부신피질에서 호르몬 생성 자극 강도가 없어지거나 약해져서 부신피질 자체가 퇴화되는 고질병으로 이어질 수 있다. 스트레스를 받게 되면 인체에서는 많은 에너지를 급격히 소모하는데 이때 전기에너지가 대량 소모된다. 그러므로 엘큐어리젠요법을 통하여 외부에서 인체에 해로움이 없는 전기를 공급해 줌으로써 부신피질은호르몬 생성작용에 필요한 에너지를 얻을 수 있고 세포들도 휴식을 할 수 있는 상태로 변환한다. 때문에 엘큐어리젠요법을 정기적으로 해 주면 인체의 세포들이 스스로의 힘으로 회복시킬 수 있는 환경이 만들어짐으로써 세포 재생이 가능해져 궁극적으로 기력을 회복할 수 있게 되는 원리이다.

㈜ 모든 치료는 환자의 나이, 성별, 질병 발생기간, 질병의 위중한 정도, 건강 상태에 따라 치료 회수 및 경과에 차이가 있을 수 있습니다.

# 적혈구·세포 약화가 원인, 코로나19 백신접종의 복병
# 길랭바레증후군

## 환자의 주요 증상

(사례1) 온몸이 저리고 열감이 있으며, 전기가 오는 듯한 느낌을 받는다. 두피가 조이듯이 아프고 눈알이 빠질 듯이 아픈 증상이 있고 발바닥이 화끈거린다. (사례2) 1, 2차 코로나19 백신을 맞은 후, 경련이 일어나고 복통 증상이 있었다. 걸을 때 배 부위가 당기고 아픈 증상 있고 감각이 저하되는 느낌이 든다.

## 사례 1

72세 여성 김 모씨는 4년 전 대학병원에서 길랭바레증후군을 진단받고 2주간 입원했던 경험이 있다. 그런데 두 달 전에 온몸이 저리고 열감이 있으며, 전기가 오는 듯한 느낌을 받았다. 특히 어깨, 입 주위와 발의 열감이 심해서 일상생활을 하기 어려워졌고, 다시 예전의 증세가 재발하는 것이 아닌가 불안해졌다. 연세에스의원을 찾아 진단을 해보니, 김 씨는 복합적인 증상을 보였다. 좌골신경통과 요통, 길렝바레증후군, 여러 부위의 근육통이 함께 나타났다. 김 씨는 바로 엘큐어**리젠**요법 치료를 시작했으며, 6차 치료를 한 후 상태가 꽤 호전되었다. 온몸 저림 증상이 많이 좋아지고, 귀 속에서 쇠 돌아가는 소리가 약해졌다. 하지만 여전히 두피가 조이듯이 아프고 눈알이 빠질 듯이 아픈 증상과 발바닥이 화끈거리고 귀 이명이 남아있음은 아쉬워했다. 얼마 전, 17차 치료를 끝냈다. 그사이 기력이 많이 회복되고 소화력이 많이 좋아져서 만족해했다. 두피 당김 증상도 많이 개선되었으며, 귀 이명 현상도 40% 정도 약해졌다.

## 사례 2

62세 남성 이 모씨는 3년 전부터 고혈압 약을 복용 중이다. 그는 올 6월에 아스트라제네카 백신 1차 접종 후 몸에 경련이

나려고 해서 병원에 갔던 적이 있었으며, 9월 2차 접종 후에는 복통으로 응급실에 실려 갔다. 1, 2차 백신 접종 후에 부작용이 있었던 사례이다. 약 처방을 받고 투약 후에도 오히려 통증 부위가 넓어지고 강도는 비슷하게 유지되었다. 이 씨의 주요 증상은 배꼽에 압박통증이 있고, 특히 걸을 때 배 부위가 당기고 아팠다. 또한 감각이 저하되는 느낌도 있었다.

연세에스의원의 진단 결과, 이 씨는 좌골신경통과 길랭바레증후군 증상이 함께있는 것으로 나타났다. 일단 고혈압약을 제외한 진통제성 약 복용을 중지하고, 엘큐어**리젠**요법 치료를 받기로 했다. 전기충전 치료는 15회가 예상되지만, 5회 치료 후에 지속 여부를 판단하기로 했다.

## 백신 부작용으로 근육마비, 통증, 감각저하 현상 생겨

코로나19 백신을 맞고 나서 상기 환자와 비슷한 증상을 호소하며 내원, 길랭바레증후군 진단을 받고 '엘큐어**리젠**요법' 치료를 받고 있는 60, 70대 환자들이 몇 분 있다. 일종의 백신 부작용 사례인 듯하다. 지금은 별로 이슈화되고 있지 않지만 백신 접종 초기에는 길랭바레증후군, 뇌정맥동 혈전증, 모세혈관누수증후군 등이 백신 부작용으로 언급되었다. 이 같은 부작용은 전신 건강이 나빠 생기는 측면도 있고, 자가면역질환의 성격을 띠며 유발되기도 한다. 다만 자가면역질환의 발생은 적혈구 또는 세포가 건강하지 않아 초래되는 것으로 볼 수 있다.

길랭바레증후군은 신경에서 염증(다발신경염)이 발생하고 근육이 약해지며 종종 프랭크 마비(Frank paralysis)로 진행되기도 한다. 발병 후 모든 연령에서 남녀 구별 없이 증상이 매우 빠르게 진행되는데, 매년 10만 명 중 한 명꼴로 발생한다.

길랭바레증후군은 원인이 정확히 규명되지 않았지만 신경세포의 밖을 싸고 있는 수초라고 불리는 조직이 파괴돼 발생하는 것으로 파악되고 있다. 이 같은 말초신경계 손상은 자가면역질환의 발병 메커니즘을 따르는 것으로 보인다. 대부분의 환자가 증후군이 나타나기 1~3주 전에 감기를 포함한 호흡기질환 또는 가벼운 위장질환이 선행되는 것으로 알려지고 있다. 또는 예방 접종, 외상 혹은 수술 이후 발병하기도 한다.

길랭바레증후군은 말초신경 중 근육을 움직이는 운동신경에 염증성 병변이 주로 하지에서 시작해 몸통과 팔로 올라오며, 숨 쉬는 데 필요한 호흡근과 얼굴근육이 둔감해지거나 마비되는 상행성 마비를 보인다. 주로 감각 이상, 무감각, 저리거나 찌르는 것 같은 느낌, 피부 밑으로 벌레가 기어 다니는 듯한 느낌, 통증 등이 동반된다. 또한 자율신경계의 지배를 받는 내장근육이 약해져 음식을 삼키기 어려워질 수 있고 심장근육이 영향을 받으면 빈맥이나 서맥이 나타나며 고혈압이나 체위성 저혈압이 나타나기도 한다. 이밖에 체온 변화, 눈 근육을 지배하는 신경에 영향을 받는 시력 변화, 방광기능 이상 등이 생길 수 있다.

만약 백신 접종 후 부작용으로 길랭바레증후군이 보이면 즉시 검진에 들어가도록 한다. 심부건반사(Deep tendon reflex: 근육의 힘줄을 가볍게 쳤을 때, 이 힘줄과 연결된 근육이 바로 수축하는 반사 현상)인 무릎반사가 소실돼 있으며, 확진을 위해서는 요추천자(신경계통 질환의 진단에 필요한 수액의 채취 또는 약제 주입의 목적으로 바늘을 지주막하강에 찔러넣는 일)를 통한 뇌척수액 검사와 신경전도 검사, 근전도 검사 등이 필요하다. 다른 신경계질환과의 혼동을 피하기 위해 정밀 영상촬영 검사나 혈액을 통한 병리검사, 신경조직검사가 필요할 수 있다.

길랭바레증후군의 경우 혈장분리반출술 또는 면역글로불린 주사, 면역억제제 등이 치료법으로 사용되나 근본적인 치료효과를 기대하기 어렵다. 오히려 전기자극치료를 더 나은 대안으로 추천한다. 길랭바레증후군을 초래하는 혈구세포와 면역세포의 자가면역반응을 피하기 위해서는 혈구세포가 건강해야 하는데, 전기자극을 통해 혈구세포가 건강해지면 증후군을 예방하거나 조기에 회복시키는 데 도움이 된다.

# 임상 진료 코멘트

길랭바레증후군은 자가면역질환으로 드문 병이다. 진단도 쉽지 않은 질환으로서 불행히도 코로나 바이러스 백신 부작용의 하나로 발생할 수 있다. 백신의 대표적인 부작용은 미세혈전이 생기고 신경으로 들어가는 혈관이 혈전으로 막혀 감각이상, 통증 등 신경증상이 다양하게 나타날 수 있다.

외래에서 길렝바레 증후군으로 의심되는 환자의 피검사를 해보았더니 혈전수치를 나타내는 디 다이머(D-Dimer) 검사, 염증반응을 나타내는 ESR, CRP 수치가 현격하게 올라 간 것으로 보아, 바이러스 백신에 의한 염증 발생 및 혈전 형성이 되었으리라고 유추한다.

길랭바레증후군은 신경수초에 염증이 생긴 것으로 해석이 되는 질환으로 특별히 치료법이 없고 고용량의 스테로이드 처방을 하는 경우가 많다. 하지만 저자는 부작용이 많은 스테로이드 대신 신경회복을 위한 엘큐어리젠요법을 최소 20회 이상 1주일 간격으로 권하고 싶다.

㈜ 모든 치료는 환자의 나이, 성별, 질병 발생기간, 질병의 위중한 정도, 건강 상태에 따라 치료 회수 및 경과에 차이가 있을 수 있습니다.

심한 가려움증과 함께 수포성 농을 동반한

# 농포성 건선

피부에 붉은 반점과 각질처럼 보이는 흰색 인설이 나타나고 손바닥, 발바닥을 포함한 전신에 농이 들어있는 수포가 생긴다. 농포가 터져 진물이나 피가 흐르는 증상이 보이고 밤잠을 이루지 못할 정도의 심한 가려움증과 통증이 있다.

30세 여성 이 모씨는 불치병인 농포성 건선 피부염으로 16년째 고통 받으면서 살아왔다. 한창 외모에 민감하던 중학생 시절에 발병한 농포성 건선을 치료하기 위해 유명하다는 피부과는 모두 다녀보았으나 일시적인 효과를 보았을 뿐 곧 재발했다. 발병 초기에 손바닥과 발바닥에서 시작된 건선은 점차 온몸으로 확산되었고, 심한 가려움증과 수포와 고름이 잡히는 농포 증상이 보였다. 치료차 방문한 병원에서 '전신 농포성 건선'이란 진단을 받고 6년 동안 항암제의 일종인 싸이클로스포렌, 네오티가손 및 스테로이드 계통의 처방을 받았으나 크게 차도가 없었다. 대신 심한 스테로이드 중독으로 살이 트고 전신 부종, 무기력증, 과체중 등의 부작용이 나타났다.

이 씨는 농포성 건선의 마지막 치료 방법으로, 지인이 추천한 연세에스의원의 엘큐어리젠요법을 선택했다. 림프해독으로 세포 면역력을 회복한 후 엘큐어로 전기충전을 시도했는데, 치료 후 3~5회 차부터 차도가 보이기 시작해서 3개월 만에 예전의 피부로 돌아온 상태다. 그토록 소망하던 깨끗한 피부를 얻어 새 삶에 대한 꿈에 부풀어있다. 현재 재발 기미는 보이고 있지 않지만, 농포성 건선이 난치병인 만큼 예방 차원에서 주기적으로 엘큐어리젠요법 치료를 받을 계획이다.

## 붉은 발진과 함께 손발에 수포가 동반되는 것이 특징

치료 사례로 소개한 30대 초반 환자의 증상인 농포성 건선은 피부가 붉어지는 홍반과 각질이 일어나는 인설(鱗屑. 표피 각층의 상층이 크고 작은 각질편이 되어서 탈락하는 현상을 뜻함)이 주요 증상인 피부질환이다. 정상적인 피부는 28일 주기로 신구 각질세포가 교체되는 반면 건선환자의 각질은 주기가 4~5일에 불과하다. 이에 따라 먼저 생성된 각질세포가 완전히 탈락하지도 않은 채 계속해서 각질세포가 생겨 붉고 두텁고 진물이 흐르는 건선 증상이 나타난다.

주로 팔꿈치, 무릎, 두피, 엉덩이 등 일상 속에서도 자극이 많은 부위에 주로 발생하고 정상적인 피부와 달리 뚜렷하게 경계를 나타내는 것이 특징이다. 다른 계절에 비해 찬바람이 많이 부는 가을, 겨울에 발병률이 높을 뿐만 아니라 더 악화되기 쉬운 만성형 재발성 피부질환으로 크게 물방울 형, 판상 형, 홍피성, 농포성 건선으로 나눌 수 있다. 이렇게 종류가 다양한 만큼 원인과 치료법도 다양하고 완치가 쉽지 않은 난치성 질환이다.

보통 건선은 면역세포에 이상이 발생해 나타나는 자가 면역질환이다. 피부에 붉은 발진이 발생하고 그 위에 하얀 각질이 덮이는 유형의 판상 형이 가장 흔하며 더 악화될수록 2차적인 합병증을 초래할 수 있으므로 절대 방치해서는 안 된다. 특히 농포성 건선은 물집 속에 '농' 즉 고름이 잡힌다고 해서 농포성 건선이라고 하는데, 발진과 함께 손발에 수포가 동반되는 것이 특징이다. 증상이 악화될수록 각질층이 더 두꺼워지고 피부 표면이 갈라지면서 가려움과 통증이 나타난다. 때문에 쉽게 남에게 보이기 어려울 뿐만 아니라 전염성이 있지 않을까 하는 사람들의 잘못된 선입견으로 인해 심리적인 스트레스도 상당히 큰 편이다. 하지만 이 질환은 무균성으로 전염력이 전혀 없다.

농포성 건선은 스테로이드를 먹으면 일시적으로 호전반응을 보이므로 많은 병의원에서 대부분 스테로이드 치료를 처방하곤 한다. 하지만 무분별한 스테로이드 처방은 재발이 잦을 뿐만 아니라 부작용으로 이어지는 경우가 상당히 많다. 스테로이드를 장기간 사용할 경우 피부위축, 모세혈관 확장, 자반증, 여드름, 딸기코, 피부감염을 초래할 수 있다. 또한 최악의 경우 혈관질환, 당뇨, 신부전, 안면부종 등 다양한 부작용도 나타날 수 있으며 세포와 세포간의 소통을 방해하고 신호를 차단해 근본적인 원인 개선이 어렵게 된다. 또한 스테로이드 약효가 떨어지면 점점 더 악화되는 양상을 보이므로 스테로이드의 투약 량이 점점 많아지게 되고 결국 더 면역력이 떨어져서 잦은 염증으로 전신상태가 악화되어 병원에 오는 경우가 많다.

16년이나 농포성 건선으로 고통 받은 환자 이 씨 역시 스테로이드 중독으로 염증이 심화되어 우리 병원을 찾은 경우였다. 본격적인 치료 전에 스테로이드 연고 및 일체의 복용 약물을 중단시켰다. 다음 단계로 체내에 축적된 림프슬러지를 림프해독요법을 통해 녹이면서 약물중독을 회복시키는 방식을 택했다. 그런 후 엘큐어**리젠**요법을 통해 세포를 충전시켜 저하된 면역력을 강화시키자 환자의 상태가 점점 호전이 되기 시작했다. 난치성 질환인 농포성 건선은 림프해독 주사치료를 통해 면역력을 향상시키고 디톡스 해독요법을 병행하면 세포 간 소통이 원활해지면서 정상 세포의 기능 향상이 되어 만족스러운 치료 효과를 기대할 수 있다.

하지만 자가 면역질환인 농포성 건선은 치료하기가 매우 힘들 뿐만 아니라 재발율이 높은 것이 특징이다. 완치보다는 80% 회복을 목표로 꾸준히 치료받는 것이 중요하다. 치료보다 더 중요한 것은 식습관과 생활습관이다. 음주 및 스트레스 등은 증상을 더 악화시키는 요인이 될 수 있기 때문에 최대한 자제할 것을 권장하며, 검증되지 않은 식품과 민간요법으로 다스리는 등의 행위는 삼가는 것이 좋다.

심영기 박사의 진료실 상담
# 임상 진료 코멘트

농포성 건선은 자가면역질환의 일종으로 치료하기 힘든 난치병이다. 대부분의 환자가 수많은 병원을 전전하다가 저자에게 오는데, 심한 우울증과 함께 거의 스테로이드 중독이 된 상태로 온다. 고용량의 스테로이드 장기복용 및 투약은 결국은 부신피질에서 호르몬 생성능력을 퇴화시켜 스트레스에 이기는 힘이 약해지고 면역력이 저하되어 가벼운 바이러스 박테리아 감염에도 생명이 위태로워질 수 있다.

일단 스테로이드를 비롯한 모든 약을 끊고 치료를 시작하는데, 약 2주일간은 심한 명현현상이 나타나서 고열과 농포가 많아지는 현상이 생길 수 있다. 이 고비를 잘 넘기고 체내에 남아 있는 독소를 림프해독으로 해독을 해주면서 꾸준히 관리해 주면 완치는 아니지만 큰 지장 없이 일상생활을 할 수 있다.

㈜ 모든 치료는 환자의 나이, 성별, 질병 발생기간, 질병의 위중한 정도, 건강 상태에 따라 치료 회수 및 경과에 차이가 있을 수 있습니다.

# 신체 곳곳에 통증이 느껴지고 무기력해지는
# 자가면역질환 섬유근육통

## 환자의 주요 증상

어깨, 목, 고관절, 허리, 무릎, 손목, 발목 등 전신 여기저기서 통증이 번지고 돌아다니는 느낌이 들고 살을 누르면 아프고 따갑다. 귀 뒤부터 목 아래 발바닥까지 몸 전체가 풀어지면서 흘러가는 듯한 느낌이 있다. 몸 속에 밧줄이 있어 당겨지는 느낌이 들고 아침에 일어나면 몸이 뻣뻣하고 무기력 증세가 지속되어 운동도 포기했다.

60대 자영업자 김 모씨는 7년 전 업무 중에 갑자기 배꼽 뒤쪽과 어깨, 고관절, 손목, 무릎 등 전신 통증이 강하게 나타났다. 처음엔 "내가 요즘 무리했나, 좀 쉬면 낫겠지" 하고 대수롭지 않게 여겼지만, 점점 통증이 심해져 업무를 볼 수 없을 정도의 상태로 진행되자 걱정이 되기 시작했다. 회사 근처 병원을 찾아가서 이것저것 검사를 해보았지만, 뚜렷한 원인을 찾을 수가 없었다. 진통소염제를 처방받고 일시적으로는 편해졌지만, 며칠 후 다시 원인 모를 전신 통증이 시작되었다. 그 후 신경정신과, 통증의학과, 정형외과, 한의원 등에서 치료를 받아보았지만 CT, MRI 모두 이상이 없다는 판정을 받았고 마지막으로 방문한 대학병원에서 섬유근육통 진단을 받았다.

　김 씨는 몸 여기저기서 나타나는 극심한 통증과 무기력증 외에 귀 뒤에서부터 목 아래 발바닥까지 무언가 풀어지면서 흘러가는 느낌이 들기도 하고, 무언가 몸속에 일부가 막히면서 당기는 듯한 느낌이 몸의 상체를 돌아다니면서 생겼다. 때론 몸 전체가 남의 살처럼 느껴지는 경우도 있었다. 통증 때문에 새벽에 깰 때가 많고, 종종 호흡곤란 증상을 겪기도 했다. 점차 삶에 의욕도 없어지고 우울증이 심해졌다. 그러던 중 우연히 유튜브에서 엘큐어**리젠**요법에 관한 방송을 보게 된 김 씨는 연세에스의원을 찾았다. 현재 김 씨는 그동안 먹던 진통제와 신경안정제 등 약물을 일체 끊고 고전압 전기충전요법인 엘큐어**리젠**요법 치료에 열심히 임하고 있다. 1~2회 때는 별 효과를 느끼지 못했는데, 4~5회 치료를 받고 나서는 점차 통증의 강도가 완화되고 무력증이 개선되는 것 같아서 희망적으로 느끼고 있다.

## 목, 허리, 팔, 허벅지 등 전신의 통증 느끼는 질환

60대의 환자 김 씨가 호소하는 전신 통증은 섬유근육통 증상이다. 외부에서 자극이 들어오지 않아도 극심한 통증을 느끼게 되는 이 질환은 가만히 있어도 아프고, 살짝만 눌러도 통증이 느껴지는 압통점이 신체 곳곳에서 발생한다. 주로 목, 허리, 팔, 허벅지 등 전신의 넓은 범위에 걸쳐 통증을 느끼는 질환이다. 문제는 원인을 알 수 없는 전신 통증과 만성적인 피로감이 지속적으로 느껴지는 반면에 여러 병원에서 정밀 검사를 받아도 뚜렷한 원인을 찾지 못하는 경우가 많다는 것이다. 때문에 꾀병이 아니냐는 의심을 살 수도 있어 환자가 느끼는 신체적 고통과 함께 심리적 박탈감으로 일상생활에 큰 어려움을 겪을 수 있다. 근육과 관절, 힘줄 등 만성적인 통증을 일으키는 섬유근육통은 난치성 질환이기 때문에 치료 경험이 풍부한 병원을 찾아 근본적인 원인을 개선하는 치료를 시행해야 한다.

신체를 19개의 부위로 나누고 아픈 곳을 표시하는 전신 통증

지수와 인지능력, 기억력, 집중력, 신체 전반적인 증상 정도를 측정하는 증상중증척도를 통해 정확한 진단을 해야 한다. 전신 통증지수가 7점 이상, 증상중증척도 검사 시 5점 이상 등에 해당할 경우 '섬유근육통'으로 진단한다. 진단을 받은 후엔 통증을 비롯해 피로, 수면장애 등과 같은 섬유근육통 증상을 완화시키는 것을 목적으로 체계적인 치료가 이뤄져야 한다. 만일 알맞은 치료시기를 놓쳐 6개월 이상 지속된다면 불안, 우울, 좌절, 분노 등 다양한 심리적 문제를 유발할 수도 있기 때문에 가급적 초기에 원인을 개선하는 치료가 필요하다.

섬유근육통은 일반적으로 전신 근육통이 지속적으로 나타나고 아침에 일어나면 몸이 뻣뻣해지지만 시간이 지나면서 서서히 완화된다. 하지만 이러한 증상은 다른 질환에서도 쉽게 나타난다. 때문에 섣부른 자가진단을 하고 제대로 된 관리나 치료를 하지 않을 경우가 많다. 그러나 치료시기를 놓치면 오히려 질환을 더 악화시키는 요인이 될 수 있다. 따라서 전신 통증과 함께 지속적인 피로감이 느껴진다면 주저하지 말고 전문 병원을 찾아서 맞춤형 치료를 받아야 한다. 특히 이 질환은 비슷한 증상을 유발하는 다른 질환과 명확한 감별 진단이 이루어져야 최적의 치료를 받을 수 있다. 무엇보다 섬유근육통 증상은 개인마다 호소하는 증상과 원인에 큰 편차가 있기 때문에 원인에 알맞은 1대

1 맞춤치료가 이루어져야 만족도 높은 통증 개선이 가능하다.

일부 병의원에서는 통증 신호의 차단을 위해 약물을 처방하는 경우가 많은데 이러한 약물치료는 일시적으로 통증을 감소시킬 수 있지만 근본적인 치료법이 될 수 없다. 정확한 원인도 파악하지 못한 채 약물만 복용할 경우 오히려 다른 증상들은 더 악화될 수 있으며 자기조절 능력을 상실하는 원인이 될 수 있다. 김 씨처럼 섬유근육통 증상으로 고통받는 환자들은 진통제, 스테로이드 종류의 약물을 일체 끊고 전기 자극치료인 엘큐어리젠요법을 통해 손상되고 약해진 신경 세포를 회복시키는 것이 증상 개선에 도움이 된다. 엘큐어리젠요법은 피부 깊은 곳까지 3000V 고전압의 미세한 전류를 흘려보내 세포 대사의 활성화를 도울 뿐만 아니라 신경의 감각 전달 능력을 높이고 세포에서 부족한 전기에너지를 충전시켜 주기 때문에 보다 안정적으로 통증을 경감시킬 수 있다. 또한 손상된 세포와 신경을 재생시켜 재발까지 억제하는 효과를 기대할 수 있다.

섬유근육통은 완치가 어려운 난치병이다. 때문에 엘큐어리젠요법 치료를 시작해도 즉각적인 효과를 기대할 수는 없지만, 김 씨처럼 꾸준하게 적극적으로 치료에 임하고 생활습관 개선의 노력을 함께 한다면 통증 완화와 면역력 향상은 물론 신체 전반적인 건강관리까지 가능하다.

# 임상 진료 코멘트

섬유근육통은 현대의학에서 치료하기가 아주 까다로운 자가면역질환의 일종이다. 발병원인은 밝혀진 바가 없고 면역계에서 자신을 적으로 오인하고 무차별 공격한다. 증상이 다양하고 통증이나 이상감각 소견이 여러 부위에 다발적으로 나타나거나 순환하며 병원에서는 피검사, 방사선 검사, 근전도 검사로 이상 소견을 밝혀내기 힘들다. 그래서 정신과로 환자를 의뢰하는 경우도 많다. 하지만 엘큐어 진단을 이용하면 통증 부위에 전기마찰현상이 강하게 반응을 나타낸다. 전기생리학적으로 해석하면 진단이 가능하다. 통증 유발 부위에 엘큐어리젠요법으로 세포 충전을 시켜주면 통증이 완화되는 것을 환자가 느낀다. 하지만 근본적인 원인을 해결하지 못하면 섬유근육통은 재발하기 쉽다. 그러므로 약 80% 수준까지 조절해주는 것을 목표로 삼고 치료에 임하고 있다.

참고로 정신적인 스트레스가 생겼을 때 발작적으로 통증 증상이 발생하므로 종교활동이나 영적치유와 같은 방법을 권해본다.

㈜ 모든 치료는 환자의 나이, 성별, 질병 발생기간, 질병의 위중한 정도, 건강 상태에 따라 치료 회수 및 경과에 차이가 있을 수 있습니다.

장시간 컴퓨터사용과 집콕 생활이 원인

# VDT 증후군

키보드나 마우스 사용 시 손목이 저리고 아프다. 장시간 PC 업무를 하거나 어깨와 목이 결리고 뻐근하다. 눈이 침침하고 뻑뻑하다. PC 업무가 종료되어도 피로감이 심하다.

다국적 기업의 마케팅 부서에 근무하는 36세 회사원 김 모 씨는 재택근무를 한 지 만 1년이 넘었다. 코로나19 때문에 장기 재택근무를 하다 보니 불편한 점이 한두 가지가 아니다. 모든 업무를 비대면 상황으로 처리해야 하기 때문에 하루 종일 스마트폰과 노트북을 끼고 살아야 하는 처지가 된 것이다. 좁은 방안에 갇혀서 키보드를 하도 많이 두드려서 그런지 언제부턴가 손목이 저리고 아프기 시작했다. 또한 오랫동안 PC 업무를 보고 난 뒤엔 어깨와 목이 결리는 증상도 나타났으며, 눈이 뻑뻑해지는 안구건조 증세도 보였다. 피로감도 심하고 손목, 어깨, 목, 눈 등 여러 부위의 통증이 복합적으로 나타나자 김 씨는 '통증전문병원'인 연세에스의원을 찾았다.

진단 결과, 김 씨의 증세는 VDT 증후군이었다. 비타민 수액 주사와 전기자극 엘큐어리젠요법 치료를 하기로 했다. 엘큐어리젠요법 치료 8회 차를 얼마 전에 끝냈는데, 눈이 침침하고 건조한 증상은 많이 사라졌다. 또한 손목과 어깨, 목의 통증도 완화되어 안심이 된다. 김 씨는 전기에너지 충전으로 몸에 활력이 생겨서 새로운 의욕이 샘솟고 있다.

## 전자기기를 오래 사용해서 생기는 신체적, 정신적 장애

2년 이상 이어지고 있는 코로나19 상황은 모든 사람들의 라이프스타일에 많은 변화를 몰고 왔다. 특히 비대면 라이프인 재택근무, 집콕생활로 인해 젊은 층들의 스마트폰과 컴퓨터 사용량이 지속적으로 증가해 다양한 질병에 노출되는 일이 점차 잦아지고 있다.

기존에는 장시간 PC를 사용하는 직업군에서 두드러지게 나타났지만 최근에는 성별, 연령에 관계없이 VDT 증후군 발병률이 지속적으로 증가하고 있다. 거북목증후군, 손목터널증후군, 근막통증증후군, 안구건조증 등의 증상이 나타나도 대부분의 사람들이 일시적인 증상으로만 생각해 가볍게 여기는 경우가 많다. 하지만 방치할수록 정교한 동작을 취하는 데에 큰 어려움이 발생할 수 있다. 미세한 통증이 결국 악화되어 만성화될 수 있기 때문에 VDT 증후군 원인을 정확하게 파악해 초기에 바로잡는 것이 바람직하다.

우리 삶의 질을 높은 수준으로 향상시켜 주기도 하지만 역으로 삶의 질을 급격히 저하시키는 원인이 될 수도 있는 전자기기는 적재적소에 알맞게 사용하는 것이 좋지만 여러 상황에 의해 과도하게 사용할 수밖에 없는 환경이다.

VDT 증후군 질환은 전자기기를 오래 사용할 때 발생하는 각종 신체적, 정신적 장애를 의미하며 목, 어깨, 팔, 손 등의 결림, 저림, 통증, 눈의 피로 등이 대표적인 증상으로 나타난다. 가장 많이 진단받는 것이 근막통증증후군과 손목터널증후군이다. 근막통증증후군은 근막에 통증 유발점이 생겨 병변 부위 주변에 통증이 나타나는 것으로 어깨, 목 주변의 통증을 호소하는 경우가 대부분이다. 야외활동이 줄어든 것이 VDT 증후군의 원인이므로, 바르지 못한 자세로 오랜 시간 전자기기를 사용하는 것을 피하고 틈틈이 스트레칭을 시행해 질환이 발생하지 않도록 해야 한다.

손목터널증후군은 손목의 과도한 사용으로 발생하며 손가락의 감각과 움직임에 영향을 미치는 말초 신경이 수근관(손목 앞쪽의 뼈와 인대로 이루어진 작은 통로)에 의해 눌리면서 발생한다. 손목 통증을 비롯해 손가락이 저릿하거나 감각 저하 등의 증상이 주로 나타난다. 당장 일상생활에 큰 어려움을 주지 않지만 방치할수록 영구적인 신경 손상으로 이어질 수 있는 만큼 VDT 증후군 원인이 되는 디지털 기기의 사용을 최소화하고, 컴퓨터 및 마우스를 오래 사용해야 할 때는 주기적으로 스트레칭을 하고 충분한 휴식과 온찜질을 시행하는 것이 도움이 된다.

이외에도 눈의 피로가 쌓여 발생하는 안구질환은 물론 두통, 수면장애 등 여러 증상이 악화되는 악순환이 반복될 수 있기 때문에 빠르고 정확한 치료가 필요하다. VDT 증후군 치료에는 전기자극치료 엘큐어**리젠**요법과 함께 수액주사 등이 추천된다. 전기자극치료 엘큐어**리젠**요법을 통해 세포에 전기를 충전하면 세포 내 미토콘드리아의 활성도가 증가하고 ATP 생산이 늘어나면서 다양한 질환의 면역력과 저항성을 높일 수 있으며 인체에 유해한 림프슬러지를 녹여 없애는 데에도 큰 도움이 될 수 있다.

특히 손목 통증이나 목의 불편함 등 이상 증상들이 지속적으로 느껴지게 되면 참거나 단순히 휴식을 취하는 것보다 병원에 내원하여 정밀한 검진을 받아볼 것을 권한다. 코로나19 이후에도 지속적으로 건강한 생활을 하기 위해서는 VDT 증후군 원인을 개선하고 치료하는 적극적인 자세를 갖추는 것이 좋으며, 치료와 함께 올바른 생활습관을 실천하는 것이 중요하다.

VDT 증후군은 Visual display terminal syndrome의 약어로서 현대화된 생활습관병의 일종으로 컴퓨터, 핸드폰, 대형 TV 등으로 인한 대표적인 현대인의 질환 중의 하나다. 일단 VDT 증상의 원인인 핸드폰 컴퓨터 사용 시간을 줄이고 휴식을 충분히 취하면서 1주일에 1회 정도 영양수액 주사를 맞는 것도 도움이 된다. 보통 병원에서는 근육이완제나 진통제를 처방하고 스테로이드(일명 뼈주사) 치료를 많이 하는데, 반복 치료나 장기간의 약물복용은 금물이다.

불편감이나 통증을 느끼는 것은 전기생리학적으로 세포방전을 의미하므로 증상 개선이 없고 만성화되면 세포 충전 요법인 엘큐어리젠요법 치료를 받아볼 수 있으며, 여러 차례 반복 치료하면 대부분 호전되는 질환이다.

㈜ 모든 치료는 환자의 나이, 성별, 질병 발생기간, 질병의 위중한 정도, 건강 상태에 따라 치료 회수 및 경과에 차이가 있을 수 있습니다.

# 유방암, 자궁암 치료 후유증으로 발생하는
# 팔·다리 림프부종

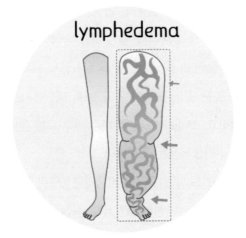

lymphedema

## 환자의 주요 증상

목의 부종과 통증이 있고 왼쪽 팔을 자유롭게 움직이지 못하고 어깨는 오십견 유사 증상을 보인다. 좌측 유방에 구멍(피부괴사)이 생기면서 진물이 나고 통증이 심하며 팔이 많이 붓고, 팔 안쪽에 피부염이 있다. 연세에스의원에서는 유방암 치료 후유증으로 생긴 림프부종의 치료 및 관리와 동반된 어깨 오십견을 집중 치료하였다.

39세 여성 김 씨는 작년 5월 유방암 3기 진단을 받고 림프절 절제 수술을 받았다. 5개월 후 암이 뇌로 전이되었다는 진단을 받게 되어 항암치료를 시작했다. 하지만 체력이 달리고 심장이 안 좋아져서 항암치료를 곧 중단했다. 그런 김 씨에게 또 다른 시련이 찾아왔다. 작년 10월부터 팔이 많이 붓고, 좌측 유방에 구멍(피부괴사)이 생기면서 진물이 나고 통증이 심해진 것이다. 아마 림프절 수술 후유증인 것 같았다. 좌측 팔을 자유롭게 움직이지 못하고 어깨가 오십견 증상처럼 아프고, 좌측 목의 부종과 통증이 심해져서 매우 고통스러웠다. 소화불량 증세도 생기고, 일주일에 한 번 정도 변을 볼 정도로 변비도 심했다. 부기와 통증, 소화불량으로 일상생활에 불편을 느낀 김 씨는 림프부종 전문 병원인 연세에스의원을 찾았고, 전기충전 엘큐어**리젠**요법 치료를 시작했다. 신기한 것은 엘큐어**리젠**요법으로 13분 치료 직후에 좌측 어깨 통증이 50% 이상 줄어들고 어깨를 30도 정도 움직일 수 있게 되었다는 사실이다. 10회차 치료를 끝낸 지금은 통증은 거의 못 느끼고 팔과 목 부위의 부기도 많이 줄어들었다.

## 스트레칭, 관절운동은 림프부종을 치료하는 데 효과적

암 환자들의 삶의 질을 떨어뜨리는 가장 큰 요인 중 하나는 림프부종이다. 우리 몸에는 혈액과 림프액, 두 가지 체액이 흐르고 있다. 림프액은 림프혈관을 통해 온 몸을 순환하면서 각 세포에 영양분을 공급하고, 혈관이 도달하지 못하는 즉 정맥이 제거할 수 없는 노폐물을 제거해 신체 기능을 유지하게 한다.

체중 66kg의 남성의 수분 함량을 살펴보자. 체중의 60%가 수분으로 40리터, 이 중에 세포내 수분이 40% 25리터, 그리고 세포외 수분 20% 15리터로 이루어져 있다. 세포외 수분은 다시 나누어 보면 간질액(림프액)이 12리터로, 피를 구성하는 혈장액 3리터로 림프액은 피보다 4배 정도 많다.

림프절은 림프혈관이 모여서 통과하는 정거장과 같으며, 면역

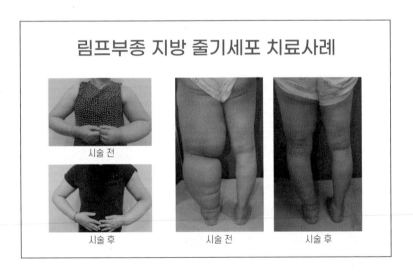

림프부종 지방 줄기세포 치료사례

시술 전

시술 후

시술 전

시술 후

기능과 림프액을 여과하는 기능을 한다.

수술로 암 덩어리를 제거할 때 전이나 재발 방지를 위해 주변의 림프절을 제거하거나 방사선 치료 등으로 림프절 주변 조직이 변형되면 림프절을 통해 순환하는 림프액의 흐름이 방해를 받게 된다. 이 과정에서 림프액이 조직에 고이면 팔이나 다리가 붓는다. 특히 유방암이나 자궁암의 경우 암 덩어리를 절제할 때 림프절을 함께 절제하는 경우가 많아 림프부종을 겪기 쉽다.

최근 통계조사에 의하면 여성암 수술을 받은 환자의 30%에서 림프부종이 발생한다고 보고되고 있다. 림프부종이 생기면 옷이 갑자기 꽉 끼는 느낌을 받게 된다. 또 팔다리가 두꺼워지거나 무겁고 둔해지는 느낌이 든다. 보통 양측 팔, 다리의 두께가 2㎝ 이상 차이가 나거나 정상 부위보다 200㎖ 이상 부피가 커지면 림프부종으로 판단한다. 그러나 초기 림프부종은 팔, 다리의 둘레가 크게 굵어지지 않는 경우도 있다. 대신 피부에 주름이 없어지고 손으로 누르면 쉽게 들어가는 경향이 있다. 아프고 붓는 팔이나 다리를 치료하지 않으면 감염에 취약해지거나 피하조직 변성으로 딱딱해지는 증상이 나타날 수 있다. 특히 팔의 부종이 심해지면 어깨 통증이나 목뼈 질환, 손이 저릿한 손목터널증후군 등을 겪을 가능성이 높아진다.

림프부종은 지속적인 치료와 관리가 중요하다. 보통 수술 후

한 달 이내에 림프부종이 생기지만, 수술을 받은 후 수 년이 지난 후에 무리하게 팔을 썼다가 발생하기도 한다. 따라서 림프부종이 생기면 바로 치료를 시작하고, 림프부종 위험이 높은 환자는 팔의 사용을 자제하는 것이 좋다. 림프부종의 재활치료는 림프부종을 마사지하는 자가 도수 림프 배출법과 저탄력 붕대법, 압박스타킹, 운동 등을 복합적으로 활용하는 복합 림프 물리치료 등으로 구분된다. 림프부종 마사지는 부드럽게 피부를 마사지해 정체된 림프액을 정상 부위 쪽으로 이동시키는 방식이다. 하루 2차례씩 환자가 직접 지속적으로 마사지하는 것이 중요하다.

운동은 림프부종을 치료하는 데 효과적이다. 스트레칭, 관절운동 등으로 구성되는 림프 배출 운동은 림프액의 흐름을 촉진시키고 관절의 유연성과 신장성을 높여준다. 등산은 삶의 질을 높이는 데는 도움이 되지만, 등산스틱을 세게 짚으며 산에 오르면 팔 근육을 강하게 자극해 부종이 심해질 수 있다. 림프부종이 생기면 부종 주위 조직은 세균이 번식하기 좋은 여건이 된다. 따라서 손을 자주 씻고, 부종 주위에 상처나 갈라짐이 있으면 반드시 치료를 받는 등 감염 예방에 주의를 기울여야 한다.

림프부종 치료의 마지막 단계인 엘큐어**리젠**요법은 100~800 마이크로암페어($\mu$A) 수준의 미세전류를 1500~3000V의 고전압으로 흘려보내 세포의 부족한 전기를 충전함으로써 세포대사를 촉진, 통증과 염증을 개선하고 면역력을 회복시킨다. 엘큐어리젠요법은 인체에 무해한 고전압 미세전류로 림프슬러지를 녹여 없애 림프부종 악화를 억제할 수 있다. 림프부종이 심한 경우에는 1주일에 1~2회 가량 엘큐어 치료를 받아 세포대사를 활성화하면 전반적인 몸 컨디션을 개선하면서 활력을 불어넣는 데 도움이 될 수 있다.

림프부종은 수술 후 관리도 중요한데, 이를 위해서는 수술 후 팔에 조이는 옷, 장갑, 시계, 액세서리의 착용을 삼가는 것이 좋다. 또 평소에 물을 충분히 섭취하면 림프순환을 촉진하는 데 효과적이며, 부종이 악화될 것을 염려하여 팔을 아예 사용하지 않을 경우 림프선이 퇴화될 수 있어 권장하지 않으며 팔 운동을 약한 강도로 적당하게 하는 것이 도움이 된다.

"림프부종을 미세림프 수술을 하면 결과가 좋다"고 하면서 요즘 림프부종 수술요법을 시행하는 대학병원 성형외과가 늘어나고 있는데 효과가 어떤가요?라는 질문이 많다. 실제로 지난 20여 년간 국내에서는 선두로 미세림프 수술한 의사가 바로 저자이다.

극히 개인적인 사견으로 말씀드리면 미세현미경 림프관 연결 수술은 이미 1977년에 호주의 오브라이언 교수가 세계 최초로 시행한 수술이고 1980년대에는 일본의 고지마, 이탈리아의 캄피시 교수들이 발표한 수술법으로 저자가 판단하기에 성공률은 10% 미만으로 보고 있다. 그 이유는 정맥압이 림프관 압력보다 높으므로 압력이 낮은 림프관에서 압력이 높은 정맥으로 관(管)을 연결시켜 주면 연결 부위로 피가 역류가 되어서 혈전으로 막힐 수밖에 없는 수술이다. 2006년도 프랑스 코린베케어 교수가 수술로 떼어낸 림프절이 없는 부위에 다른 정상 림프절을 이식해주는 림프절 미세이식수술을 발표하였고 저자도 프랑스에 가서 수술을 배워 2008년에 집도했었고 지난 10여 년 이상 환자들을 추적 관찰한 결과 성공률이 30% 정도로 평가할 수 있었다.

미세림프수술의 저조한 성공률에 낙심하여 더 이상 이 수술을 하는 것을 포기했다. 그후 저자는 림프배액수술 및 줄기세포이식 수술을 세계 최초로 국제림프부종학회에 발표하였고 성공률은 80%로 평가하고 있다. 하지만 지난 20년간 국내외의 누적 림프부종 환자수 4,000명을 수술하고 관리하는 경험으로 볼 때, 아직까지 림프부종의 완치의 길은 멀다고 생각한다.

림프부종은 고혈압, 당뇨와 같이 합병증을 최소화 하기 위해 지속적으로 관리해주어야 하는 질환이다. 압박붕대요법이 림프부종 관리에 있어 가장 효과적이며 림프슬러지를 녹이는 엘큐어리젠요법과 병행하는 것이 림프부종 치료의 정석이라고 말할 수 있다.

참고로 최근 저자는 림프흡입수술법을 개발하여 굵어진 팔 다리를 가늘게 해주는 성형수술요법 및 줄기세포를 이용한 림프관 재생요법을 적용하여 좋은 결과를 얻고 있다.

㈜ 모든 치료는 환자의 나이, 성별, 질병 발생기간, 질병의 위중한 정도, 건강 상태에 따라 치료 회수 및 경과에 차이가 있을 수 있습니다.

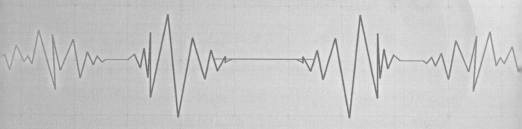

# Chapter 04

심영기 박사의 엘큐어리젠요법
궁금증 Q&A

# 01
한의원이나 정형외과의 물리치료실에서 사용하는 전기치료(TENS)와 엘큐어리젠요법은 무엇이 다른가요?

기존의 물리치료기는 50~150마이크로암페어의 전류를 흘려보내 근육을 수축·이완하면서 자극을 주는 기능 위주의 전기치료기기다. 이 기능은 일부 통증을 완화하는 데는 효과가 있지만 염증, 통증에는 오히려 독이다. 엘큐어리젠요법에서는 고전압을 사용한다. 고전압일 경우 전자흐름의 속도가 빨라져서 심부 조직에까지 도달한다. 기존 전기치료기는 낮은 전압을 채택하였기 때문에 피부표면이나 얕은 층의 근육을 전기자극하는 데 효과도 짧고 역부족이다. 하지만 엘큐어**리젠**요법은 고전압을 채택하여 심부까지 도달 가능하여 위, 심장, 근육, 인대, 관절의 깊숙한 곳과 같은 심부조직의 장기에도 치료효과가 있다.

# 02
고전압 충전방식의 치료기를 피부에 접촉시키면 감전의 위험은 없을까요?

엘큐어**리젠**요법은 1500~3000볼트 고전압이지만 미세전류로 치료하기 때문에 전류가 거의 흐르지 않아 위험성이 거의 없다. 전기안전도에서 전압의 위험성보다는 전류의 위험성이 더 중요하기 때문이다. 예를 들면 가정에서 사용하는 200볼트에서 50mA(밀리암페어. 1/1000A)의 전류가 흐르면 전기쇼크가 올 수 있다. 하지만 3000볼트의 고전압에서 1mA의 미세전류가 흐르면 인체에는 위험성이 없고 안전하다.(식약처 의료기기 허가 기준)

## 03 전기충전 엘큐어리젠요법은 과학적으로 검증된 치료법인가요?

엘큐어리젠요법은 세포를 하나의 배터리로 보는 전기생리학적 측면에서 접근한 치료법이다. 전기생리학에서는 세포 내 음전하가 부족해 전위차(세포밖 양전하 대비 세포안 음전하)가 낮아지면 통증을 느끼거나 질병에 걸리기 쉬운 상태가 된다고 본다. 이때 엘큐어리젠요법은 세포에 음전하를 충전시켜주는 방법이다. 간단히 요약하면, 방전된 세포를 충전(재생)시켜주는 셈이다. 이미 미세전류에 대한 수많은 의학논문들이 발표되었고 안전성 및 효과가 검증되었다.

## 04 스테로이드 주사와 엘큐어리젠요법 치료는 어떤 차이가 있나요?

엘큐어리젠요법 치료는 기기를 우리 몸의 피부에만 접촉하기 때문에 어떠한 위해나 상해가 없다. 수술로 인한 부작용이나 합병증이 없으며, 약물을 사용하지 않는다는 장점이 있다. 통증클리닉이나 신경외과, 정형외과에서 주로 쓰고 있는 스테로이드 주사는 일명 뼈주사로 많이 알려져 있는데, 통증이 심할 때 적용하면 즉각적인 효력을 발휘하는 '반짝 효과'가 있긴 하다. 하지만 그것을 반복적으로 고용량 사용해서 치료했을 때는 약효가 떨어지고 전기생리학적으로 전기의 흐름을 차단하여 궁극적으로는 세포가 죽게 된다. 부연하면, 신경차단술이라는 치료법에는 고용량의 스테로이드가 사용된다. 그런데 엘큐어리젠요법은 전자 음이온을 충전시켜주는 작용을 하기 때문에 기존의 스테로이드 주사하고는 완전히 반대 개념의 치료라고 이해하면 된다. 즉 엘큐어리젠요법은 전기를 충전시켜서 세포를 재생시키고 활발하게 해주는 반면, 스테로이드 주사나 진통제 등은 그 부위의 통증만 완화시킬 뿐 세포를 약화시키는 기능을 하게 된다.

## 05 엘큐어리젠요법의 치료기간은 평균 어느 정도 되나요?

엘큐어리젠요법 치료를 해보면, 젊은층이 중·노년층보다 치료기간이 빠른 편이다. 오랜 기간 통증을 앓아온 노년층들은 약물 장기 복용 등으로 세포 내외에 림프슬러지가 많아서 림프슬러지를 녹이면서 치료를 하기 때문에 더 오래 걸린다고 봐야 한다.

그동안의 치료사례로 볼 때 급성통증 환자들은 1회에 10~20분씩, 2~5일 간격으로 5회 정도 받으면 통증이 거의 사라진다.

하지만 만성통증 환자들은 1회에 20~30분씩, 1주일 간격으로 10회 이상 받아야 하는 경우가 많다. 암성 통증인 경우는 급속히 방전되므로 거의 매일 치료해야 한다. 하지만 치료 횟수는 환자의 나이, 성별, 질병 발생기간, 질병의 위중한 정도, 건강 상태에 따라 치료 회수 및 경과에 차이가 있을 수 있다.

## 06 난치성 통증 환자인데, 엘큐어리젠요법 치료를 매일 1시간씩 해도 괜찮을까요?

우리 병원에서는 엘큐어리젠요법 치료 시 1회당 적절한 치료 시간을 20분으로 정하고 있다. 그러나 난치병 환자의 경우 치료 부위가 많아 치료 시간이 길어지는 경향이 있는데, 아직까지 특별한 부작용은 발생하지 않았다. 즉 매일 1시간씩 치료해도 부작용이 없다. 전기충전을 오래 할수록 세포내 음전하가 많아져 이온교환도 활발해지고 치료효과가 좋아진다는 엘큐어리젠요법의 원리를 참고하면 이해하는 데 도움이 될 것 같다.

## 07 전기충전 엘큐어리젠요법은 누구나 안심하고 치료받을 수 있나요?

엘큐어리젠요법은 1500~3000V의 고전압으로 우리 몸에 인가되기 때문에 인공심장박동기를 달고 계신 분은 치료받지 않을 것을 권한다. 몸에 전기장치가 있으면 오작동이 될 가능성이 있기 때문이다. 만일 꼭 해야 할 경우가 생긴다면 심장박동기를 다룰 수 있는 엔지니어와 동행하고 치료받는 것이 좋다. 임산부와 전기치료에 대해 심한 공포심을 가진 분, 너무 어린아이와 정신질환 치료를 받고 있는 환자들은 적응이 힘들 것 같아서 권하지 않고 싶다. 이런 분들 외에는 거의 모든 환자들이 편안하게 엘큐어**리젠**요법 치료를 받을 수 있다.

## 08 골절수술로 몸에 금속 플레이트 고정판이 있는 경우, 장기 이식을 받거나 인슐린 펌프를 찬 환자들도 엘큐어리젠요법 치료가 가능한가요?

모두 가능하다. 인슐린 펌프를 착용한 경우 치료받는 동안 전원을 끄면 된다. 보청기도 고전압에 오작동 될 수 있으므로 빼고 치료받는 것이 좋다.

## 09 엘큐어리젠요법 치료 효과가 특별히 빨리 나타나는 곳은 어떤 부위인가요?

엘큐어**리젠**요법은 세포전기충전요법으로 통증을 없애주고 인체의 다양한 256가지 세포의 기능을 활성화, 정상화시키는 치료법이다. 엘큐어로 1분간 눈 치료를 해주었더니 실제로 눈이 밝아지는 효과가 나타났다. 참고로, 치료효과가 빠른 부위는 눈 〉소화기 계통 〉 근육 〉 신경 〉 뼈 순서이다. 참고로 당뇨병을 오랫동안 앓고 있던 환자를 지속적으로 매주 1회 3개월 이상 치료하였더니 높았던 당화혈색소가 정상으로 회복되는 사례가 많았다.

# 10 엘큐어리젠요법 치료를 받은 후에 부작용은 없나요?

엘큐어리젠요법 첫 치료를 받으면 몸살이 생기는 경우가 많다. 그 이유는 림프슬러지(찌꺼기)가 녹으면서 독 기운으로 몸살이 생기는 원리가 나타나기 때문이다. 독소 배출이 2~3일 되고 나면 통증이 많이 경감되므로 걱정하지 않아도 된다. 오히려 몸살이 심하게 나타날수록 림프슬러지가 많이 분해되었다고 볼 수 있으므로 회복이 빨라진다고 생각하면 된다. 의사들은 이것을 Jarisch Hexheimer 반응, 한의사들은 명현반응으로 설명한다.

㈜A Jarisch–Herxheimer reaction is a reaction to endotoxin-like products released by the death of harmful microorganisms within the body during antibiotic treatment. Efficacious antimicrobial therapy results in lysis (destruction) of bacterial cell membranes, and in the consequent release into the blood stream of bacterial toxins, resulting in a systemic inflammatory response. ref:wikipedia.

# 11 통증 외에 엘큐어리젠요법이 적용 가능한 증상은 무엇인가요?

엘큐어리젠요법 치료는 급·만성 통증의 치료뿐 아니라 안면마비, 당뇨병성 족부궤양(당뇨발), 림프부종, 섬유근육통, 말초신경병증, 대상포진, 이명, 돌발성 난청, 황반변성, 중풍후유증, 족저근막염 등의 완화에도 유용하다. 일주일에 1~2번씩 장기적으로 치료 시 각종 질병에 대한 면역력과 저항력을 높이는 데 도움이 될 수 있다.

# 12 암성 통증 완화에도 효과가 있나요?

엘큐어리젠요법은 세포를 재생시키는 작용을 한다. 통전치료를 반복해서 충전시키면 세포막 안팎의 이온 교환이 활발해지면서 막전위가 정상화되고, 세포활성도 되살아나는 변화가 일어난다. 혈액순환이 좋아져 영양과 산소 공급도 원활해진다.

돌연변이세포, 다시 말해 암세포 치료에는 크게 항암약물요법, 절제수술요법, 방사선치료 등 3대 요법이 있다. 말기 단계의 암성통증은 이들 기본 치료만으로 잘 해결되지 않는다. 그래서

−20mV 이하 수준으로 고갈된 막전위를 정상화시켜 주는 치료가 추가로 필요하다. 이때 엘큐어**리젠** 치료가 도움을 줄 수 있을 것으로 본다. 실제로 일부 말기암 환자에게 전기에너지를 보충해주니, 암성통증이 줄어드는 사례도 있었다. 하지만 이론적으로는 전기충전이 암치료에 효과가 있을 가능성이 있지만 엘큐어**리젠**요법으로 암 치료가 된다고 말하기에는 많은 선행 연구가 필요할 것으로 보인다.

## 13 성형수술로 인한 얼굴의 부종도 엘큐어리젠요법 치료가 가능한가요?

성형수술로 인한 부기의 상당수가 보형물이나 이물질에 의한 것이며, 이 중 일부는 만성적인 림프부종으로 이어질 수 있다. 특히 과도한 필러시술이나 야매시술로 이물질이 체내에 주입되면 시간이 지나면서 섬유화가 일어나고 림프선을 막아서 주위 조직의 림프흐름이 막혀서 부종이 동반되며 심하면 피부가 괴사된다. 즉, 얼굴에 반복적인 필러시술이나 지방이식수술은 시간이 지나면서 조직 섬유화를 일으켜 얼굴이 심하게 붓는 림프부종이 되는 경우가 많다. 림프부종은 림프액이 순환계로 배액되지 못하고 고농도 단백질 상태로 피부 및 피하지방 속에 비정상적으로 축적돼 생기는 부종이다. 따라서 림프를 손상시킬 수 있는 이물질, 실리콘, 필러, 보톡스 등을 시술받는 것을 피하는 것이 좋다. 너무 잦은 수술로 얼굴에 반흔조직(상해되어 죽은 세포와 그 주변부의 비삼투성 보호물질로 형성된 세포로 구성된 조직)이 많아지면 얼굴이 딱딱해지고 심한 부종이 발생한다.

엘큐어리젠요법은 고전압 미세전류요법으로 굳어진 림프슬러지를 이온화, 분해시킨다. 이로써 조직이 부드러워지고 림프순환이 촉진되면 부종이 완화될 수 있다. 하지만 장기적으로 최소 6개월 이상 매주 1회 규칙적인 치료가 필요하다.

# 14 엘큐어리젠요법은 노화 예방에도 도움이 되나요?

가는 세월을 막을 수 있는 사람은 아무도 없다. 천하제일의 진시황도 신하들에게 장생불로의 묘약을 구해 오라고 명령할 정도로 죽음을 두려워했다. 하지만 그는 다섯 번째 순행 길에 오른 기원전 210년 7월 허베이성의 사구(沙丘)에서 49세를 일기로 세상을 떠났다. 현대의학의 혁신적인 발전에 따라 감염이나 재해, 외상, 사고로 인한 사망률은 현저히 줄었다. 기타 만성병도 관리 의학의 발전으로 수명연장에 많은 공헌을 하여 현재 80세 이상 100세까지 수명이 늘어난 것이 사실이다. 노화란 세포의 활성도가 떨어지고 세포분열의 속도가 매우 느려지면서 생

기는 것으로 보이며 전기생리학적으로는 방전현상이라고 저자
는 해석한다. 이론적으로나 실제적으로 주기적인 엘큐어**리젠**요
법을 하면 세포충전이 이루어져서 세포의 노화를 늦출 수 있다.

## 15 신경쇠약 증상 같은 정신적 질환도 엘큐어리젠 치료 가능한가요?

신경쇠약 환자의 대부분은 저체중, 식욕감퇴, 만성위염, 생리
불순, 안구피로, 만성피로, 우울증, 불면증, 목디스크, 요통 등의
다양한 증상과 겹쳐있는 경우가 많다. 엘큐어**리젠**요법으로 에너
지 측정을 해보면 정상이 70% 이상이라면 30% 정도 또는 그 이
하의 에너지 레벨로 측정되는 경우가 대부분이다. 이런 경우에는
림프해독요법, 엘큐어 전기충전요법, 식이조절 등으로 오랫동안
치료해 전체적으로 에너지 레벨을 올려야 효과를 볼 수 있다.

## 16 허리와 엉치 부위의 통증이 심해 병원에 가서 MRI와 CT를 찍었는데, 별 이상이 없다고 하네요. 여전히 통증이 심한데, 이런 경우에 엘큐어로 진단이 정확히 될까요?

MRI나 CT는 척추의 뼈 내부 그리고 외부, 디스크라고 알고
있는 추간판의 상태를 보는 **형태학적 진단**법이다. 그러므로 통
증이 생겼다면 의사들은 신경이 디스크에 어느 부분이 눌려있

음으로 해당 신경이 지배하는 부분의 통증의 유무를 파악하고 일치할 경우에 확진을 한다. 하지만 좌골신경과 같이 척추뼈에서 나와서 둔부에서 다리로 내려가는 신경은 MRI나 CT로 진단할 방법이 없다. 저자는 외래에 오는 허리 통증 환자의 70% 이상이 허리디스크에는 문제가 없고 좌골 신경통으로 진단 내리고 치료하고 있다. 엘큐어**리젠**요법으로 진단할 경우 요추 부위에는 통전통이 없고 힙 부위 좌골신경부에 통전통이 심하면 좌골신경통으로 판단한다. 다른 현상으로 전기마찰현상에서 마찰계수의 차이가 확연하다. 즉 엘큐어**리젠**진단법은 정확하게 통증에 대한 **기능의학적 진단**이 가능한 것이 가장 큰 장점이다.

**17** 퇴행성관절염 통증 때문에 거의 매일 진통제를 먹고 있고, 한 달에 한 번 꼴로 뼈주사를 맞고 삽니다. 진통제를 먹지 않고도 치료가 될 수 있을까요?

퇴행성관절염의 가장 대표적인 부위가 무릎이다. 무릎 관절에는 자동차 타이어와 같이 오랫동안 무리하게 사용하면 닳는 연골이 있다. 외부에서 보았을 때 슬개골 주위가 움푹 패인 골이 형성되어 있으면서 아프면 무릎인대의 문제일 경우 엘큐어**리젠**요법이 도움이 된다. 하지만 슬개골 주위에 움푹 패인 골이 없으면서 부어있고, 누르면 아픈 경우에는 인공관절 수술을 받는 것이 좋다.

**18** 만성피로 때문에 비타민과 영양제를 달고 사는 40대 회사원인데, 늘 피곤해서 매사에 의욕이 생기지 않습니다. 몸의 면역력을 키울 수 있는 근본적인 치료법이 없을까요?

전기생리학적으로 만성피로는 세포의 전기가 방전되었다는 것으로 해석된다. 주기적으로 영양수액, 림프해독 및 세포를 충전시킬 수 있는 엘큐어**리젠**요법으로 호전될 수 있다.

**19** 부친이 93세이신데, 식욕도 없으시고 기력이 많이 쇠약하십니다. 좋은 보약을 지어드려도 효과가 없던데, 활력을 돋을 수 있는 좋은 치료법을 알려주세요.

고령자들은 아무리 비싸고 좋은 보약을 드셔도 소화기능이 떨어져 있는 상태로 체내에 영양소가 흡수되지 않아 별로 효과가 없다. 주기적인 영양수액과 엘큐어 세포 충전요법을 추천하고 싶다. 기력이란 氣力으로 전기의 氣와 뜻이 같다. 전기를 충전시켜주면 시력, 청력 향상은 물론이고 소화기능도 활발해져서 기력 회복에 많은 도움이 된다.

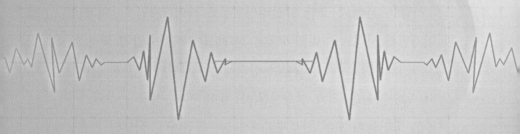

# Chapter 05

# 알칼리성 체질로 통증 없이
# 건강하게 사는 비결

## 인간은 알칼리성(pH 7.61) 체질로 태어난다.

사람은 본래 건강한 알칼리성체질로 태어나지만, 나이가 들어가면서 산성으로 바뀌어간다. 현대인들이 많이 앓게 되는 암, 자가면역질환, 알러지 질환은 산성체질인 사람에게 흔히 나타난다. 암환자들은 거의 산성체질(pH 6.48)이며, 세포 스트레스를 주는 요인들이 모두 산성체질화시키는 원인이다. 식생활 관점으로 보면 육류를 좋아하는 식습관을 계속 유지하고 술, 담배 등을 지속적으로 좋아하면 서서히 산성체질로 바뀌게 된다.

## 현대인들의 '혈액 산성화' 상태가 심각하다!

최근 현대인들의 몸 상태는 어떤가. 혈액 산성화가 급속히 추진되고 있어 비상이다! 혈액이 산성화가 되면 저항력이 떨어져 암세포가 발생되고 체질 자체가 산성체질로 변하게 된다. 현대인들은 몸을 산성체질화 시키는 패스트푸드, 육식 위주의 식사, 흰쌀밥, 흰설탕, 탄산음료 등을 자주 먹는데, 산성체질로 바꾸어주는 음식은 대부분 맛이 있어서 중독성이 생긴다. 아마 남녀노소를 불구하고 전 국민의 산성체질화가 가속화되는 원인은 정제가 잘 되어 보기에도 먹음직스럽고 달콤한 흰쌀밥, 흰밀가루, 흰설탕 등 백색식품과 햄버거, 피자, 치킨 등 서구식 패스트푸드에 길들여진 입맛이 큰 비중을 차지할 것이다. 참고로, 흰

쌀밥이나 흰설탕 먹을 때 불완전 연소로 생기는 피루브산, 젖산 같은 산 때문에 산성체질이 된다.

우리 몸속의 칼슘은 이런 산들을 중화시키는 데 직접 사용되므로 칼슘의 섭취가 매우 중요하다. 일설에 의하면 (확실히 검증된 것은 아니지만) 탄산이 우리 몸속에 들어와 배출될 때 꼭 칼슘과 함께 배출되며, 우리 몸은 자동적으로 혈액을 알칼리화시키기 위하여 뼈에서 칼슘을 내보내 혈액이 산성화되는 것을 막기 때문에 골다공증이 유발된다고 한다. 그러므로 콜라, 사이다 같은 탄산음료를 과잉 섭취하는 것은 좋지 않으며, 인스턴트 음식이나 산성 음식을 지속적으로 먹다 보면 어느덧 산성체질로 변할 수 있다.

## 혈액이 산성화되면 어떤 문제점이 발생할까?

세포스트레스, 잘못된 식습관 등으로 인해 혈액이 산성화되면 세포의 전기가 방전된 것과 같은 현상이 발생한다. 즉, 몸이 산성체질로 바뀌면 몸의 저항력이 약해지고 각종 성인병에 쉽게 노출이 될 우려가 있다. 우리 몸의 혈액이 산성화되었을 경우 생길 수 있는 이상 징후들은 다음과 같다.

● 면역력이 떨어져 질병에 쉽게 노출된다.
● 칼슘 부족으로 발육이 좋지 않거나 쉽게 골절될 수 있다.

- 몸에서 냄새가 심하게 난다.
- 병에 쉽게 걸릴 수 있으며 좀처럼 낫지 않는다.
- 쉽게 피로를 느낀다.
- 변비가 생겨 배변이 어려워진다.
- 자주 두통이 온다. 혈액이 탁해서 혈액 순환이 안 되어 산소 공급 부족으로 두통이 생긴다.
- 암세포가 발생한다.

## 체질을 건강한 알칼리성으로 바꾸는 비결

이처럼 산성체질이 되면 면역력이 떨어져서 각종 통증이나 질병 방어에 취약해지는 상황이 된다. 최악의 경우, 암세포가 발생할 가능성도 알칼리성 체질일 때보다 훨씬 높아진다.

따라서 건강한 몸을 유지하기 위해서는 알칼리성으로 체질을 개선해야 한다. 우리 몸이 중성이면 pH가 6.5~7.0이고 약알칼리성으로 바뀌려면 pH가 7.3을 넘어야 한다. 참고로, 우리 몸이 가장 건강한 상태는 pH 7.44이다. 이 환경이 되면 각종 유해균이 몸속에서 살지 못한다.

따라서 식생활 및 생활습관을 바꿔서 우리 몸을 알칼리성 체질로 바꾸도록 하자. 다음의 여섯 가지 수칙을 잘 지키면 암 예방은 물론 각종 통증과 질병을 막을 수 있다.

첫째, 세포스트레스를 주지 말자.

둘째, 채소, 과일 등 알칼리 형성식품을 자주 먹자.

셋째, 칼슘을 보충해주자.

넷째, 항산화제를 섭취하자.

다섯째, 알칼리성 미네랄 수액요법을 하자.

여섯째, 세포전기충전을 수시로 시켜주자.

## 건강상식 | 산성식품과 알칼리성 식품

1. 우리 몸은 삼대영양소인 단백질, 탄수화물, 지방이 필요하다. 그 외에 미네랄, 비타민 등의 부영양소도 세포 대사에 도움을 준다.

2. 대부분의 소고기·생선·닭고기 같은 육류·가금류 음식, 계란 등과 같은 고단백음식 그리고 빵·파스타와 같은 탄수화물 음식, 지방분은 모두 산성체질을 만든다.

3. 대부분의 과일과 야채는 알칼리체질을 만든다. 오렌지와 포도와 같은 감귤류는 유기산을 함유하고 있어 신맛이 나지만 대사가 되면서 산성체질로 바꾸어주지 않고 알칼리성으로 바꾸어준다.

4. 마찬가지로 유리아미노산은 산을 만들지는 않지만 완충작용으로 산성폐기물을 상쇄시키는 데 도움을 준다.

5. 암세포는 산성체질에서 잘 자라기 때문에 체질을 알칼리성으로 바꾸어 주는 것이 암 예방 및 치료에 좋다. 다른 측면으로는 암세포는 포도당을 주원료로 하는 해당계의 에너지원을 사용하는 비율이 높기 때문에 결과적으로 부산물인 젖산이 증가되어 산성체질을 만든다. 참고로 정상에서는 미토콘드리아에서 만드는 에너지는 90%, 포도당을 주원료로 해서 만드는 에너지는 10% 정도 된다.

6. 예전에 한국인이 흔히 좋아하고 귀한 음식이라고 여긴 하얀 쌀밥과 소고기 반찬은 대표적인 산성화 식품으로, 주로 경제적으로 여유가 있고 지위가 높은 사람이 먹던 음식이었다. 결국 이런 비싸고 귀한 음식의 과잉 섭취는 당뇨, 고혈압 등 현대 성인병의 원인이 되었다.

7. 피자·햄버거·라면 등 패스트푸드, 가공식품 및 캔에 들어 있는 식품의 장기간 섭취는 유전자 변이 및 우리가 알지 못하는 질병의 발생 원인이 되며 우리의 건강을 위협하고 있다. 방부제, 오래 보관하기 위한 첨가제 등은 우리 몸에 해를 끼친다.

8. 특히 콩, 옥수수, 카놀라유 등 유전자 조작으로 대량 생산된 값이 싸고 양이 많은 음식재료와 GMO 몬산토 관련 음식재료는 구미선진국에 많은 고도비만, 지방부종, 그 외 새로 발생하는 마스트셀(mast cell, 비만세포)변이, 자가면역질환, 선천성 기형

의 원인이 되며 인체유전자 변이의 한 원인이 되고 있다.

9. 대부분의 비싸고 선호도가 높은 음식들은 거의 산성체질을 만드는 음식이다. 비싼 돈 내고 고급 음식을 먹는 것은 성인병을 일으키는 산성체질 원료를 자신의 몸에 퍼붓는 것이다.

10. 건강 알칼리 음식은 섬유가 많은 야채, 김치, 과일 등이다.

# 알칼리 80% 산성 20%의 비율로 드세요!

| 음식종류 | 강산성 | 산성 | 약산성 |
|---|---|---|---|
| 가당류 | 인공감미료 | 백설탕, 갈색설탕 | |
| 과일 | 블랙베리<br>클렌베리<br>말린자두 | 산과앵두, 대황 | 자두<br>가공과일 주스 |
| 견과,야채,콩류 | 초콜릿 | 강낭콩, 흰강낭콩 | 강낭완두콩 |
| 씨앗 | 땅콩, 호두 | 피칸, 캐슈너트 | 호박씨, 해바라기씨 |
| 기름 | | | 옥수수기름 |
| 곡물 | 밀, 흰밀가루<br>페스트리, 파스타 | 흰쌀, 옥수수, 메밀<br>귀리, 호밀, 쌀겨 | 발아밀빵, 현미<br>독일소맥, 보리 |
| 육류, 어류 | 소고기, 돼지고기<br>조개류, 오징어 | 칠면조, 닭고기<br>양고기, 연어, 새우 | 사슴고기<br>냉수성어류, 김 |
| 유제품 | 치즈, 균질우유<br>아이스크림 | 생우유 | 계란, 버터<br>요구르트, 밀크<br>코티지치즈 |
| 음료 | 맥주, 청량음료 | 커피 | 차 |

- **산성 형성식품** 대부분의 육류와 생선, 계란, 우유, 곡물, 가공식품, 정제식품, 피자, 햄버거 등 정크 푸드
- **알칼리 형성식품** 대부분의 과일과 야채, 감자, 시금치, 해조류, 천연소금, 광천수
- **중성 형성식품** 버터, 마가린, 식용유, 꿀, 설탕, 커피

# 암세포는 산성체질을 좋아합니다.(심영기 박사 정리)

| 음식종류 | 약알칼리 | 알칼리 | 강알칼리 |
|---|---|---|---|
| 가당류 | 천연벌꿀, 천연설탕 | 단풍당밀, 원당 | |
| 과일 | 오렌지, 바나나 체리, 파인애플 복숭아, 아보카도 | 대추야자, 무화과 멜론, 건포도, 키위 블루베리, 딸기 사과, 배 | 레몬, 라임, 수박 포도, 망고, 파파야 |
| 견과,야채,콩류 | 당근, 토마토, 버섯 양파, 생옥수수, 감자 완두콩, 감자껍질 올리브, 두부 | 호박, 녹두, 상추 사탕무우, 샐러리 애호박, 고구마 캐럽, 생강 | 아스파라거스, 양파 마늘, 파슬리 시금치, 브로콜리 야채주스, 양배추 당근, 호박 |
| 씨앗 | 밤 | 아몬드 | |
| 기름 | 카놀라기름 | 아마씨기름 | 올리브기름 |
| 곡물 | 천일홍, 기장수수 야생벼, 명아주 | | |
| 육류, 어류 | | | |
| 유제품 | 콩치즈, 두유, 유장 산양우유, 산양유치즈 | 모유 | |
| 음료 | 생강차, 천연식초 | 녹차 | 허브차, 레몬수 |

※백색식품(흰 쌀밥, 흰 설탕, 흰 밀가루 등)은 피하세요.

# 부록

## 엘큐어리젠요법과 병행하는 치료법

## 리젠림프해독! 리젠셀발란스 프로그램

해독(디톡스)이란 섭취하는 음식을 최대한 줄이고 몸 안의 중심 온도(core temperature)를 최대한 높여 혈액순환과 노폐물의 이동을 돕고, 이동한 노폐물(독소)은 땀으로, 관장(대변)으로 배출하는 치료이다. 림프해독(디톡스)는 림프마사지와 같이 시행하는 치료법으로, 림프마사지는 독소 배출을 원활하게 해주는 효과가 있다.

### 해독(디톡스)은 왜 필요한가?

우리 몸은 태어나면서 자가 치유 능력을 갖추고 있지만 지속적으로 유해환경에 노출되면서 세포 주위에 독소와 노폐물이 쌓이게 된다. 이를 림프슬러지 혹은 림프슬러지라고 표현한다. 림프액은 혈액량의 4배이며, 혈액 공급이 되지 않는 미세한 부위의 각 세포의 이온교환 및 영양물질의 대사에 아주 중요한 역할을 담당하고 있다. 우리 몸에 쌓인 독소와 노폐물들은 장기 및 면역 기능을 약화시켜 각종 염증, 당뇨, 고혈압, 혈관질환, 암 등 질병의 원인이 되며 대다수의 독성물질은 특정한 방법 없이는 쉽게 자연적으로 몸 밖으로 배출되지 않는다. 따라서 몸속 유해물질을 배출하기 위해서는 반드시 해독(디톡스)이 필요하다. 즉, 림프액이 깨끗하면 모든 병이 낫는다.


## 림프슬러지가 생기는 원인

- 장기간 진통소염제, 스테로이드, 호르몬, 이뇨제 등 약물 복용
- 과음, 세척용제, 농약, 화학약품 등 환경공해 물질에 장기간 노출
- 세포스트레스


## 해독(디톡스)이 요구되는 인체의 신호

- 이유가 불분명한 두통, 요통, 생리통
- 기억력 감퇴
- 이명, 어지러움
- 면역력 감소
- 우울하거나 힘이 없음
- 비정상적인 체취, 혀에 백태가 끼거나 안 좋은 숨 냄새
- 건선, 아토피, 알레르기
- 이유 없는 체중증가
- 다리 부종, 팔 부종
- 손발톱 및 머리카락이 갈라지거나 부서짐
- 과민성 대장, 만성 변비

## 해독 프로그램

- 적외선 체열 검사 (DITI) - 인체에서 자연적으로 방출되는 적외선을 감지하여 순환·장애로 인한 부위를 진단 및 판별
- 바디 테라피 - 습식 온열요법으로 혈액순환 증진을 촉진하며 땀구멍을 열고 땀구멍으로 독소 배출
- 엔터릭테라피 - 장내 쌓인 독소와 노폐물 배출로 장의 정상적인 운동을 유도하여 장기능 회복
- 림프 마사지 - 셀큐어 폼을 이용하여 복부와 다리, 림프절이 있는 부위, 안면과 두피를 마사지하여 림프순환 개선으로 독소 배출

## 해독 효과

- 위장관내에 쌓여있는 노폐물과 유해세균의 청소
- 간, 신장의 정화·순환 개선으로 피부 개선, 부종 감소, 통증 감소
- 뇌 순환 개선으로 어지러움·두통·이명 감소, 정신이 맑아짐
- 설탕, 카페인, 니코틴, 알코올 및 약물에 의한 중독증상 감소
- 좋지 않은 식습관이 개선되어 질병 예방
- 호르몬계가 정상이 되어 여성질환 개선, 성인병 예방
- 면역체계가 자극·활성화→자가면역질환의 개선(아토피, 건선)

해독 사례

## 1. 부종 완화(일반부종, 림프부종)

혈액순환 저하로 인해 붓는 부종은 몸을 따뜻하게 하고 림프 마사지로 흐름을 원활하게 한 후 땀과 변으로 독소를 배출하게 되면 부종이 눈에 띄게 줄어든다.

● 사례 _ 61세 여성 황 모씨 _ 우측다리 림프부종

1개월 5일 집중 해독 + 2주 간격으로 1회씩 시행

➡ 3개월 후 다리부종 6.2cm 줄어듬

### 대퇴부 사이즈

| 날짜 | 2020.10.23 | 2020.11.5 | 2020.1.5 |
|------|-----------|-----------|----------|
| R | 62cm | 57cm | 55.5cm |
| L | 47.8cm | 47.5cm | 47.5cm |
| 양다리차이 | 14.2cm | 9.5cm | 8cm |

## 2. 수족냉증

혈액순환의 장애로 대표적인 것이 수족냉증이다. 손발이 찬 사람은 대체적으로 복부도 냉하기 때문에 생리불순을 초래한다.

● 사례 _ 55세 여성 반 모씨 _ 수족냉증

1주 간격 1회씩 해독 시행

➡ 3개월 후 발가락 순환 원활, 수면양말 없이 숙면 가능해짐

손발이 늘 차갑고, 특히 발이 너무 차가워서 수면양말과 핫팩이 없으면 한여름에도 잠들기 힘들다고 호소한 환자다. 일주일에 한번씩 3개월 해독을 실시한 결과. 3년 동안 썩은 엄지발가락 발톱이 발거(拔去)되면서 새로운 발톱이 올라왔다. 이는 발가락까지 순환이 원활해졌다는 증거이고, 현재 핫팩과 수면양말이 필요 없게 되었다.

## 3. 다이어트

음식을 조절하고 독소배출이 원활해지면서 요요 없는 다이어트 프로그램으로 적용 가능하다. 다이어트 사례는 일일이 열거하기 어려울 정도로 많다.

● 사례1 _ (3년 전) 39세, 95kg이던 양 모씨 _ 자율신경 소실로 인한 체중 과다
절식과 해독프로그램(10일 절식 - 1개월에 1번씩 총6번) + 유산소운동 실시 ➡ 6개월 후 살 처짐 없이 총 37kg 감량에 성공

해독프로그램 실시 전 95kg이던 환자는 자율신경 소실로 내장기관들이 제어가 안 되는 상황이었다. 본인의 확고한 의지와 고난도 프로그램 시행 결과, 6개월 후 58kg으로 총 37kg 감량

에 성공한 케이스이다. 특히 주목해야 할 점은 살 처짐 없이 감량이 가능했다는 사실이다. 3년 전에 감량한 이후 요요현상을 막기 위해 현재도 2주에 한 번씩 관리를 받고 있다.

● 사례2 _ 42세, 박 모씨 _ 림프부종 환자
절식과 해독프로그램 (10일 절식-8회 실시)
➡ 1년 후 60kg 감량, 림프부종 치료도 효과적으로 진행

이 환자는 해독프로그램 실시 전 체중이 205kg이었다. 1년간 절식과 해독프로그램을 꾸준히 실시한 결과 60Kg 감량이 되어 145kg이 되었다. 몸무게가 줄면서 림프부종 치료가 더 효과적으로 반영되고 있다.

## 4. 생리불순

여성들이라면 한두 번은 겪어보는 생리불순. 하지만 3개월 이상 장기 생리불순은 치료가 필요하다. 대체로 만성 변비를 동반하는 경우가 많고 복부가 심하게 차갑다. 또한 이런 환자들은 냉이나 대하도 심한 편이다. 생리불순이 심한 여성에겐 해독을 강하게 추천하며, 해독프로그램 중에서 특히 좌훈은 여성들에게 가장 적합한 치료법으로 사료된다.

● 사례 _ 28세 여성 김 모씨 _ 운동 마니아인 생리불순 환자

1일 해독 후 ➡ 5개월 생리불순 해결, 2주 1회씩 관리 중

　평상시 운동을 많이 하는 환자로서 땀으로 독소 배출이 원활해서 단기간 치료로 효과를 본 유형이다. 1일 해독 치료 후 5개월 생리불순이 해결되었다. 현재 2주일에 한 번씩 꾸준히 관리 중이며, 생리가 규칙적으로 이루어지고 있다.

## 5. 암환자 림프절 절제 후 비대해지는 경우(림프부종 발생 전 단계의 경우임)

　암환자인 경우 해당 암 병소를 제거할 때 전이를 막기 위해 림프절 절제를 하는데, 방치해 두면 림프절 절제 부위가 비대해지고 독소 배출이 안 되면서 몸의 여기저기서 이상신호가 온다. 해독치료 마지막 단계인 림프마사지를 통해 림프정체를 막는 것이 건강을 위해 바람직하다.

● 사례 _ 52세 자궁암 환자 심 모씨 _ 자궁적출 후 림프부종

2주 1회씩 해독-림프마사지 ➡ 다리 부종 치료 후 원상 복귀

　혼자 셀프마사지를 시행했으나 효과를 보지 못해 2주에 한 번

씩 정기적으로 해독−림프마사지 관리를 받았다. 부어 있는 다리가 치료 후 원상 복귀되었다.

## 6. 아토피·건선·피부염

남녀노소를 불문하고 난치성 피부질환 환자는 일상생활을 지속하기 힘들 정도의 정신적 고통이 따른다. 아이들은 학업에 열중하기가 힘들고 성인들은 보기 흉한 피부로 삶의 질이 저하된다. 피부과에서 주로 처방하는 스테로이드 제재 약물 복용은 근본적인 치료에는 한계가 있기 때문에 자연치유에 중점을 둔 해독 치료를 시도해보는 것이 좋다.

● 사례1 _ 21세 남성, 대학생 이 모씨
10일 절식과 해독 치료 3회 후
➡ 아토피 증세 완화, 현역 판정 받고 군 복무 중

아토피 증세가 3단계 정도 되는 심한 환자로 해독 치료 전 군대 신체검사에서 4급 공익근무요원 판정을 받은 사례이다. 10일 절식과 해독치료 3회를 받은 후 아토피 증세가 완화 되었다. 재검 신청 후 현역 판정 받아 현재 군 복무 중이다.

사례2 _ 74세 농포성건선 환자 이 모씨

1주일 1회씩 6개월 간 관장, 땀 배출, 마사지 등 해독 시행 후

➡ 농포성 건선 증상 호전


　전신에 농포가 차는 건선 증상. 땀 배출이 불가능하여 해독
치료 자체가 힘든 환자로 초기 해독과정에서 관장에 중점을 두
어 치료를 시작했으며, 그후 땀 배출과 마사지를 시행했다 .
　일주일 1회씩 6개월 시행 후 증상이 호전되었다.

# 자석파스 예스MV75는 무엇인가?

　보통 엘큐어**리젠**요법은 치료 간격을 1주일 내외로 하고 있으며, 기존에 먹고 있던 진통제, 소염제, 항우울제, 신경통약 등을 모두 끊고 엘큐어**리젠**요법 치료를 시작한다. 하지만 환자들이 별도로 집에서 복용할 수 있는 약이 없기 때문에 통증이 심한 부위에 'MV75'라는 일종의 자석파스를 부착하도록 권장하고 있다. 예스MV75의 궁금증에 대해 알아본다.

## 근육 통증완화용 의료기기 예스MV75의 원리와 효과

　MV75는 특허 등록된 MV 공법의(Micro Voltaic)의 근육 통증 완화용 의료기기(Muscle pain relief medical device)이다. 본 제품에 이용되는 MV-Powder는 2종의 에너지(초미세 전류 에너지, 원적외선 에너지)를 이용하여 상처치료, 흉터 수복, 통증 제어, 피부미용 등 생체의 여러 분야에 활용 가능한 물질이다. $ZrO2$, $SiO2$, $MgO$, $TiO2$ 등의 소재를 혼합, 적정 입도로 분쇄하여 내부는 (+), 외막은 (−)의 극성을 띄게 되며 생체흡수 원적외선 대역인 6~14㎛의 파장으로 생체에 영향을 주게 되는 것이다. 또한 자속밀도 500~600gauss의 자기장을 형성하여 EM field(electromagnetic)를 형성하여 세포의 이온 배열을 원활하게 하여 세포 대사 항진 작용이 있다.

국소의 피부 면에 MV75를 부착시키면 표피 및 진피의 전위와 대전 현상을 일으켜 표피는 진피의 반대 (−) 전위로 되고 진피는 역시 표피의 반대인 (+) 전위로 바뀌게 되어 생체전류가 다시 원활히 흐르게 하는 역할을 한다.

결과적으로 MV75를 부착하게 되면 첫째, 미세전류가 작용하여 막힌 생체전류의 흐름을 소통시켜 진통 효과가 있고 둘째, 부착 시트에서 발생하는 6~14㎛ 영역의 원적외선이 염증 등에 작용하여 통증의 완화 효과가 있다.

## 예스MV75와 일반 파스류의 차이점

예스MV75는 근육 통증 완화용 2등급 의료기기로서 식약청으로부터 허가된 제품이다. 전기생리학적 기반을 두고 있으며, 사용 시 대체로 빠른 통증의 완화 효과가 있다. 반면에 파스류는 일반적으로 진통 성분과 멘톨 등 피부 청량감을 위한 약제들이 함유되어 있으며, 차가운 느낌 또는 뜨거운 느낌 등 피부 자극 및 약리작용을 통한 치료목적의 의약품이다.

요약하면 MV75는 의료기기, 일반 파스류는 의약품으로 분류되어 있다는 점이 다르다. 따라서 피부 자극이 거의 없고 통증 자체가 소멸하는 개념의 MV75와 시원한 것 같은 느낌을 주는 일반 파스류는 근본적인 차이가 있는 것이다. 좀 더 정확히 설명한다면 파스류를 통증 부위에 붙였을 때 '시원한 것 같다'라는 느낌을 받는 이면에는 여전히 통증의 원인은 그대로 남아있는 경우가 대부분이지만, MV75는 '통증이 발생하기 이전의 상태'로 회복시키는 것이 목적이므로 이 점이 파스류와 가장 큰 차이점이라고 할 수 있다.

# 다리근육통

현대인의 60% 이상은 다리와 종아리에 경중에 차이가 있지만 근육통을 달고 산다. 손이나 발에 저린 증세가 나타나기도 하고 다리에 짙은 색깔의 혈관이 튀어 나오는 증상을 경험하기도 한다. 이 때 어떤 사람은 혈액순환장애로 자가진단하기도 하고 일부는 하지정맥류를 의심하기도 한다.

## 다리 근육통 증상

- 다리 쥐남
- 다리 부종 오전 〈 오후
- 다리가 무거움
- 통증
- 다리에 힘이 없다
- 감각이 무디다
- 다리가 떨린다
- 바늘로 찌르는 것 같다
- 발바닥이 화끈거린다

- 근육이 뭉친 곳에 압통 있으며, 심해지면 다리를 잘 움직이지 못함

- 하지정맥류 증상으로 오진 경우 많음.
- 장기화되면 퇴행성 무릎 관절염 생길 수 있음

- pain
- weakness in the muscles
- skin numbness
- a pins-and-needles sensation
- a tremor
- paralysis
- poor coordination
- slow movements
- double vision
- sleep problems

증상이 비슷하다고 해서 무조건 단순한 사지 근육통 또는 다리 저림이나 하지정맥류 또는 혈액순환장애로 단정 짓는 것은 곤란하다. 이런 근육통은 일반인은 물론 의료기관에서조차 오진하기 쉬운 대목이다. 하지만 발병 원인이 각기 달라 치료방법도 상이하다.

하지정맥류는 유전 또는 임신, 서서 일하는 장시간 노동, 비만 등의 원인으로 역류를 방지하는 정맥 속의 판막이 망가져 피가 거꾸로 다리 아래로 흐르는 질환이다. 다리 무거움 외에 통증이나 특이 증상이 없어서 오랫동안 방치하기 쉽다. 하지만 다리가 아프고 부으면 하지정맥류라고 오인해서 필요없는 수술을 받는 사람들도 있다. 하지정맥류는 증상의 유무와 관계없이 혈관초음파로 역류가 0.5초 이상일 경우를 말한다.

근육통은 장기간 오래 서있거나 앉아있는 직업군에 해당하거나 나이가 들어 발생하는 퇴행성 질환, 즉 무릎관절염,척추디스크,척추협착증,발목관절 등 질병이 있을 때 나타난다. 또 다리 저림 증상은 단순히 혈액순환 장애로 간과하기도 하지만 말초신경질환이나 척추질환, 뇌졸중 등에 의해 발생하는 경우가 훨씬 많다. 혈액순환장애는 뇌심혈관질환, 당뇨합병증 등이 단초가 되므로 쓰이는 단어와 달리 훨씬 위중한 사안이다. 특히 말초신경병증은 손과 발의 저림뿐만 아니라 방치할 경우 신체 전

체로 저림 증상이 확산되며 심한 경우 전신적 마비로 이어질 수
있다.

**다리 근육통 원인**

- Overexercising
  - 야외 활동이 많은사람
  - 오래 서있는 직업
  - 오래 앉아 있는 직업
  - 근육활동이 많은 사람, 운동선수
  - 과체중
  - 임산부
- Dehydration
- Stress

- 영양불균형: 카페인중독, 약물중독
- 질병: 다발성경화증, 루푸스, 간경화, 갑상선질환, 뇌졸증, 사지마비, 당뇨, 말초신경장애, 무릎관절, 좌골신경통, 디스크, 루게릭병

즉 하지정맥류나 근육통, 팔다리 저림 등은 각기 다른 질환으로 원인이 다르므로 이와같은 유사 증상을 혼동하면 엉뚱한 치료를 시행하고 치료의 적기를 놓치게 되는 경우도 종종 있다.

따라서 이런 유사 증상이 지속될 경우 자가진단을 지양하고 병원을 찾아 각종 검사 등을 통해 정확하게 진단받고 치료에 들어가는 게 바람직하다.

## 다리 근육통 감별 질환

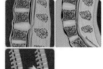
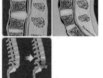

허리디스크, 척추관협착증
전방전위증, 둔부 통증
이상근 증후군,
항문거근 증후군
장경인대 증후군,
부주상골 증후군
족저근막염, 지간신경종
CT, MRI **OK**

좌골신경통, 족저근막염
CT, MRI **NO**

이들 질환의 정확한 감별을 위해 시행하는 대표적인 검사가 초음파검사다. 높은 주파수의 음파를 신체 부위에 발사한 후 반사돼 나온 음파를 이용해 영상을 만들어 확인하는 검사다. 특히 도플러 초음파의 경우 혈관 내 혈류를 측정하는 특별한

방법으로 심장이나 동·정맥의 혈관, 신장 등의 혈류 검사에서
도 광범위하게 이용된다.

이를 통해 인체 구조나 내부 장기의 움직임, 혈관 내의 혈류
상태를 파악할 수 있다. 근육통의 경우 초음파 사진에서 근육
이 뭉친 부분이 정상 근육보다 흰색으로 나타나 비교적 쉽게 진
단된다. 팔다리 저림 증상의 경우 근전도, 신경전도 검사 등을
병행하기도 한다.

하지정맥류는 초음파검사로 혈관의 두께를 측정하고 역류 위
치, 역류량 등을 확인한다. 역류시간이 0.5초 이상이면 하지정

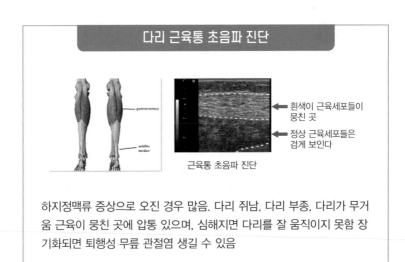

**다리 근육통 초음파 진단**

흰색이 근육세포들이
뭉친 곳

정상 근육세포들은
검게 보인다

근육통 초음파 진단

하지정맥류 증상으로 오진 경우 많음. 다리 쥐남, 다리 부종, 다리가 무거
움 근육이 뭉친 곳에 압통 있으며, 심해지면 다리를 잘 움직이지 못함 장
기화되면 퇴행성 무릎 관절염 생길 수 있음

맥류로 진단할 수 있다.

이들 검사를 통해 질환에 감별이 이뤄졌다면 그에 맞는 증상 개선 치료에 나서게 된다. 근육통은 가정에서 경련이 일어난 곳에 마사지, 지압,스트레칭 등을 시행해 뭉친 근육을 풀어주고, 병원에서 적절한 맞춤 영양수액 및 미네랄 보충을 통해 통증,염증,피로를 유발하는 대사저해적 요인을 해소한다. 통증이 심한 경우에는 근이완제, 진통제 등을 처방하되 근본적인 치료가 아니므로 최대한 단기간 복용하는 게 바람직하다.

팔다리 저림 증상의 경우에는 증상 자체보다 원인 질환에 대한 근본적인 치료가 선행돼야 한다.

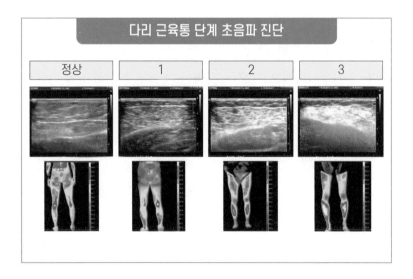

다리 근육통 단계 초음파 진단

| 정상 | 1 | 2 | 3 |

하지정맥류는 정맥류 개선 의료용 압박스타킹을 착용하는 등 보존적 치료와 함께 경과를 관찰한다. 경증이면 혈관경화요법으로 치료가 가능하다. 시간이 지나 증상이 악화됐다면 레이저, 정맥절제술, 고주파 열폐색술 등 수술적 치료를 받아야 한다.

최근에는 이들 질환을 통합적, 근본적으로 치료할 수 있는 전기자극치료인 '엘큐어리젠(ELCURE REGEN)'요법이 주목받고 있다. 엘큐어리젠 요법은 일반 전기자극보다 약 10배 높은 고전압 미세전류를 피부 깊숙이 주입시켜 병변 부위의 마비된 세포에 전기 자극을 가해 대사를 촉진하고 손상된 신경의 회복을 도와주는 치료다.

기존 전기자극치료가 표피 아래 비교적 얇은 층에 전기자극을 가한다면 엘큐어리젠 요법은 작동 방식과 효과의 특성이 확연히 다르게 손상된 근육, 신경, 혈관세포에 전기에너지를 충전한다. 전기생리학적으로 모든 질병은 세포의 음전하가 부족해서 발생한다는 게 이미 학술적으로 오래 전에 규명된 바 있다.

하지정맥류 합병증인 혈전성 정맥염에 의한 피부궤양의 경우 엘큐어리젠 요법으로 세포의 기능이 정상적으로 복원될 뿐만 아니라 부종, 염증, 괴사 등이 일어난 혈관 주변에 쌓인 림프찌꺼기를 녹여 배출해 정맥류 합병증을 안정적으로 개선할 수 있으며, 이 엘큐어리젠 요법은 세포의 기능저하나 염증에 의한 저림이나 통증 증상을 근본적으로 해결해줄 수 있는 치료 효과가 있다.

초음파 검사로 근육통이 호전되는 것을 알 수 있는데 흰색으로 뭉쳤던 부위가 반복 치료함으로서 림프슬러지 즉 림프찌꺼기가 녹으면서 정상의 근육색으로 돌아오는 것을 객관적으로 관찰할 수 있으며 증상이 눈에 띄게 좋아지는 것을 볼 수 있다. 그리고 엘큐어리젠 요법은 무엇보다도 비침습적이며 약물 부작용 등이 없기 때문에 보다 안전하게 질환을 발병시키는 원인을 해결할 수 있으며, 염증 등으로 약해진 근육·신경·혈관 세포를 다시 튼튼하게 만들어 안정적인 회복이 가능하고 재발 위험도 최소화할 수 있다는 장점을 가지고 있다.

## 다리 근육통

**5개월 후**

GCM hyperechogenic change

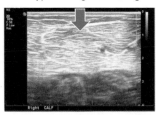

GCM hyperechogenic change

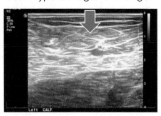

하지통증, 붓기, 쥐나는 현상/ 약 10회-치료 후 **70% 이상 호전됨**

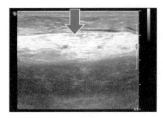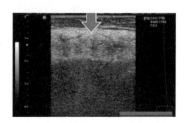

하지통증, 붓기, 쥐나는 현상/ 약 15회 – 치료 후 **70% 이상 호전됨**

참고도표

기존 다리 근육통 치료

- 침, 뜸, 부항
- 다리경련 (쥐남) 유발 행동 금지, 달리기 금지
- 근육뭉침: 뜨거운 찜질
- 통증: 냉찜질
- 탈수가 원인 경우 충분한 수분 섭취
- 커피섭취 줄이기
- 균형식, 체중감량
- 충분한 수면
- 비타민D, 칼슘, 마그네슘섭취

- 알칼리성 체질화 식품섭취
- 스트레칭

## 병원에서 다리 근육통 치료

- 물리치료: TENS, 체외충격파
- 마사지: 도수치료
- 약물치료: 진통제, 근육이완제, 신경안정제, 마약
- 주사치료: 스테로이드주사(뼈주사), 단백질분해요소, DNA주
  사, 프롤로주사, 신경차단치료
- 수술치료: 수술받기 전에 최대한 보존적인 치료받으세요
- 심영기원장의 약물부작용이 없는 근육통 치료법:
  - 병원충전: 엘큐어세포충전요법
  - 자가충전: MV75 전기파스

- **심영기원장의 약물부작용이 없는 근육통 치료법:**
  - **병원충전: 엘큐어세포충전요법**
  - **자가충전: MV75 전기파스**

# 임상 진료 코멘트

다리의 근육통은 내가 진료하는 환자들 중에 80%에 이른다. 근육통은 생활습관으로 근육이 뭉친 것이 대부분이다. 하지만 근육을 풀어주지 않은 상태로 오래 지나다 보면 근육이 돌같이 굳어져서 일반 스트레칭이나 마사지로 풀어지지 않는다. 실제 30년 이상 굳어서 항상 다리가 불편

## 다리 근육통의 주 원인 좌골신경통 - 단계

다리근육통

하다고 호소하는 환자 분들도 적지 않다. 근육통은 초음파로 쉽게 진단되며 의외로 CT, MRI로 진단되지 않는 좌골신경통이 동반된 경우가 대부분이다. 그러므로 다리 장딴지 근육통에만 치료를 집중하면 증상이 호전되는 경우가 드물고 좌골신경통과 동시에 치료를 해 주어야 효과가 좋다.

㈜ 모든 치료는 환자의 나이, 성별, 질병 발생기간, 질병의 위중한 정도, 건강 상태에 따라 치료 회수 및 경과에 차이가 있을 수 있습니다.

## 산성 음식과 알카리성 음식 그리고 암 관련 식이요법

산성음식 편식하면 암 유발 체질 ··· 디톡스로 탈출

인체는 단백질, 탄수화물, 지방 등 3대 열량영양소와 미네랄, 비타민.등 양대 활성영양소가 꼭 필요하다. 그리고 세포 대사에 도움을 준다.

일반적으로 △소고기·돼지고기 등 육류, 닭·계란 등 가금류, 생선 계란등과 같은 고단백음식 △곡식·빵·파스타 등 고탄수화물 △고지방식품 등은 산성체질을 만든다. 이와 반대로 대부분의 과일과 야채, 해조류 등은 알칼리성 체질을 만든다. 오렌지·레몬 등은 유기산을 함유하고 있어 신맛이 나지만 대사되면서 알칼리성 중간물질을 만들므로 이것이 체액에 작용해 산성을 알칼리성으로 변화시키는 방향으로 작용한다. 마찬가지로 유리아미노산은 산을 만들지는 않지만 완충작용으로 산성 노폐물을 알칼리성으로 상쇄시키는 데 도움을 준다.

일반적으로 황, 인, 염소 등을 포함하고 있는 식품은 대사되면서 황산, 인산, 염산 등을 만들어 산성화를 유발한다. 반대로 나트륨, 칼슘, 칼륨, 마그네슘 등을 많이 함유하면 체내에서 알

칼리성을 띠게 된다. (음식도표 그림참조)

인체는 체액이 pH 7~8일 때 생존할 수 있으며, 건강한 사람은 대체로 약알카리성인 pH 7.4를 유지하고 있다. 인체는 항상성을 유지하기 때문에 웬만큼 편식해서는 체질이 산성이나 알칼리성으로 변하지 않지만, 치우진 식습관이 누적되면 체질이 바람직하지 않는 산성체질로 바뀌기 때문에 음식섭취를 통한 체질관리에 신경을 써야 한다.

무엇보다도 현대인의 가장 많은 사망원인인 암세포는 산성 체질에서 잘 자라며 포도당을 주 원료로 하는 해당계의 에너지원을 사용하는 비중이 높기 때문에 결과적으로 부산물인 젖산이 증가돼 산성 체질을 만든다.

반면에 건강한 세포의 에너지 생산비율은 90%를 크랩스 Krebs cycle 대사원리를 통한 미토콘드리아에서, 나머지 10%는 포도당을 주원료로 한 해당계에서 만든다. 미토콘드리아는 산소가 있어야 에너지 생산이 되며 에너지 효율이 높다. 반면 해당계는 에너지 효율이 낮지만 산소가 없이도 포도당을 분해하여 젖산으로 대사하면서 에너지를 생산하므로 급할 때 빨리 쓸 수 있다. 암세포는 산소없이 포도당을 분해 생산된 해당계 에너지 비율이 10%이상으로, 스트레스를 받으면 에너지를 팍팍 쓰는 것처럼 암세포도 신속하게 반응하는 해당계

# 알칼리 80% 산성 20%의 비율로 드세요!

| 음식종류 | 강산성 | 산성 | 약산성 |
|---|---|---|---|
| 가당류 | 인공감미료 Aspartame | 백설탕, 갈색설탕 | |
| 과일 | 블랙베리 클렌베리 말린자두 | 산과앵두, 대황 | 자두 가공과일 주스 |
| 견과, 야채, 콩류 | 초콜릿 | 강낭콩, 흰강낭콩 라마콩 | 강낭완두콩 |
| 씨앗 | 땅콩, 호두 | 피칸, 캐슈너트 | 호박씨, 해바라기씨 |
| 기름 | | | 옥수수기름 |
| 곡물 | 밀, 흰밀가루 페스트리, 파스타 | 흰쌀, 옥수수, 메밀 귀리, 호밀, 쌀겨 | sprouted wheat bread, 현미 독일소맥, 보리 |
| 육류, 어류 | 소고기, 돼지고기 조개류, 오징어 | 칠면조, 닭고기 양고기, 연어, 새우 | 사슴고기 냉수성어류, 김 |
| 유제품 | 치즈, 균질우유 아이스크림 | 생우유 | 계란, 버터, 요구르트, 버터밀크 코티지치즈 |
| 음료 | 맥주, 청량음료 | 커피 | 차 |

- 산성 형성식품 대부분의 육류와 생선, 계란, 우유, 곡물, 가공식품, 정제식품, 피자, 햄버거 등 정크 푸드
- 알칼리 형성식품 대부분의 과일과 야채, 감자, 시금치, 해조류, 천연소금, 차, 광천수
- 중성 형성식품 버터, 마가린, 식용유, 꿀, 설탕, 커피

# 암세포는 산성체질을 좋아합니다.(심영기 박사 정리)

| 음식종류 | 약알칼리 | 알칼리 | 강알칼리 |
|---|---|---|---|
| 가당류 | 천연벌꿀, 천연설탕 | 단풍당밀, 원당 | |
| 과일 | 오렌지, 바나나 체리, 파인애플 복숭아, 아보카도 | 대추야자, 무화과 멜론, 건포도, 키위 블루베리, 딸기 사과, 배 | 레몬, 라임, 수박 포도, 망고, 파파야 |
| 견과, 야채, 콩류 | 당근, 토마토, 생옥수수, 버섯, 양파, 완두콩, 감자껍질, 올리브, 두부, 감자 | 호박, 녹두, 사탕무우, 상추, 샐러리, 애호박, 고구마, 캐럽, 생강 | 아스파라거스, 양파마늘, 파슬리 시금치, 브로콜리 야채주스, 양배추 당근, 호박 |
| 씨앗 | 밤 | 아몬드 | |
| 기름 | 카놀라기름 | 아마씨기름 | 올리브기름 |
| 곡물 | 천일홍, 기장수수 야생벼, 명아주 | | |
| 육류, 어류 | | | |
| 유제품 | 콩치즈, 두유, 산양유, 산양유치즈, 유장 | 모유 | |
| 음료 | 생강차, 천연식초 | 녹차 | 허브차, 레몬수 |

※백색식품은 피하세요. (흰 설탕, 흰 밀가루 등등)

에너지를 과용해 즉 Krebs cycle 대신 혐기성 대사(anaerobic metabolism)를 이용하여 산성화 체질을 만들면서 암세포가 산소가 없이도 무한 증식이 되게 된다. 암세포의 종류에 따라, 암세포의 악성도가 높을수록 해당계에 의존하는 에너지 비중이 높아진다고 볼 수 있다. 그러므로 암세포가 싫어하는 알칼리성 체질로 바꾸어 주고 설탕 등 단음식을 적게 먹고 심호흡을 해서 산소공급을 충분히 하여 미토콘드리아 에너지 공장을 활성화 시키는 것이 기본적인 암 치료법이 될 수 있다.

　참고로 전기생리학적으로 산성체질은 전자가 적어 방전된 상태이며 알카리성은 전자가 충만하여 세포가 충전된 상태로 이해하면 된다. 활성산소가 암발생의 원인으로 활성산소는 전자를 세포로부터 빼앗아가서 세포방전 상태로 만들며, 알칼리성이 되면 세포에 충분한 전자를 공급하여 세포 충전상태로 된다.

Healthy 70-100 mW　Diminished 60 mW　Chronic Illness 40 mW　Cancerous 20 mW

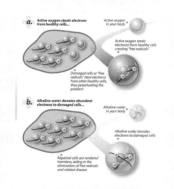

- 활성산소는 전자를 건강한 세포에서 뺏어간다 (세포방전)

- 알카리성 물은 풍부한 전자를 병든 세포에게 공급한다 (세포충전)

## pH 수소이온농도와 전위

**알칼리성 pH 7~14**
- hydrooxide          수산화이온

- −50mV pH 7.88    새 세포생성
- −35mV pH 7.61    정상소아
- −25mV pH 7.44    정상성인

**산성 pH 0~7**
- hydrogen          수소이온

- −20mV pH 7.35    만성질환
- −15mV pH 7.26    피로증상
- −10mV pH 7.18    질병발생
- −0mV pH 7.00     세포극성변화
- +30mV pH 6.48    암발생

음전위를 가진 전자량이 많을수록(충전상태) 알칼리성이 되고 세포재생이 일어나지만 전자량이 적어지면(방전상태) 산성화가 되고 만성질환 피로 질병발생 통증 암세포가 발생한다

피자·햄버거·라면 등 패스트푸드, 가공식품 및 통조림 등을 장기간 섭취, 건강기능식품 등에 포함되어 있는 음식 부패를 막고 오래 보관하기 위한 방부제와 같은 화학제품들, 저가 한약제에 함유되어있는 농약성분 등이 체내에서 화학적 변화를 일으켜 세포에 독성 작용을 할 소지가 있다. 더욱이 유전자조작을 통해 생산된 값싸고 양이 많은 유전자변형(GMO) 식품은, 고혈압, 당뇨, 통풍 등 대사질환뿐만 아니라 고도비만, 지방부종, 고지혈증, 비만세포(mast cell·알레르기 염증에 관여)변이, 유전자 변이 및 대표적인 불치병인 자가면역질환, 선천성기형, 그리고 우리가 알지 못하는 질병의 발생원인이 되어 우리의 건강을 위협하고 있다.

좋아하고 귀한 음식으로 여겨졌던 하얀 쌀밥에 소고기 반찬은 대표적인 산성화 식품이다. 즉 고지방 고단백식처럼 비싸고 사람들이 좋아하는 음식들은 거의 산성체질을 만든다. 비싼 돈 내고 고급 음식을 많이 먹는 것은 과다영양으로 당뇨병 고혈압과 같이 성인병을 일으키고, 산성체질로 만드는 독을 자신의 몸에 퍼부어 암까지 초래될 위험에 놓이게 된다.

건강에 도움되는 알칼리성 음식은 섬유소가 많은 야채, 김치,

과일 등이다. 경제발전 이전 시대엔 저칼로리에 섬유질이 풍부한 음식이 주식이던 때에는 폐결핵 각기병 등 영양실조에 관련된 질병이 많았지만 성인병과는 무관했다. 유전자조작이 되지 않은 무공해 자연식을 먹어 건강에 해를 끼칠 것은 없던 시절이었다.

왜 음식점 음식은 맛있고 시장에서 직접 식재료를 사다가 집에서 조리한 음식은 맛이 없을까? 답은 설탕이나 조미료, 인공감미료에 있다. 인공감미료의 장기간 다량 섭취는 암 발생의 주범이다. 집에서 부모님이나 아내가 해주는 음식이 최고 건강식이므로 외식을 줄여야 한다.

㈜ **인공감미료(人工甘味料)**는 설탕 대신 단맛을 내는 데 쓰이는 화학적 합성품이다. 시클라메이트, 아스파르테임, 둘신, 사카린, 수크랄로스 등이 있다. 설탕보다 달지만 열량이 거의 없고 당이 들어 있지 않아 다이어트를 하는 사람과 당뇨병에 걸린 사람이 많이 이용한다. 사카린의 경우 설탕보다 300배 더 달다.

**인공감미료**(人工甘味料)는 크게 나눠 탄수화물계 감미료와 비탄수화물계 감미료가 있으며, 탄수화물계 감미료는 최근 전분을 원료로 하는 효소생산 기술이 진보하여 새로운 화합물이 만들어져 사용되고 있다. 비탄수화물계 감미료에는 천연감미료와 합성감미료가 있다. 천연

감미료에는 감자 추출물(피로즐친), 감초 추출물(glycyrrhetenic acid), 스테비아 추출물(stevioside), 타강카 추출물(monellin), thaumatin 등이 있다. 합성감미료에는 사카린(saccharin), 아스파탐(aspartame), 아세설팜(acesulfame, 일본에서는 비허가), 둘신(한국에서는 비허가), 시클라민산나트륨(cyclamate sodium, 한국에서는 비허가) 등이 있다.

또 백색식품을 삼가야 한다. 백설탕, 백밀가루, 백색조미료, 백미, 백소금(하얀 정제된 소금)은 보암직도 하고 입에는 달고 맛있지만 몸에는 암·비만·성인병을 일으키는 주범이다. 구미 선진국에선 고단백, 저탄수화물, 저지방, 고섬유질 식품 섭취를 권장하며 특히 백설탕이 버무려진 과자류나 스낵류는 복부비만의 원흉으로 낙인찍고 있다.

㈜MSG 정의

Monosodium glutamate (MSG) is a flavor enhancer often added to restaurant foods, canned vegetables, soups, deli meats and other foods. The U.S. Food and Drug Administration (FDA) has classified MSG as a food ingredient that's generally recognized as safe. (google)

단백질 생성에 필요한 천연 아미노산인 L–글루타민산에서 추출한 인기 있는 풍미 증강제이다. 오늘날 패스트푸드에서 통조림 스프까지 다양한 가공 제품에서 찾을 수 있다. 미각 수용체를 자극하여 음식의 풍미를 향상하며 풍미 수용도를 높이는 것으로 알려졌다. 대표적인 음식은 아래와 같다.

- **패스트푸드:** 패스트푸드는 MSG가 가장 많다. 두통, 두드러기, 인후부종, 가려움증, 복통 등 증상을 보인다. 일반적으로 많이 사용하지는 않지만, 중국 음식점에서 특히 많이 사용된다.

- **감자칩:** 감자칩 및 과자의 경우 MSG가 많이 들어있다. 옥수수 칩및 스낵 믹스에 첨가되는 것들도 다 포함되니, 충분히 라벨을 읽어본 후 섭취하자.

- **조미료 혼합:** 스튜, 타코 및 볶음과 같은 요리에 짠맛과 풍미를 더하는 데 사용된다. 염분을 추가하지 않고도 맛을 강화하고 감칠맛을 높이는 데 사용된다. 일부 경우 육류, 가금류 및 생선 등 식품의 기호성을 향상한다.

- **냉동식품:** 냉동식품은 건강에 해롭고 잠재적으로 문제가 될 수 있는 많은 성분이 포함되어 있다. 식사의 풍미를 향상하기 위해 제품 MSG를 첨가한다. 냉동 피자, 맥앤치즈, 냉동 아침 식사가 있다.

- **스프:** 통조림 스프와 스프 믹스에는 소비자가 갈망하는 짭짤한 맛을 강화하기 위해 첨가되는 경우가 많다. 특히 치킨 누들 스프가 논란이다. 부용 조미료를 더욱 많이 쓰기 때문이다.

- **가공육:** 핫도그, 런천 미트, 육포, 소시지, 육류, 페퍼로니 등 가공 육류에는 MSG가 포함될 수 있다. 맛을 향상하는 데 사용되는 것 외에도 소시지와 같은 육류 제품에 첨가되어 풍미를 바꾸지 않고 나트륨 함량을 줄인다.

- **양념:** 샐러드드레싱, 마요네즈, 케첩, 바비큐 소스 및 간장과 같은 조미료에는 종종 MSG가 첨가된다. 설탕, 인공색소, 방부제 등 건강에 해로운 첨가물이 많이 들어 있기 때문에 되도록 한정된 원재료를 구입하는 것이 좋다.

- **라면:** 라면은 돈이 없지만 배부른 식사를 제공한다. 특히 MSG를 많이 사용한다. 건강에 해로운 재료로 만들어지며 소금, 정제된 탄수화물 및 방부제가 첨가되어 있다. 혈당, 콜레스테롤, 중성지방 및 혈압 수치 상승을 포함한 심장 질환 위험 요소 증가와 관련이 깊다. (발췌) https://healthlover.tistory.com/71


이런 해악으로부터 벗어나려면 몬산토 관련 GMO의 수입, 재배, 씨앗배포를 금지하고 각종 음식점과 식품공장에서 이를 원료로 쓰는 것을 중단해야 한다. 식생활, 운동관리, 비만억제, 건강검진 강화 등을 통해 예방의학 건강관리에 힘써야 한다. 규칙적인 운동과 소식, 스트레스 해소도 필수적이다.

병의원에서는 불필요한 약제 처방을 최소화해야 한다. 약은 독이다. 특히 많은 노인분들이 "약을 먹으면 모든 병이 낫는다"는 잘못된 생각과 여러 병원에서 중복 처방된 약을 합치면 하루에 수십알씩 알약을 드시는 분들이 의외로 많다. 다량의 약물을 장기간 복용하는 것은 가장 큰 해독기관인 간장과 신장이 나빠지게 되고, 세포간 소통과 생체의 자체 세포의 회복능력을 떨어뜨려, 오히려 다른 질병을 발생시키고 재발을 초래하는 경우가 많다. 이를 약물중독이라고 한다.

건강을 지키려면 환자 스스로는 고지방 고탄수화물의 산성화 식품, 기름지고 설탕이 많은 식품, 가공식품, 인스턴트 식품 섭취를 줄이는 게 최선이며, 권장 건강 식품은 고단백, 저탄수화물, 저지방, 고섬유질 식품 섭취이며 특히 여기저기 아픈 노인이라면 약물 복용을 최소화해 약의 잔여 독성이 몸에 해를 끼치지 않도록 주의해야 한다.

병원에서 할 수 있는 것은 세포가 기능이 떨어져 자주 만성피로, 두통, 관절염, 고도비만, 불면증 등이 생기면 비타민 미네랄 등을 보충해주는 영양제 주사를 최소 일주일에 1~2회 정도 보충해 주는 것이 좋다. 그 밖에 △개인별 맞춤형 디톡스 림프해독 프로그램 설계 △하이드로 온열 테라피와 디톡스차(茶) △장

청소 △천연 약제를 활용한 세포활성화 등 4단계 디톡스 요법으로 체내에 장기간 쌓인 독을 정기적으로 제거하면 좋다. 혈액에 있는 중금속은 EDTA 킬레이션요법으로 효과적으로 제거하는 방법도 있다. 마지막 단계로 엘큐어리젠요법을 통해 근본적으로 세포 충전을 통한 전기 에너지 보충으로 기능 재생 및 활성화시킴으로 세포 단위의 치료·재생·증식을 시켜 줄 수도 있다.

# 임상 진료 코멘트

대부분의 맛있다고 소문난 음식들은 거의 산성체질을 만드는 음식들이다. 비싼 돈 내고 고급음식을 먹는 것은 성인병을 일으키는 산성체질로 바꾸어주는 즉 세포방전을 시키는 원료를 자신의 몸에 퍼붓는 것이다. 스트레스를 먹는 것으로 해소시키는 사람은 지나칠 정도로 맛있는 음식점을 찾아 다닌다. 맛있다는 것의 요점은 백설탕에 고탄수화물 고지방 고단백 재료에 MSG를 어느 정도의 비율로 섞느냐?에 있다는 요식업 관계자들의 양심고백이 있다. 중국에 가면 양꼬치집이 많은 데 아예 손님들이 식성에 맞게 드시라고 소금, 고추가루, 즈란 (羊肉串芝쯔), 그리고 MSG 양념통이 있다.

고도비만이란 지방세포가 우리 몸에 들어오는 독성물질들을 자신의 지방 즉 기름으로 감싸서 지방세포 내부에 보관하여 우리 몸을 독으로부터 보호하는 데 지속적으로 독이 과량으로 들어오게 되면 지방세포도 자신정상 몸집보다 수백 배 이상 커지게 되고 세포내부에 독성물질이 가득차게 되어 고도비만으로 몸이 변한다. 그러므로 정상 체중이 아닌

비만인 사람들은 건강하지 못하고 면역이 저하되어 있으며 림프 찌꺼기가 많이 쌓여 있고 세포가 방전된 상태가 많다.

세포충전시키는 알카리 음식은 섬유질이 많은 견과류, 야채, 김치, 과일 등이다. 1950년 625 동란 이전의 식단은 저칼로리, 섬유질이 풍부한 음식, 영양이 적은 음식으로 영양실조에 관련된 폐결핵, 각기병 등과 같은 질병이 많았다. 그 당시는 거의 먹을 것이 없어 정말 명절 때만 소고기국에 흰 쌀밥을 먹었다. 유전자 조작이 없는 거의 자연산 식품을 먹었다.

하지만 한국도 구미와 같이 패스트푸드, 고탄수화물, 고지방 음식들이 대거 들어오면서 인공감미료, MSG, GMO, instant 식품독소에 의한 질병, 그리고 과거보다 지금 과다영양으로 인한 고혈압, 당뇨, 비만, 암 환자 비율이 훨씬 높다.

건강을 위해서는 예전의 자연식, 무공해 식을 먹는 것이 건강에 좋다. 하지만 지금은 무공해음식은 구하기 힘들다. 농부들이 자기 자식들을 위해서는 농약을 치지 않는 벌레먹는 야채 등 먹거리를 보내준다고 한다. 하지만 이런 연고가 없는 사람들은 시장에서 보기에 좋고 상품성이 있는 하지만 잔류농약이 있을 수 있는 식품을 먹을 수 밖에 없다.

구미 선진국에서의, 백설탕 섭취 (과자류, 스낵류 등 단음식)는 건강에 최악이고 복부비만의 주범으로 지목하고 있다. 맛있고 인기있는 음식에는 MSG가 다량 함유되어 있는 것을 알면서도 쉽게 외면할 수 있는 것이 고민이다.

일단 정부가 제도적으로 국민의 건강을 지키기 위해서 할 일들 중 하나는 유전자 변이식품 수입 판매, 재배, 씨앗 배포 금지. 각종 음식점 과자 음식 가공회사에서 GMO 곡물 원료 사용금지를 해주었으면 하는 바램이 있고, 예방 의학에 투자 증대로 식생활 관리, 비만 관리, 규칙적인 운동관리, 적게 먹기, 스트레스를 줄이고 정신 건강을 지킴, 정기적 건강검진 받기 등 지속적인 홍보 및 계몽이 필요하며, 병 의원에서 할 일은 불필요한 약제 처방을 최소화하고 (70-80세 이상 노인분들 아파서 병원 다니는 분들은 하루에 수십알씩 약을 먹는다) 모든 약은 독이며, 부작용이 없는 약이 없으므로 꼭 필요한 약만 단기간 처방하여야 한다. 진통제, 스테로이드 계열의 약품은 꼭 필요한 경우 2 주 이내로 단기 처방한다.

세포는 자체 기능 회복 프로그램이 있다. 그런데 약물이 들어가게 되면 세포의 소통을 차단하므로 이런 기능 회복 프로그램이 작동되지 않아 근본 원인 치료가 되지 않으므로 더욱 증상은 악화되거나 재발된다.

칠순인 필자의 의과대학 동기들 중에 10%는 이미 작고하였고 15%는 암투병중이다. 의사가 오히려 자신의 건강을 소홀히 하는 경향이 있고 스트레스가 많은 직업이 원인이 아닐까? 생각한다. 실제 암세포는 세포가 방전된 상태가 오래 지속되면 활성산소가 전자를 빼앗아서 세포방전이 되고 산성체질로 되므로 알카리성 체질로 바꾸어 주는 식단이 무엇보다도 중요하다. 나는 환자들에게 하루에 레몬 한 알씩 꼭 드시라고 한다.

필자가 권장하는 병원에서의 치료법은 세포의 효율을 높이기 위해 영양제 주사요법 및 디톡스 즉 림프해독 프로그램을 이용하여 인체에 쌓여 있는 독을 제거하고, 여유가 있으면 혈액에 쌓여 있는 중금속 제거하기(킬레이션 요법), 림프순환향상 및 림프찌꺼기 분해를 위한 세포충전 엘큐어리젠요법을 추천한다.

## 레몬 복용법

레몬은 **강알칼리** 체질로 바꾸어 주는 고전압 식품으로 하루에 1알~3알정도 매일 3개월 이상 꾸준히 복용하면 면역력이 높아집니다.

**레시피 : 물** 1.5L ~ 2L + **레몬즙** 1알~2알 + **소금** 한 티스푼

㈜ 모든 치료는 환자의 나이, 성별, 질병 발생기간, 질병의 위중한 정도, 건강 상태에 따라 치료 회수 및 경과에 차이가 있을 수 있습니다.

# 림프에서 답을 찾다

림프 케어를 다이어트 방법으로 알고 있다면 림프에 대해 절반도 제대로 이해하지 못한 것이다. 림프를 케어하면 다이어트를 넘어 통증을 완화하고 면역력을 높이는 데도 큰 도움이 될 수 있다. 웰에이징을 위해 반드시 알아야 할 림프 케어의 모든 것을 소개한다.

## Part 1. 왜 지금 림프 케어인가?

림프를 이해하면 몸속을 근본적으로 건강하게 케어해 절로 다이어트가 된다. 건강과 미용을 위해 알아야 할 림프 이야기.

### 림프, 다이어트의 기본

SNS를 탐험하다 나도 모르게 홀리듯 구매 버튼을 누른 적이 있다. 바로 겨드랑이와 허벅지에 가져다 대는 것만으로 림프순환을 촉진해 부종과 군살을 빼준다는 마법의 마사지 기기. 확실한 다이어트를 위해 림프를 먼저 풀어 주라고 강조하던 그 마사지 기기와 비슷한 기기의 광고는 최근 유난히 자주 포착되고 있다.

사실 10여 년간 뷰티 에디터로 일하면서 림프를 케어하면 피부 속 독소와 노폐물을 배출시켜 다이어트에 효과적이라는 이야기는 꾸준히 들어왔다. 유명 아이돌과 연예인들이 즐겨 찾는 한 에스테틱 숍의 대표는 림프 마사지를 통해 온몸의 사이즈는 물론이고 얼굴 크기 또한 작게 만들 수 있다고 고백한다.

그렇다면 여기서 드는 궁금증 하나. 평생 모두가 해답을 찾고 있는 다이어트의 정답이 정말 림프에 있을까? 림프가 도대체 무엇일까? 림프(림프액)란 림프계를 흐르는 무색, 황백색의 액체로 혈액이 동맥에서 모세혈관을 거쳐 정맥으로 순환하며 세포 사이를 채우고 림프 모세혈관에 모이는 액체 성분이다. 림프는 온몸에 거미줄처럼 퍼진 림프관을 따라 이동한다. 그 중간중간 림프관이 크게 합쳐지는 부분을 림프샘이라고 부른다. 림프가 모여 있는 림프샘은 전신에 펼쳐져 있는데 목과 겨드랑이, 사타구니 등에 많이 분포한다.

림프관이 손상돼 노폐물과 독소가 빠져나가지 못하면 림프가 정체된 곳에 쉽게 셀룰라이트가 생기며 피부가 딱딱해지고 묵직해진다. 그러면서 차츰 부종이 생기고 빼기 힘든 군살로 자리 잡는 것. 이러한 이유로 다이어트에 앞서 림프를 케어하면 몸이 한결 가뿐해지고 다이어트 효능을 배가시킬 수 있다. 그뿐만 아니라 림프 해독만 잘해도 피부 톤이 맑아지고 피붓결이 유연해져 안티에이징 시술 못지않은 뷰티 효과를 얻을 수 있으니 이제 시술에 앞서 림프 건강을 먼저 점검할 것.

## 면역력을 강화하는 림프 케어

우리 몸은 혈관과 림프관을 통해 영양분과 노폐물을 전달한다. 심장에서 나온 혈액이 동맥을 통해 이동하고, 노폐물을 담은 혈액은 정맥을 통해 다시 심장으로 보내진다. 림프계는 온몸 구석구석에 쌓인 노폐물을 수거해 정맥으로 보내는 역할을 담당한다.

이 과정을 통해 바이러스나 이물질을 제거하는 중요한 일도 관할한다. 특히 림프샘에는 림프구, 백혈구 등의 면역세포가 존재해 림프관을 통해 손상된 세포나 암세포, 노폐물이 제거되기 때문에 림프관을 건강하게 케어하면 우리 몸의 면역력을 키우고 각종 바이러스로부터 몸을 보호할 수 있다.

"우리 몸의 70%는 수분으로 구성돼 있고 그 수분은 혈액과 림프로 이루어져 있어요. 동맥, 정맥에 흐르는 혈액보다 더 많은 비율을 차지하는 것이 바로 림프죠. 눈물도, 침도, 땀도, 심지어 진물까지도 림프거든요."

연세에스의원 림프해독센터 최세희 원장은 혈액은 이기적이라 본연의 좋은 컨디션을 유지하려고 하기 때문에 나쁜 독소는 혈관 벽이나 림프 쪽에 버린다고 덧붙인다. 내 몸 어딘가에서 계속 이상 신호를 보내고 분명 통증이 있음에도 병원에서 혈액검사를 하면 이상이 없는 경우도 바로 이 때문이다.

"혈액검사에서 문제가 나타나면 이미 림프 등 다른 부분에는 독소와 염증이 가득 찬 상태예요. 우리 몸 중 가장 먼저 독소가 쌓이는 곳이 림프 쪽이죠."최 원장은 림프를 깨끗하게 청소해야 세포 하나하나를 건강하게 유지할 수 있다고 조언하며 아직까지 림프를 혈액검사하듯이 검사하는 방법은 없다고 덧붙인다.

## Part 2. 림프 해독을 위한 노하우

림프를 더욱 건강하게 케어하고 싶다면 우선적으로 림프 해독을 시작할 것. 림프 해독을 위한 5가지 방법을 소개한다.

### 림프 해독을 위한 레몬 물 디톡스

레몬 물 디톡스는 한때 모두가 주목한 다이어트 중 하나였다. 시중에 관련 제품이 쏟아졌을 정도로 크게 인기를 끌었지만 요요 현상이 심하고 영양 불균형 등 다양한 문제점이 지적되며 인기가 사그라들었다.

하지만 원 푸드 다이어트가 아닌 림프 해독을 위해 레몬 물을 마시는 것은 좋은 선택지 중 하나. 레몬에는 미네랄과 비타민C가 풍부하고 림프 해독에 탁월한 효과를 발휘하기 때문이다.

레몬 1/4을 물 두 잔에 넣어 하루 한 번 마셔도 좋고, 레몬 한 알을 물 2L에 넣어 매일 조금씩 나눠 마시면 림프 해독에 도움이 된다. 레몬 물을 마시기 불편하다면 적당량의 꿀을 함께 섭취하는 것도 방법. 오이·레몬 1/2개씩, 사과 1개, 생강 2cm, 물 1/2컵을 함께 갈아 매일 아침 마시는 것도 좋다.

오이는 이뇨 작용이 뛰어나 부종을 완화하고 노폐물과 중금속 배출에 도움이 되며, 사과 역시 노폐물과 독소 배출에 효과적이라 림프순환을 건강하게 만들 수 있다.

이 밖에 차나 커피가 아닌 따뜻한 물을 매일 틈틈이 마시는 것도 중요하다. 물 1.5L를 매일 꾸준히 마시면 탁하고 끈적해진 림프를 깨끗하게 정화시키는 데 크게 도움이 될 수 있다.

## 와이존 운동에 공들여라

서혜부 림프 존은 가장 많은 림프샘이 모여 있는 곳이며 가장 먼저 지방이 쌓이고 가장 늦게 분해되는 부위다. 노폐물과 독소를 처리해주는 곳이기도 하다. 와이존 순환이 원활하지 않으면 허벅지에 셀룰라이트가 심해지고 다리 부종도 생긴다.

다리와 골반을 열어 나비의 날개처럼 활짝 펴주는 '나비 자세', '개구리 자세' 등 고관절을 유연하게 해주는 동작을 매일 꾸준히 할 것. 여성의 경우 생리통에도 효과적이다. 특히 바닥에 엎드려 개구리 자세를 취한 뒤 사타구니 주위 움푹 들어간 부위를 부드럽게 원을 그리며 1분 정도 마사지하면 더 빠르게 독소를 배출시킬 수 있다. 바닥에 누워 발바닥을 서로 붙이고 1분 간 유지하는 '누운 나비 자세'는 지방 분해를 촉진시켜 다이어트 에 큰 도움을 줄 수 있으니 참고할 것.

## 오가닉 제품을 가까이하라

인스턴트식품을 멀리하고 토마토, 브로콜리, 가지 등 형형색색 의 제철 채소, 알칼리성 음식을 가까이하는 식습관은 건강관리 에 있어 매우 중요하다.

하지만 먹는 만큼 중요한 것이 바르고 씻어내는 화장품이다. 출산하는 여성의 양수에서 평소 사용하던 샴푸 향이 났다는 유 명한 일화처럼 우리가 매일 사용하는 샴푸와 화장품은 피부속 에 흡수돼 우리 몸에 차곡차곡 쌓인다. 샴푸와 화장품은 되도 록 오가닉이나 인체에 무해한 성분을 함유한 제품을 선택할 것.

피부를 통해 미세먼지가 쉽게 흡수될 수 있는 요즘엔 노폐물 과 독소를 흡착해 제거하는 클렌저를 잘 선택하는 것도 중요하 다. 세안 전 손을 깨끗하게 씻은 뒤 미지근한 물로 얼굴을 씻어 내 모공을 열어준 다음 손바닥에 조밀하고 미세한 거품을 풍부 하게 만들어 얼굴을 부드럽게 마사지하며 클렌징한다. 미지근한 물로 거품을 가볍게 헹구고 시원한 물로 마무리한 뒤 보습제를 바르면 피부를 통해 노폐물과 독소를 배출시킬 수 있다.

## 림프 마사지를 꾸준히 하라

괄사와 마사지 디바이스 등 최근 림프 마사지와 관련된 도구가 연이어 출시되며 주목받고 있다. 하지만 연세에스의원 림프 해독센터 최세희 원장은 "두 손이 가장 효과적인 림프 마사지 도구"라고 말한다.

디바이스로 강하게 지압하기보다는 림프 순환을 이해하며 가볍게 쓸어주는 루틴이 가장 효과적이라는 것. 빗장뼈 위쪽 쇄골 부위와 겨드랑이, 서혜부, 무릎 뒤쪽에 큰 림프샘이 자리 잡고 있는데 이 부근을 틈틈이 마사지하면 림프순환을 촉진할 수 있다.

이 부위를 중심으로 전신을 두손으로 가볍게 쓸어주자. 먼저 귀 뒤와 목 옆을 지나 쇄골 바깥 방향으로 쓸어주고, 팔과 다리는 구역을 나눠 짧게 쓸어주는 것이 좋다. 예를 들어 팔꿈치 위쪽부터 팔뚝 위쪽으로 쓸어 올리고 복부도 살살 위쪽으로 쓸어준 뒤 허벅지 역시 허벅지 중간부터 서혜부 쪽으로, 아킬레스건부터 종아리 근육까지 살짝 잡아당기듯 무릎 쪽으로 쓸어주는 식. 샤워할 때나 드라마를 보며 가볍게, 그리고 꾸준히 어루만지면 우리 몸속 림프순환을 촉진시켜 부종을 예방할 수 있다.

## 장 해독을 통해 면역력을 강화하라

몸속 면역력의 80%를 담당하는 곳이 바로 장이다. 흔히 장을 '제2의 뇌'라고 언급할 정도로 장은 매우 중요한 기관. 장에 독소가 쌓이면 혈액을 타고 전신을 돌아다니며 각종 질병을 일으킨다. 나무로 치면 뿌리에 해당하는 장을 튼튼하게 케어해야 노폐물을 시원하게 배출하고 음식의 영양 성분을 몸속으로 흡수시킬 수 있다.

만약 지속적으로 두통, 만성피로, 위장장애 등으로 고생 중이라면 장 해독을 반드시 받아볼 것. 장이 건강해야 간이 건강하고 신장 역시 튼튼하게 유지할 수 있다. 연세에스의원 림프해독센터에서는 컨디션에 따라 금식하며 장을 해독하고 이를 통해 대변으로 배출시키지 못한 독소는 소변과 땀으로 배출시키는 프로그램을 제안한다.

다만 모든 해독 프로그램은 최소 3일간 연이어 실시해야 세포와 세포 사이에 쌓인 독소를 녹여 배출시킬 수 있다는 점을 명심하자. 하루만 하는 것은 집 대청소를 할 때 먼지만 털어낸 것과 다를 것이 없다.

모든 짐을 꺼내 사이사이 낀 묵은 때를 청소하고 깨끗하게 정돈한 뒤 쓰레기는 집 밖으로 배출시켜야 완벽하게 집 청소를 끝낸 것과 마찬가지로 독소와 노폐물을 몸 밖으로 끄집어내고 싶다면 최소 3일간 인내하며 디톡스 프로그램을 실천해야 한다. 그 후 1개월, 6개월에 한 번씩 3일간의 장내 디톡스 프로그램을 지속하면 두툼했던 아랫배가 들어가고 몸이 가벼워짐은 물론 피로감, 우울감이 한결 완화되는 효과를 얻을 수 있다.

## Part 3. 림프가 건강을 좌우한다

'림프 슬러지'라는 개념을 탄생시키고 림프 케어의 대명사가 된 심영기 박사가 이야기하는 림프 해독과 건강에 대하여.

'림프 슬러지'는 림프액의 순환이 나빠져 젤리처럼 진득진득해진 상태로 만성화되면 섬유화되어 돌처럼 굳어지게 되는 것으로 만병의 원인이다.

### 림프를 케어하면 슬림한 몸매와 건강을 얻는다

림프는 우리 몸속 순환에 있어 가장 중요한 역할을 담당한다. 건강한 성인의 몸속에는 몸무게의 약 8%, 평균 4~5L의 혈액이 있는데 림프는 혈액의 4~5배 정도 있다. 즉, 몸속에 혈액보다 훨씬 많은 양의 림프가 존재한다는 것.

림프순환의 중요성을 이야기하는 전문가들은 혈액보다 림프가 건강에 있어 더욱 중요하다고 거듭 강조한다. "혈액이 아닌 우리 몸을 구성하는 모든 물은 림프라고 생각해도 무방합니다. 혈액보다 4배 이상 많기 때문에 4배 이상 중요하다고 말하고 싶어요. 림프가 깨끗해야 몸속 세포에 맑고 질 좋은 영양소를 공급할수 있거든요."

연세에스의원 심영기 원장은 대다수의 사람들이 혈액 건강에만 초점을 맞춰 안타깝다고 덧붙인다. 몸이 아플 때 혈액검사만으로 병의 유무를 판단하지 말고 100세 시대 삶의 질을 높이고, 건강하고 싶다면 림프 케어에 공들여야 한다.

건강은 물론 몸매, 피부까지 케어할 수 있는 노하우가 바로 이 림프에 있다. 림프순환만 잘 관리해도 피부 톤이 맑아지고 두통이 사라지며 부종과 셀룰라이트까지 완화된다.

특히 전신의 림프순환이 잘되면 얼굴에 두툼하게 자리한 턱밑 살 등 얼굴의 부종까지 완화돼 레이저 리프닝 시술 없이도 얼굴이 작아지고 피부가 한결 리프팅되는 효과를 기대할 수 있다고. 독소가 배출돼 여드름이나 피부 트러블, 다크서클 등이 완화되는 것은 물론이다.

## 림프 슬러지를 제거하는 림프 해독

'림프 슬러지'라는 새로운 개념을 정립한 심영기 박사는 림프 슬러지만 잘 녹여 배출시켜도 림프 해독, 더 나아가 만병의 근원인 몸속의 독소를 효과적으로 제거할 수 있다고 말한다. 림프 슬러지를 없애고 막힌 림프순환을 촉진시키기 위해서는 약물 치료와 림프 마사지, 림프 해독 등 다양한 방법이 있다.

일상에서 스스로 림프 슬러지를 관리하고 싶다면 기본적으로 틈틈이 림프 마사지를 하고 물을 많이 마실 것. 하체 부종이 심하다면 스쿼트나 계단 오르기 등의 하체 운동이나 10분 정도 반신욕을 하는 것이 도움이 될 수 있다. 깊게 복식호흡을 하는 것도 좋다. 횡격막이 크게 움직일 정도의 깊은 호흡은 근막 밑에 자리한 림프를 자극해 림프순환을 건강하게 만든다. 더 완벽하게 림프 슬러지를 녹여 몸속에 쌓인 독소를 해독하고 싶다면 전문적인 림프 해독 프로그램을 추천한다.

연세에스의원 림프해독센터의 림프 해독프로그램은 일대일 맞춤으로 진행된다. 홍채를 통해 건강 상태와 체질을 분석하고 적외선 체열검사로 몸의 순환이 원활한지 점검한 뒤 상담을 통해 프로그램을 커스터마이징하는 것.

해독 기간과 집중해야 할 부분이 정해지면 습식 온열요법으로 혈액순환을 촉진해 땀구멍으로 독소를 배출시키는 보디 테라피, 복부와 다리 등 림프샘이 있는 부위와 안면·두피를 마사지해 림프를 순환시키는 림프 해독 테라피, 장내 청소를 돕는 영양제와 차 등으로 몸속에 쌓인 독소와 노폐물을 배출하고 장내 정상적인 기능을 회복시키는 엔터릭 테라피 등이 진행된다.

특히 엔터릭 테라피는 장내 해독에 탁월해 피부 컨디션이 좋아지고 만성적인 피로감이 완화되며 체중 조절에 도움을 줘 여름철 다이어트와 피부 미용 목적으로 많이 찾는다.

## 림프 건강을 위한 '데코벨 요법'

전날 라면을 먹고 잤거나 음식을 짜게 먹었을 때, 평소보다 무리하게 생활했을 때 몸이 부을 수 있다. 하지만 하루가 아닌 매일 몸이 붓거나 림프가 정체돼 팔과 다리의 부기가 심할 때, 무릎관절 등에 염증이 생기고 림프계 기능이 망가져 림프부종이 발생했을 때는 복합적인 림프 해독 방법인 '데코벨(DECOBEL) 요법'이 대안이 될 수 있다.

데코벨 요법이란 부종을 줄이고 체내 불필요한 노폐물을 효과적으로 배출시키는 프로그램이다. 디톡스(Detox), 압박 요법(Compression), 붕대 요법(Bandage), 림프 슬러지 전기 자극 용해법(Elcure)의 합성어로 피로감을 완화시키고 질병의 원인이 되는 몸속 독소를 빠르게 제거한다.

체계적인 치료를 통해 정상적인 팔다리 굵기의 200~300%에 달하던 부종을 130~150% 수준으로 관리할 수 있는 것이 특징. 림프 해독 프로그램을 통해 몸속을 관리하고 2주에 한 번씩 마사지를받으면 세포 주위의 세포 외 기질에 스며든 독소가 림프계로 녹아 나와 부종이 현저히 줄어든다.

림프 부종을 완화하는 붕대 요법은 발목에 비해 60% 더 압력이 작은 허벅지 쪽으로 피를 올려주는 방법으로 외상용 붕대를 활용한다. 심장에서 먼 곳은 강하게, 심장에 가까울수록 느슨하게 감고 수면 중에는 30~50% 느슨하게 감는 것이 좋다.

시중에서 판매하는 압박 스타킹은 효과가 미비해 저탄력 붕대를 추천한다. 굵은 다리에는 적어도 3겹 이상 감아야 하기 때문에 최소 5개 이상의 붕대가 필요하며 매일 24시간 착용을 원칙으로 한다. 24시간 감고 있기 힘들다면 꼼꼼하게 감아 매일 잠을 자는 동안에라도 착용할 것. 다만 다리나 팔의 수축기 혈압비 지수가 0.7 이하, 동맥의 혈류량이 정상보다 크게 떨어진다면 붕대 요법이 아닌 다른 해결책을 찾아야 하니 전문의와 상의할 것을 권한다.

마지막으로 림프 슬러지 전기 자극 용해법인 엘큐어리젠 요법은 심영기 원장이 창안한 최신 전기자극치료 기기를 사용한다. 림프 슬러지에 전기에너지를 전달해 림프 슬러지를 녹여 배출시키는 원리로 이를 통해 림프 슬러지뿐만 아니라 몸속 병든 세포 단위까지 케어할 수 있어 부수적인 효과도 기대할 수 있다.

호아타 요법이라고도 불리던 엘큐어리젠 요법을 꾸준히 시행하면 간과 신장, 대장, 피부에서 노폐물이 빠져나가 머리가 한결 맑아지고 몸이 가벼워지는 것을 느낄 수 있다.

## 림프 건강을 진단할 수 있는 자가 진단법

- ☐ 저녁에 다리가 많이 붓고 양말 자국이 난다.
- ☐ 만성적인 피로감이 있다.
- ☐ 아토피, 건선 등 피부 질환이 있다.
- ☐ 여성의 경우 생리불순, 생리통이 심하다.
- ☐ 관절통, 관절염이 있다.
- ☐ 불면증이 심하다. 이유 없이 두통, 요통에 시달린다.
- ☐ 탈모 증상이 생겼다.
- ☐ 손발톱이나 머리카락이 갈라진다.

**＊하나 이상이 해당되면 림프 건강에 적신호가 켜진 것.**
생활 속에서 림프 해독을 위한 방법을 찾아보고, 심할 경우 전문의와 상담해 볼 것을 권한다.

신개념의 전기치료를 탄생시킨 심영기 원장이 이야기하는 세포와 엘큐전리젠 요법.

# Q 엘큐어리젠 요법은 무엇이며 어떻게 계발하게 됐나?

한번 발생하면 영원히 고칠 수 없는 질병이 있다. 바로 림프부종이다. 성형외과 전문의로서 1990년대 초반 성형외과를 개원하고 의사 생활을 하며 현대의학으로 고칠 수 없는 림프부종으로 고통받는 사람을 많이 만났다. 유방암 수술 후 겨드랑이 쪽 림프샘을 제거해 두툼하게 부어오른 사람, 사타구니쪽 림프샘을 절제해 다리가 코끼리 다리처럼 부은 사람 등. 의사로서 그런 고통을 외면할 수 없었고 어떤 방법으로든 돕고 싶었다.

독일, 프랑스 등을 찾아다니며 치료 노하우를 개척하고 2000년에는 우리나라 최초로 중국 대련에 하지정맥류 전문병원을 설립하고, 2001년에는 동료 의사들과 대한정맥학회를 창립했다. 2008년에는 논현동에 림프를 전문으로 치료하는 병원을 개원하기도 했다. 프랑스 유명 교수를 모시고 공동 집도하며 정상적인 미세 림프관을 이상이 생긴 곳에 이식하는 '미세 림프관 연결 배액 수술', '미세 림프절 이식 수술' 등을 했지만 결과는 좋지 않았다.

　이식수술로 림프부종이 완화되지 않은 것. 왜 안 되는지 계속 고민하고 연구했다. 그러다가 림프부종이 있는 사람들의 림프에 끈적한 무언가가 보이더라. 밀가루 반죽처럼 보이는 그 찌꺼기들이 림프를 계속 막고 있어 미세 림프관을 새롭게 이식해도 소용 없었던 것이었다. 그 찌꺼기를 '림프 슬러지'라고 명명하고 이 개념을 시작으로 림프 슬러지를 녹이는 약이나 기계를 개발하자고 생각했다. 그렇게 엘큐어리젠 요법을 개발했다.

　엘큐어리젠 요법은 전기 자극을 통해 림프 슬러지를 이온 분해시켜 잘게 쪼개는 치료법이다. 100~800$\mu$A(마이크로암페어) 수준의 미세전류를 1,500~3,000V 고전압으로 피부 깊숙이 침투시켜 병든 세포를 자극시키고 림프 슬러지를 효과적으로 녹인다. 전압은 높지만 전류의 세기는 매우 약해 안전하다.

 **엘큐어리젠 요법은 현재 어떤 질병에 활용하고 있는가?**

　엘큐어리젠 요법이 활용되는 곳은 매우 다양하다.

　첫 번째는 당연히 림프부종. 림프부종이 심해 붕대도 감지 못하고 딱딱했던 피부가 엘큐어리젠 요법을 통해 림프 슬러지가 배출돼 말랑말랑해지고 사이즈도 감소한다. 또 효과적인 질병은 급성 위경련. 10분 안에 체기가 완화될 정도로 즉각적인 효과를 얻을 수 있다. 좌골신경통과 만성 통증, 당뇨로 썩는 발, 목 디스크 등 온몸 거의모든 곳에 엘큐어리젠 요법이 쓰인다.

특히 CT, MRI 등으로 찾아내지 못했던 좌골신경통의 정확한 진단이 가능하다. 보통 4~6개월 정도 일주일에 한 번씩 시술을 받으면 허리 통증 완화에 탁월한 효과를 기대할 수 있다. 이 밖에 족저근막염, 테니스 엘보 등으로도 많이 찾는다.

# Q 예상외로 효과를 발휘한 케이스는?

메니에르병. 어지럼증과 청력 저하, 이명 등의 증상이 동시에 나타나는 질병인 메니에르병을 앓고 있던 환자가 병에 차도가 없자 반신반의하며 병원을 방문한 적이 있다. 귀 근처에 엘큐어리젠 기기를 대고 세포에 전기에너지를 전달하니 어지럼증이 완화되고 항생제를 먹지 않았음에도 염증이 나아졌다.

이처럼 엘큐어리젠 요법을 찾는 대다수 사람들은 동네 병원부터 대학 병원까지 병원을 10곳 이상 돌아다니다 온 경우다. 처음엔 의구심을 갖고 치료에 임하지만 치료 원리와 과정을 충분히 설명 듣고 최소 5회 이상 치료를 받으면 열 중 여덟은 만족감을 내비치며 치료를 지속한다. 또 대변을 보고 난 이후에도 묵직한 느낌이 들고 통증이 있는 항문거근증후군 치료에도 탁월해 최근 이 질병으로 방문하는 환자가 많다.

 **일반적인 전기치료와 엘큐어리젠 요법이 다른 부분은 무엇인가?**

시중에 전기 의료 기기는 많다. 고주파, 중주파, 저주파 등 전기를 통해 물리치료도 많이 시행한다. 하지만 이런 치료는 주로 근육층을 타깃으로 한다. 근육에 전기 자극을 줘 수축과 이완을 시켜 근육통을 완화시키는 것. 하지만 엘큐어리젠 요법은 근본적으로 다르다.

엘큐어는 '전기(electric)'와 '치료(cure)'의 합성어로 리젠은 '재생(regeneration)'을 의미한다. 전기생리학 이론에 근거한 엘큐어리젠 요법은 방전된 세포를 충전시켜주는 음전하가 낮아져 방전된 세포에 고전압 전기에너지를 충전시킴으로써 림프 슬러지를 배출시키고 림프순환을촉진시키는 것은 물론 손상된 세포를 회복시키고 재생시킨다. 또 '전기 마찰 현상을 이용한 진단법(특허 제10-2355171)'으로 MRI, CT 등으로 확인할 수 없는 통증 유발점을 정확히 찾아낼 수 있다. 정상적인 세포에는 전기를 보내도 감각이 없고 손상된 세포만 반응하기 때문이다.

# Q 어떻게 손상된 세포를 회복시킬 수 있는가?

우리 몸속 모든 세포는 증식한다. 그리고 세포분열 시 에너지를 가장 많이 소모한다. 우리가 섭취하는 영양소의 80%는 이 전기에너지를 만드는 데 쓰이고 있다.

엘큐어리젠요법은 세포가 열심히 전기에너지를 만드는 수고를 덜어줌으로써 세포를 회복시키는 기전이다. 다시 말해 세포가 필요한 전기에너지 그 이상을 외부에서 전달해 세포가 휴식을 취하며 손상된 부분을 스스로 재생할 수 있도록 돕는 것이다. 마치 외부에서 매달 필요한 금액 이상의 돈을 지속적으로 제공해 주는 것과 같다. 돈이 충분하면 일을 하지 않고 쉬면서 여가를 즐기며 힐링할 시간을 갖지 않나? 엘큐어리젠 요법은 세포에 이런 여유로운 휴식을 즐길 수 있는 시간을 준다.

# Q 엘큐어리젠 요법의 효과를 극대화할 수 있는 방법이 있다면?

림프 해독을 먼저 받는 것이다. 림프 해독이란 내가 가진 자갈밭, 모래밭 등을 옥토로 바꿔주는 작업이다. 림프 해독으로 밭에 영양분이 풍부하고 비옥해지면 엘큐어리젠 요법을 통해 건강한 씨앗을 뿌리는 것. 대변, 소변, 땀으로 완벽하게 독소를 배출시킨 다음 엘큐어리젠 요법으로 치료받으면 치료효과를 배가할 수 있고 본연의 면역력을 강화할 수 있다.

# Q 어떤 사람에게 추천하나?

림프 해독은 매일 유해 환경에 노출된 현대인이라면 누구나 한 번쯤 받아보면 좋은 프로그램이다. 특히 암을 겪은 환자에게 좋다. 독소와 염증이 암이 되는 것이므로 암치료가 끝난 뒤엔 독소가 많은 편. 림프에 쌓인 독소를 배출시키면 림프순환이 원활 해지고 면역력이 높아진다.

피부 미용을 위해서도 림프 해독은 꼭 필요하다. 피부가 원래 까맣다고 생각했던 사람이 스스로도 놀랄 정도로 피부 톤이 투명해지고 얼굴과 몸 곳곳에 자리 잡은 군살, 즉 림프 슬러지가 제거돼 더욱 탄력 있는 피부로 케어할 수 있다.

최근엔 결혼 전 산전 검사를 받듯 림프 해독센터를 찾는 예비 신랑 신부도 늘고 있다. 피부를 케어함과 동시에 근본적인 건강을 케어할 수 있는 것은 기본이고 자궁, 생식기를 건강하게 가꿀 수 있기 때문이다.

또 여기저기 쑤시고 아픈데 검사를 받아도 이상이 없는 사람에게도 추천한다. 림프 해독을 한 뒤 엘큐어리젠 요법으로 염증이 있는 부위를 정확하게 진단할 수 있다. 특히 만성 통증을 앓고 있는 사람은 생명이 위독하지 않다면 몸에 칼을 대는 수술은 천천히 하자.

엘큐어리젠 요법으로 세포를 정상화, 재생시키면 만성 통증이 완치되기도 한다. 엘큐어리젠 요법을 시작하면 진통제나 스테로이드도 끊으라고 조언한다.

진통제를 먹고 통증이 완화되는 것은 통증 신호를 차단시키기 때문이다. 고칠 병을 고질병으로 만들지말고 세포를 근본적으로 케어하길 권하고 싶다. 스테로이드, 진통제, 신경안정제 계열의 약을 끊은 후 주 1~2회의 치료를 하면 6개월 안에 부작용 없이 완치된 사례가 약 80%에 달한다. 통증이 있는 부위를 치료하다 보면 전기에너지가 간, 췌장 등에 도달해 장기의 기능 향상에도 도움을 줄 수 있다.

– (주)우먼센스 2023년 7월호 연세에스의원 특집기사 내용 **"림프에서 답을 찾다"**

# 림프부종, 수술로는 한계 …
# '데코벨' 요법으로 관리하세요

림프부종, 수술로는 한계 … '데코벨' 요법으로 관리하세요
림프 미세 수술은 '바닷물을 몇 개의 수도관으로 빼내는 것'에
불과 … 해독·압박·전기자극이 해법

심영기 박사는 '데코벨 DECOBEL' 요법을 창안했다.

- 디톡스(림프해독, DEtox),
- 압박요법(COmpression, 압박붕대 및 압박스타킹),
- 붕대요법(Bandage),
- 림프슬러지 전기자극 엘큐어 용해법(ELcure)의 의미

림프부종은 겨드랑이(액와부)나 사타구니(서혜부)를 통해 빠져나가야 할 림프액이 빠져나가지 못하고 정체되면서 팔과 다리에 큰 부기가 나타나는 질환이다. 선천적인 원인에 의한 1차성도 있지만 대개는 유방암, 자궁암 수술 과정에서 암세포 전이를 막기 위해 림프절을 넓게 제거하면서 림프계 기능이 망가져 초래되는 2차성 림프부종이 대부분이다.

림프부종은 난치성으로 알려져 있다. 하지가 코끼리다리 만큼 부종으로 굵어지고 나면 어지간해서는 정상인 수준으로 돌아오기 어렵다. 다만 체계적인 치료를 통해 정상인 팔다리 굵기의 200~300%에 달하던 부종이 130~140% 선에서 관리될 수 있다.

거의 모든 외형적 질환에서 수술이 대세지만 림프부종은 수술이 그다지 영향력을 발휘하지 못하는 영역이다. 림프부종은 림프계 기능 이상이 원인이라서 내과적 질환에 속하기 때문이다. 암이 내과질환으로서 초기가 아니면 수술치료가 무의미한 것과 같은 이치다. 가장 대표적인 림프부종 수술은 림프정맥문합수술(Lymphatico-Venular anastomosis)과 림프절전이술(lymph node transfer)이다. 림프정맥문합술은 미세현미경으로 팔이나 다리의 림프관과 정맥을 연결시켜 림프관에 쌓인 노폐물이 배출되도록 유도하는 수술이다. 림프절전이술은 건강한 림프절을 림프부종이 있는 환부로 옮겨주는 미세림프수술이다.

필자는 2008년부터 림프부종 신치료 기술의 습득과 개선을 위해 연구하고 미세림프수술을 해온 결과 림프정맥문합술과 림프절전이술의 효과는 거의 없다고 봐도 무방하다는 결론에 이르렀다. 미국, 일본, 이탈리아의 의사들은 물론 국내 대학병원에서도 미세림프수술을 시행하고 있지만 기대와 달리 장기적으로 보면 효과가 크지 않은 실정이다. 실제 수술 후 막히지 않고 과잉의 림프액이 오랫동안 잘 배액된다는 보고가 거의 없으며, 이론적으로 낮은 압력을 가진 림프에서 상대적으로 높은 압력을 가진 정맥으로 배액시켜주려는 발상이 합리적이지 않고, 실제로 수술후 3개월 이내에 림프선이 막혀버린다. 또한 저자가 지난 20여년간 연구한 결과 림프부종에 고여 있는 림프액은 맑고 유동성 있는 상태가 아니고 끈적끈적한 림프슬러지로서 점도가 높아 쉽게 배출될 성질의 것이 아니다. 기존 두 미세수술법은 망망대해의 바닷물을 작은 몇 개의 수도관으로 빼내겠다는 시도에 비유할 수 있으며 수술 후 드물게 좋은 경우가 나왔다고 보고되는 연구는 실제로는 잘 관리된 압박치료의 결과이지 배액수술의 효과 덕분은 아니었다.

이에 따라 저자는 림프부종의 병리적 특성에 맞춘 림프부종 관리요법인 '데코벨' 요법을 창안했다. 데코벨은 디톡스(림프해독, DEtox), 압박요법(COmpression, 압박붕대 및 압박스타킹), 붕대요법(Bandage), 림프슬러지 전기자극 용해법(ELcure)의 의미를 담은 합성약어이다. 붕대요법은 압박요법에서 가장 중요하며, 압박붕대의 효과가 압박스타킹 착용보다 10배 이상 효과가 좋다.

림프해독은 림프흡수마사지(림프순환LC테라피), 좌훈(쎌큐어 온열테라피), 관장(엔터릭테라피), 디톡스에 도움되는 식물영양소(파이토케미컬) 보충요법 등으로 구성된다. 림프흡수마사지는 목, 겨드랑이, 사타구니의 림프관을 손이나 붓으로 마사지해 줌으로서 림프관의 연동운동을 자극해서 림프절로 림프계 노폐물이 쉽게 배출될 수 있도록 한다. 마사지는 림프순환이 안 돼 독소가 림프계에 쌓이고 부종이 생기는 것을 개선해준다. 보통 2주에 한번 마사지코스를 받으면 림프계의 세포외 기질에 스며든 독소가 림프계로 녹아 나와 부종이 현저하게 줄어든다.

압박요법은 압박스타킹과 압박붕대로 부종을 관리해야 함을 의미한다. 압박스타킹은 발목의 압력이 100%라면 허벅지 최상단의 압력은 40% 정도가 되도록 감압방식으로 설계돼 피를 위로 올려 짜주는 타입의 의료용 스타킹이어야 한다.

실제 임상에서 저탄력 압박붕대요법이 압박스타킹 효과에 비해 10배 이상의 효과가 있다. 림프부종 전용으로 수입되는 저탄력 붕대를 써야지 일반 외상용 붕대를 감으면 효과가 없거나 오히려 악화될 수 있다. 압박붕대는 체계적으로 배워야 한다. 보통 숙달되어 환자가 스스로 압박붕대를 감는 데에는 3개월 정도 걸리며 붕대 역시 감압방식으로 원위부에서 근위부로 감아주어야 병목현상이 발생하지 않고 좋은 효과를 얻을 수 있다. 24시간 붕대 착용이 치료의 원칙이다. 밤에 취침시에는

30~50% 느슨하게 감아주는 것이 좋다. 압박붕대를 풀면 금세 부종이 다시 부어오른다고 호소하는 환자들이 많았다.

이런 단점을 해결하기 위해 2018년부터 엘큐어리젠요법(옛 호아타요법)을 시행한 이후 부종이 줄어드는 효과가 향상되었다. 림프부종에 대한 미세림프 수술이 잠시 가시적인 효과를 보일 수 있지만 장기적인 효과는 없다고 보이며, 림프부종이 지속적으로 관리해주어야 하는 질환 속성상 그 원인인 림프찌꺼기의 근본적인 배출에 초점을 맞춘 엘큐어리젠요법이 증상을 개선할 수 있다.

엘큐어리젠요법은 심영기 원장이 창안한 최신 전기자극치료

**DECOBEL 데코벨** 미세림프순환 복합 림프부종 관리

- Detox 림프해독
  - 림프순환 LC 테라피
  - 쎌큐어 온열 테라피
  - 엔테릭 테라피
  - 파이토케미칼보충
- Compression 압박요법
- Bandage > 스타킹
- Elcure 림프슬러지용해법

타코벨

기기를 사용해 림프 슬러지를 전기적으로 이론분해로 녹여서 배출되도록 하는 치료법이다. 이 치료기는 미세전류를 고전압으로 피부 아래 깊숙이 병든 세포 단위까지 흘려보낸다. 전압은 높지만 전류의 세기가 약하기 때문에 안전하며, 이런 특징 때문에 림프찌꺼기를 용해시킬 수 있다.

# 글림프 Glymph 시스템과 뇌의 림프해독 (뇌청소)

현대의학이 발달되어도 병원에 오는 환자들은 줄어들지 않고 있다. 의학진단기술의 발달로 정확한 진단이 가능해져 그전에는 모르던 질병들이 발견되는 것도 있고 예전에는 염증으로 그리고 외상으로 사망하던 질병들이 보다 용이하게 치료되고 수명이 연장됨에 따라 퇴행성질환의 증가, 핵 방사선, 환경오염 등으로 암 발생 증가, 생활환경의 변화로 인한 자가면역질환 알러지 질환들이 증가하는 등 질병 패턴의 변화가 한 원인으로 볼 수 있다. 저자는 불치병인 림프부종의 치료법을 연구하면서 림프슬러지가 만병의 근원임으로 생각하고 전기 이온분해 요법인 엘큐어리젠요법으로 림프부종 외에 종합병원 대학병원에서 더 이상 치료해 줄 것이 없다고 판정 받은 난치병 환자들이 호전되는 예를 임상에서 수없이 많이 경험하고 있다. 몸통과 사지에서의 림프슬러지 제거효과는 수많은 임상증례에서 확인한 바 있으나 뇌와 척수 즉 중추신경계의 질환에 대한 치료 효과는 앞으로 더 많은 임상경험이 축적되어야 할 것으로 보인다.

특히 중추신경계인 뇌질환, 척추질환 등에 대한 림프계의 순환장애와 전기생리학적 방전상태가 림프슬러지 형성에 대한 상관관계를 아직 확실히 밝히 못하고 있기에 현대의학이 앞으로 림프계의 병태생리를 확실하게 규명하는 일이 난치병 해결에 실마리를 줄 수 있다고 저자는 믿으며 특히 아무도 시도하지 않은 전기생리학적 치료 접근에 대한 연구가 많이 필요하다고 본다.

중추신경계라 함은 뇌와 척수를 말하며 우리 몸에서 모든 기능을 제어하고 명령하는 명령체계사령부라고 볼 수 있으며 그많큼 중요한 이유로 뇌는 두개골로 척수는 척추뼈 안에 보호되고 있으며 그 사이에는 뇌척수액이 흐르고 있다. 척추는 24개의 등뼈(척추뼈)와 꼬리뼈(천골)로 이루어 있다.

뇌척수액에 대해 살펴보면 뇌척수액는 맥락막총(choroid plexus)에서 매일 약 500ml의 뇌척수액이 생성되며 중추신경계 지주막하에 존재하고 순환되며, 항상 150ml가 체내에 존재한다. 뇌척수액의 기능은 가.부력 – 뇌의 무게는 ~1400g이지만 뇌척수액의 부력을 형성하여 무게부하는 50g에 불과하다. 나.보호 – 뇌척수액은 뇌가 두개골에 부딪혀 발생하는 손상을 방지하는 충격 흡수제 역할을 한다. 다.항상성 – 뇌를 둘러싼 대사 물질의 분포를 조절하여 외부 환경을 안정적으로 유지한다. 라.폐기물 제거 – 뇌세포에 의해 생성된 폐기물은 뇌척수액으로 배출되고, 뇌척수액은 혈류로 배출된다. 뇌척수액 순환의 가장 중요한 동력은 심장 수축에 의한 동맥 맥압이다.

뇌척수액은 혈액보다 약산성이며 소금성분이 많고 혈장에 비해 단백질이 200분의 1 정도로 적다. 단백질이 적다는 것은 다른 장기보다 단백질의 소모량이 적다는 의미이며 반면에 뇌에 고분자 단백질이 주성분인 림프슬러지를 글림프시스템에서 빨리 제거한다는 의미가 된다. 그리고 뇌세포는 림프슬러지가 주원인이 염증발생에 매우 취약하다.

**Flow of CSF**
**CSF Production**
The CSF is produced by the **choroid plexus** which covers two lateral ventricles, and the roof of the third and fourth ventricles. **Around 500 ml of CSF is produced each day, with around 150 ml being present in the body at any given time.**

| | CSF | | Blood |
|---|---|---|---|
| pH | 7.33 혈액보다 산성 | | 7.41 |
| Osmolarity | 295 mOsm/L | | 295 mOsm/L |
| Glucose (fasting) | 2.5 ~ 4.5 mmol/L | | 3.0 ~ 5.0 mmol/L |
| Protein 단백 1/200 | 200 ~ 400 mg/L | << | 60 ~ 80 g/L |
| Sodium 소금 | 144 ~ 152 mmol/L | > | 135 ~ 145 mmol/L |
| Potassium | 2.0 ~ 3.0 mmol/L | < | 3.8 ~ 5.0 mmol/L |
| Chloride 소금 | 123 -128 mmol/L | > | 95 ~ 105 mmol/L |
| Calcium 뼈 | 1.1 ~ 1.3 mmol/L | < | 2.2 ~ 2.6 mmol/L |
| Urea | 2.0 ~ 7.0 mmol/L | | 2.5 ~ 6.5 mmol/L |

저자는 뇌신경계에도 이 책에서 저자가 줄기차게 말하고 있
는 림프슬러지의 질병원인에 대한 원리가 그대로 적용되고 있다
고 믿는다. 예전에는 뇌에는 림프가 없으며 뇌척수액이 림프계
의 역할을 하고 있다고 하였으나, 2012년 미국 로체스터대학 연
구팀이 뇌 림프슬러지를 제거하는 뇌청소 기관인 글림프 시스템
발견하였다. 글림프(glymph)'는 '교세포(glia)와 '림프(lymph)'
의 합성어로서 동맥과 정맥사이에 있는 교세포 사이의 공간을
림프액이 여기에 쌓여 있는 노폐물을 배출시킨다.

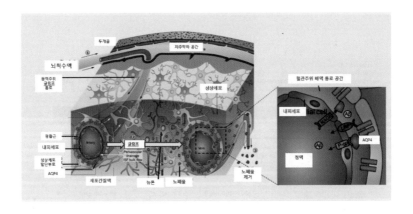

림프액은 일반용어로는 "진물" "진액"으로 표현되기도 하며 혈
액량의 4배로 혈관이 닿지 않는 곳의 영양공급, 노폐물 제거등
혈액보다 더 깊숙히 구석구석 청소하는 역할을 하며 온 몸에 분

포하고 있다. 의학적으로 림프계는 비유하자면 안개 속에서 운전하는 것과 같은 상태이며 미지의 세계로 향후 많은 연구가 있어야 하는 분야이다.

## 뇌의 노폐물 배출 시스템: 글림프계와 뇌막림프관

글림프의 구성요소는 간단히 ① 동맥 주위 뇌척수액 유입 경로 ② 정맥 주위 세포간질액 처리 경로 ③ 성상 세포 아쿠아포린-4(AQP4)워터 채널을 통한 실질 경로 3가지를 꼽는다. 글림프는 교세포의 세포벽에서 형성되어 뇌 실질에 존재하며, 경막하 공간에는 뇌막림프가 있다.

글림프는 뇌 실질에서 간질액(ISF) 및 뇌척수액(CSF) 의 이동을 촉진하며, 뇌막림프는 뇌막계의 경막 정맥동/지주막 과립에서 심부 경부 림프절로 노폐물을 제거하는 주요 통로이다. CSF-ISF는 사이질을 통해 흐르고, 아직 완전히 밝혀지지 않은 경로를 통해 뇌막 림프관(MLV)으로 배출돼 경부 림프관에 도달한다.

뇌 속의 이러한 유체 이동은 A$\beta$ 및 타우와 같은 독성 단백질을 사이질에서 제거할 수 있도록 하는데, 이는 사이질액이 BBB를 통과해서 직접 도달할 수 없는 뇌의 더 깊은 영역에서 특히 중요하다. 이는 일시적으로 주변 체액에 대한 압력을 증가시켜

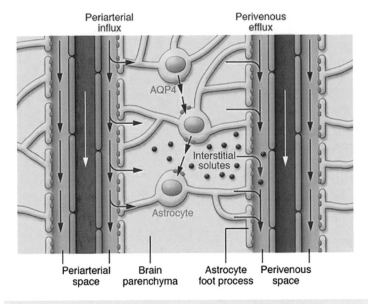

Aquaporin-4(AQP4)의 역할: 30kDa의 분자량과 4 량체 구조를 가진 뇌에서 가장 풍부한 선택적 투과 수로로 두뇌 이온성, 삼투성 항상성에 기여

글림프 시스템은 용질 제거 외에도 포도당과 기타 영양소가 뉴론과 성상 세포에 흡수되게 하며, 시냅스 가소성과 콜레스테롤 수송에 필수적인 아포지단백 E는 뇌의 사이질로 CSF에 의해 운반될 수 있다. 또 글림프는 뇌내 신속한 지질 수송 및 교세포간 신호전달을 촉진한다고 여겨진다.

익히 알려진 바처럼 글림프는 옆으로 누워서 잘 때 대뇌 청소율이 높아지므로 수면 자세도 이 시스템에 영향을 미칠 수 있다. 고혈압은 또한 동맥 경화와 연관돼 맥박을 감소시키고 결과적으로 CSF 운동성을 떨어뜨려 글림프 시스템에 부정적인 영향을 미치는 것으로 나타났다.

성상세포 족부 (Astrocytic end-feet)는 혈뇌장벽(blood-brain barrier BBB)의 핵심 구성 요소이며 BBB를 통한 물 이동의 조절은 AQP4에 크게 의존한다. 성상 세포 AQP4가 부족한 동물은 더 낮은 CSF 유입과 실질의 사이질에서 용질 청소율의 감소를 보였으며, 이는 글림프 시스템이 AQP4 의존적임을 뜻한다.

물 수송의 조절은 세포 외액의 이온 농도에 영향을 미치며, 이는 차례로 신경 활성 화합물의 뇌로의 확산에 영향을 미치고 뉴런의 기능에 영향을 미친다.

또한 물 수송 메커니즘은 두부 외상, 뇌졸중, 뇌암과 같은 여러 신경학적 상태의 공통적인 특징인 뇌 부종과 직접적으로 관련 될 수 있다.

따라서 물의 항상성은 신경 활동과 기능에 중요한 메커니즘이므로 AQP4와 같은 뇌의 수로 분포와 조절이 중요하다. AQP4는 신경 흥분, 성상 세포 이동, 시냅스 가소성 및 기억/학습능에 중요하며, AQP4 결핍 마우스에서 신경염이 유발되고 이는

AQP4가 IL-1β, IL-6, TNF-알파를 감소시킨다는 사실에 의해 더욱 뒷받침된다.

발췌 [약사공론] 대뇌 청소율 높이는 '글림프'에 고혈압이 악영향 (kpanews.co.kr)

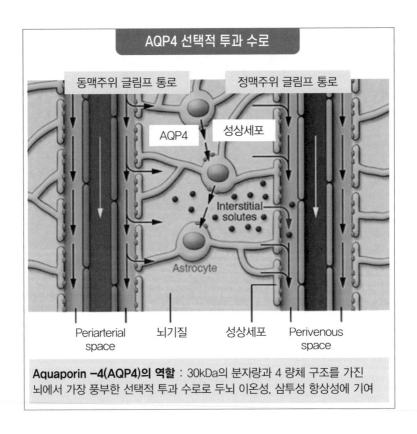

상기와 같이 글림프시스템은 뇌에서 많은 정보를 처리한후 부산물인 노폐물을 배출시키는 시스템이다. 노폐물 즉 림프슬러지가 많이 쌓이면 뇌의 퇴행성변화 즉 소통이 잘 되지 않는 상태로 된다. 알츠하이머, 치매의 원인으로 지목되는 베타 아밀로이드, 타우단백, 알파-시누클레인, TDP-43, 프리온 단백질 등이 거론되고 있다.

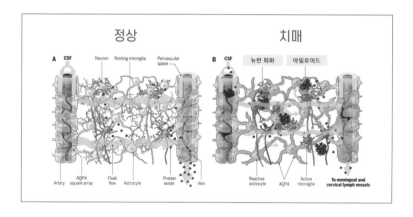

그림에서와 같이 치매의 경우 아밀로이드 축적현상이 보이며 뉴론이 퇴화되는 현상을 보인다.

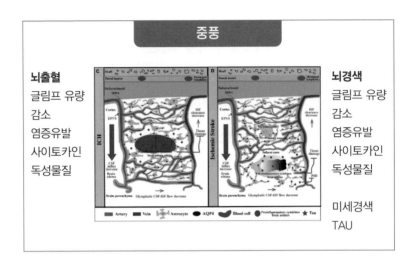

중풍

**뇌출혈**
글림프 유량
감소
염증유발
사이토카인
독성물질

**뇌경색**
글림프 유량
감소
염증유발
사이토카인
독성물질

미세경색
TAU

중풍에서 뇌출혈인 경우 글림프 유량이 감소하고 염증유발 사이토카인 독성물질이 증가해 뇌세포 손상이 일어나며 뇌경색인 경우 글림프 유량이 감소하고 염증유발 사이토카인 독성물질이 증가해 뇌세포 손상이 일어나며 미세혈전현상이 인근에 동반되며 타우 단백질의 축적현상이 보인다.

즉 글림프시스템이 작동을 잘 안하게 되면 림프슬러지가 뇌기질에 축적되고 염증반응을 일으켜 뇌세포가 위축되어 뇌기능저하 및 뇌의 퇴행성변화가 발생하게 된다.

최근연구에 의하면 인슐린저항성이 글림프시스템의 기능을 약화시킨다는 보고가 있으므로 당화혈색소가 정상이 되도록 유지시키는 것이 치매예방에 효과적이다.

  썩어가는 당뇨발 치료에서 엘큐어리젠요법이 당화혈색소를 떨어뜨리는 것을 저자가 장기간 다수의 환자에서 경험하고 있다. 이는 췌장에서의 인슐린 분비 활성화와 세포벽에서의 인슐린리셉터 즉 수용체의 활성화 그리고 미토콘드리아에서 ATP 생산량의 증가로 인한 혈액 순환 및 림프순환의 향상 등이 치료효과로 나타나는 것으로 추정하고 있다.

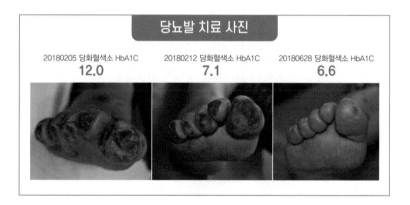

  뇌세포도 다른 세포와 같이 노화과정을 겪는다. 위의 사진을 보면 좌측의 정상인 뇌와 우측의 노화된 뇌와는 위축정도가 차이가 많이 나며, 특히 치매 환자에서는 기억중추인 hippocampus 위축이 심하게 보인다.

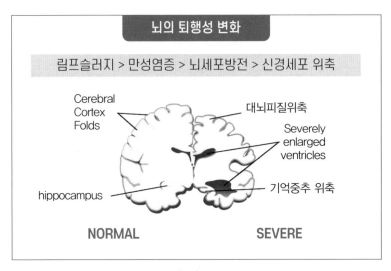

**뇌의 퇴행성 변화**

림프슬러지 > 만성염증 > 뇌세포방전 > 신경세포 위축

Cerebral Cortex Folds

대뇌피질위축

Severely enlarged ventricles

hippocampus

기억중추 위축

NORMAL          SEVERE

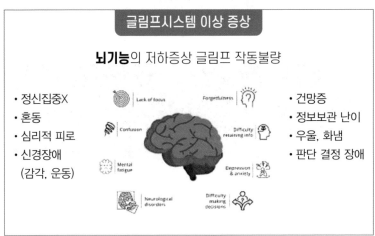

**글림프시스템 이상 증상**

**뇌기능**의 저하증상 글림프 작동불량

- 정신집중X
- 혼동
- 심리적 피로
- 신경장애
  (감각, 운동)

- 건망증
- 정보보관 난이
- 우울, 화냄
- 판단 결정 장애

글림프시스템의 이상증상은 인지기능저하 정신집중이 잘 안
되고 혼동, 심리적피로. 건망증, 우울증, 화냄, 판단결정장애 등

뇌기능의 이상 증상들이 나타난다.

## 글림프시스템을 활성화시키는 방법

글림프 건강법 自家治療

환자 자가 관리 글림프시스템 활성화

- 수면
- 간헐적금식
- 원적외선
- (카이로프랙틱)
- 활성산소
- 진코

RESTFUL SLEEP
INTERMITTENT FASTING
RED LIGHT THERAPY
CRANIOSACRAL THERAPY
INFRARED SAUNA
BIOACTIVE CARBONS
CHIROPRACTIC ADJUSTMENTS
GINKO BILOBA

LYMPHATIC MASSAGE
EXERCISE & MOVEMENT
LYMPHATIC COMPRESSION
DRY BRUSHING
BREATHWORK
PROPER HYDRATION
ACUPUNCTURE
OMEGA 3s

- 림프마사지
- 운동
- 압박요법
- 마른솔 자극(목)
- 호흡훈련
- 수분섭취
- 침
- 오메가3

뇌의 글림프 시스템은 잠을 잘 때 작동하고 깨어 있으면 억제된다. 중요한 뇌 청소 시간은 깊은 잠을 잘 때 nREM 비렘수면 서파수면(뇌 움직임과 심박·호흡이 가장 느려지는 깊은 잠)일 때 뇌의 노폐물이 잘 제거된다. 즉 잠을 잘 자는 것이 치매 예방에 중요하다. 그리고 글림프에 좋은 음식은 마그네슘이 풍부한 음식, 시금치, 다크쵸코릿, 스위스챠드, 호박씨, 아몬드, 아보카도, 검은콩, 호두, 연어, 오메가3 등이 있다.

글림프시스템에 좋은 음식

Mg 시금치 다크쵸코릿 스위스챠드 호박씨 아몬드 아보카도
검은콩 호두 연어 오메가3

저자의 글림프 시스템 활성화방안은 디톡셀요법이다. 디톡셀
(detoxel)이란 림프해독을 뜻하는 detox와 (뇌)세포를 뜻하는
cell의 합성어이다. 또한 이 책의 엘큐어 요법을 뜻하는 "el"의
의미도 포함된다. 림프해독에 대해서는 많이 다른 파트에서 다
루었기 때문에 부연 설명은 생략한다.

- Detox + cell = **detoxel**
- Detox + elcure therapy = **detoxel**

## 디톡셀 DETOXEL 요법

- 디톡스(림프해독, DETOX)
- 림프흡수마사지(림프순환LC테라피)
- 좌훈(쎌큐어 온열테라피)
- 관장(엔테릭테라피) Brain gut axis
- 디톡스에 도움되는 식물영양소(파이토케미컬) 보충요법
- 림프슬러지 엘큐어 이온분해법(ELcure)

병원관리

결론: 뇌에도 림프시스템이 있으며 이를 글림프 시스템이라 하며 뇌의 림프해독이 치매를 예방하는 지름길이며 이런 뇌청소 과정을 통해 뇌의 기능을 높여주고 학습능력도 향상 시킬 수 있을 것으로 보며, 뇌의 퇴행성 질환인 치매, 알츠하이머, 파킨슨병 등등 뿐만아니라 중풍으로 뇌손상으로 뇌기능이 저하된 만성 환자들에게도 디톡셀요법이 적용가능하다고 본다.

## 약물중독 스테로이드, 진통제 부작용

병의원에서는 통증의 근본적인 원인 개선보다는 빠르게 환자가 통증을 느끼지 못하도록 하는 진통제, 통증신호 전달을 차단하는 스테로이드 주사 혹은 약을 처방하는 경우가 대부분이다. 그래서 난치성 피부질환 알러지 질환 또는 각종 통증질환에 시달리는 환자들을 보면 보통 10곳 이상의 병원에서 치료받은 전력이 있고 치료과정에서 처방된 진통제를 비롯해 스테로이드 제제를 처방받아 장기간 복용했음에도 결국엔 증상 개선에 실패하고 수면제와 같은 약물의존, 약물과용, 약물 장기복용으로 약물에 중독된 상태인 경우가 생각보다 많다. 그러므로 빨리 나으려고 하는 조급한 마음으로 여러 군데 병원 쇼핑은 금물이다.

모든 약물은 우리가 바라는 치료효과 외에 부작용이 있으며 독성이 있다. 따라서 적정 처방량을 초과한 과량 복용이나 장기간 오·남용은 필연적으로 약물중독을 유발한다. 즉 모든 약물에는 독성이 있다.

약물중독 증상은 매우 다양하게 나타난다. 근본치료는 안 되고 오히려 질병이 악화되거나 약물중독에 노출돼 위장장애, 신장장애, 청각장애 전신부종·무기력증·과다체중을 비롯해 심할 경우 의식저하, 호흡억제, 동공확장, 혈압상승, 맥박수증가 등

응급 상황을 초래하기도 한다. 만성통증 또는 만성염증으로 인한 여러 증상에는 항생제도 흔하게 처방된다. 항생제는 항균뿐만 아니라 항염증 작용도 있다고 알려져 있다. 항생제는 속효성이긴 하나 근본적인 치료가 아닐뿐더러 장기 투여시 내성이 생겨 복용량이 늘어나게 되고 오히려 건강이 나빠져 질병을 고질화시킬 가능성이 높다.

## 소염진통제

소염진통제는 소염은 '염증을 없앤다'는 뜻으로, 소염진통제는 상처로 인한 통증이나 치은염, 근육염, 관절염 등 다양한 통증 및 염증 완화가 목적인 약이다. 해열 작용도 하기 때문에 두통, 발열, 생리통, 치통, 관절통에도 처방된다. 소염진통제는 항균스펙트럼 스테로이드제제와 비스테로이드성제제(NSAIDs)로 분류되는데, 약국에서 흔하게 구할 수 있는 것은 대부분 비스테로이드성제제에 속한다. 비스테로이드성 소염진통제로 아세트아미노펜, 이부프로펜, 덱시부프로펜 등이 있다.

아세트아미노펜은 전 세계적으로 가장 널리 활용되는 진통제 성분으로, 타이레놀이 대표적이다. 발열 증상 외에도 두통, 근육통에 효과적이며 코로나 19 백신 후 부작용에도 활용될 수 있다.

이부프로펜은, 발열이나 염증, 통증을 일으키는 프로스타글란딘의 생성에 관여하는 효소를 억제해 항염, 진통, 해열 작용을 한다. 대표적으로 부루펜, 애드빌 등이 있다. 위벽을 보호하는 물질인 프로스타글란딘이 활동하는 것을 방해하기 때문에 식사 후에 복용하는 것이 좋다.

덱시부프로펜은 이부프로펜 성분 중에서 s-이부프로펜만을 선별하여 만든 것으로, 저용량만으로 빠른 약효를 내고 속쓰림 등의 부작용이 적고, 이부프로펜의 절반 분량만 복용해도 같은 효과를 볼 수 있다는 장점이 있다. 대표적인 약으로는 이지엔6 프로, 덱시부펜 등이 있다.

대부분의 종합감기약에는 진통제 성분이 포함되어 있다. 소염진통제는 소화불량이나 속쓰림 등의 위장 장애를 유발할 수 있기 때문에 장기 복용해야 하거나 연령이 높은 환자의 경우 주의가 필요하다.

## 마약성 진통제

마약성 진통제: 만성통증에 사용하는 진통제는 일반적으로 사용하는 소염진통제(NSAIDs)와는 다르다. 일반 진통제는 타이레놀, 탁센, 이지앤 등이 있으며 염증 조직이나 통증 전달 경로에 작용하여 진통효과를 낸다. 병원에서는 암으로 인한 통증,

척추 수술 후 통증, 만성 척추질환, 척추질환 외상, 신경 손상에 의한 통증과 같은 심한 통증에 대부분이 향정신성의약품인 마약성 진통제를 처방한다. 통증을 인지하는 뇌, 척수 등 중추신경계의 오피오이드 수용체에 달라붙어 통증을 덜 느끼게 해준다. 펜타닐, 옥시콘틴 등이 마약성진통제로 특히 펜타닐은 모르핀보다 진통효과가 70~100배로 죽음의 마약이라고 불리며 예전에 모르핀 코카인 헤로인 등의 마약보다 저렴해서 현재 마

**마약성 진통제 종류**

| 통증 수준에 따라 | | 통증 양상에 따라 | |
|---|---|---|---|
| 중증도 통증 | 심한 통증 | 만성 통증 | 급성 통증 |
| 약한 마약성 진통제 | 강한 마약성 진통제 | 지속 시간이 긴 마약성 진통제 | 효과 빠른 마약성 진통제 |
| 코데인 | 모르핀<br>펜타닐<br>타진<br>아이알코돈(옥시코돈)<br>저니스타(하이드로모핀) | 패치<br>알약(서방형 제제) | 알약(속효성 제제)<br>설하정<br>구강정<br>비강 스프레이 |

출처 : 중앙일보헬스미디어

약중독으로 인한 사망의 주 원인이 되며 마약중독의 대표적인 물질로 되었다. 부작용으로는 변비, 구역질, 구토, 근 감소증이나 수면장애, 우울증, 호흡억제로 이어질 수 있다.

## 수면보조제

밤에 좀처럼 잠을 이루지 못하거나, 밤중에 잠에서 깨면 다시 못 잘 경우, 또는 아침 일찍 눈을 뜨게 되는 증상을 불면증이라고 한다. 불면증은 가장 흔하게 나타나는 수면장애로 일반인의 약 1/3이 반복되는 불면증을 경험하고, 9%가 매일 일상생활에서 불면증 때문에 괴로움을 느낀다고 한다. 증상이 1개월 미만으로 지속되는 불면증은 대부분 스트레스에 의해서 발생되므로 스트레스가 없어지면 자연적으로 증상이 좋아지는 경우가 많다. 수면 유도 및 진정에 쓰이는 수면보조제의 대표적인 성분은 디펜히드라민 또는 독실아민 등이 있다. 병원에서 수면제로 흔히 처방되는 약으로는 스틸녹스( 성분 졸피뎀타르타르산염)가 있다

## 스테로이드

스테로이드는 '기적의 치료제'라고 불릴 정도로 염증을 완화하는 효과가 뛰어나 병원에서 많이 처방되는 약이다. 스테로이

드제는 부신피질호르몬제와 남성호르몬제, 여성호르몬제로 나눌 수 있다. 항염증, 항알레르기 치료로 주로 쓰이는 것은 부신피질호르몬제다. 부신피질호르몬제는 약방에 감초처럼, 각종 만성질환 및 대부분의 피부병 및 눈, 위장관, 천식과 같은 호흡기, 혈액, 신경계, 알레르기성, 관절염, 종양성, 부종성 질환 등 다양한 질환에서 염증반응이나 자가면역질환에서 면역반응을 억제하기 위해 사용된다. 먹는 약, 주사 약, 바르는 약 등으로 사용하면 발적, 부종, 열감, 압통 등의 증상을 완화할 수 있다. 또한 스테로이드는 지용성으로 우리 몸에 빠르게 흡수돼 증상 완화 효과가 있다..

스테로이드 약물의 부작용 골다공증이다. 1년복용하면 최대 12%까지 골세포가 손실된다고 한다. 피부에 바르는 스테로이드 연고도 부작용이 있다. 스테로이드 연고를 장기간 혹은 많은 양을 바르면 피부가 얇아지고 약해질 위험이 있다. 임산부의 배처럼 살이 트는 팽창선조, 피부위축, 모세혈관 확장, 여드름 등의 부작용이 있으며 먹는 스테로이드제도 생리불순, 고혈압, 골다공증 등이 생기거나 소화성 궤양 등 각종 부작용을 유발하기도 한다.

## 운동 선수의 금지약물, 독이 든 사과 아나볼릭 스테로이드

남성호르몬 테스토스테론의 효과와 유사해서 근육과 뼈의 양을 증가시키 위해 사용되는 약물이지만, 과다사용하면 남성은 성 기능이 저하하거나 고환위축, 탈모가 생길 수 있고, 여성은 체모가 발달하고 목소리가 굵어지는 현상, 간독성으로 인한 황달, 심장마비 등 심각한 부작용이 많으므로 특수한 치료목적 외에 경기력 향상이나 성기능 강화를 위해 사용해서는 안된다.

식물성한약제 중금속 함량, 농약 함유량에 따라 중국 식약처에서는 한약제 등급을 정하는 기준이 있다. 건강기능 식품에도 방부제 함량을 표시하도록 되어 있다. 그러므로 구입하기 전에 꼼꼼히 성분구성을 살펴볼 필요가 있다.

약물중독은 림프슬러지 과다 생성 세포방전으로 '고칠병'을 '고질병'으로 만드는 주범이다
1. No SAD 요법(치료법은 420쪽 참고)
2. 엘큐어 전기자극치료 요법: 림프해독으로 림프슬러지를 제거하자 그리고 세포충전만이 살길

대사성질환, 즉 고혈압과 당뇨병 등의 치료제, 수술 후 복용하는 약물 외에는 모두 복용을 중단하게 한 후 치료를 시행한

다. 이와 함께 세포충전법, 림프해독, 엘큐어요법 등으로 상실된 기능을 되살리는 데 주력해야 한다. 세포충전법은 하루에 레몬 하나를 즙을 짜서 1.5~2ℓ 생수에 넣고 티 스푼으로 소금 한 숟가락을 넣어 물 대신 3개월 이상 마시는 방법을 추천한다. 레몬은 알칼리성 식품이자 전기에너지를 올리는 충전식품으로 가장 적합하다. 항산화, 항노화, 항암 효과도 좋다. 식단도 알칼리성 대 산성의 비율을 8 대 2로 조절한다.

림프해독은 림프 찌꺼기의 순환, 배출을 통해 세포의 활성화를 유도하는 것이다. 디톡스 건강기능식품과 전기자극치료로 림프 해독을 촉진할 수 있다.

엘큐어요법은 1주일 간격으로 문제가 발생한 부위에 전기를 충전시켜 줌으로써 세포 스스로 미토콘드리아에서 ATP 생산을 늘려 에너지를 충만하게 한다. 림프 슬러지를 제거해 미세순환을 향상시키고 세포재생을 촉진한다. 엘큐어요법은 모든 치료에서 약물 사용을 최소화하고 근본적인 치료가 가능케 한다는 점에서 탁월한 장점이 있다. 통증이나 염증이 있는 곳에 더 많은 전류가 흐르게 하는 '통전통'(전인현상) 때문에 정확한 통증 진단도 가능하다.

고질화된 질병이거나 효과가 다소 부족할 경우 엘큐어요법을 매주 2~3회 시행으로 늘리면 좋다. 가장 효과가 빠른 부위는 침침한 눈이고 이어서 소화기, 근육, 신경, 뼈 등의 순서로 효과가 신속하다. 이밖에 약물중독의 폐해가 드러나면 체외충격파·증식치료(프롤로치료)·도수치료 등을 병행함으로써 치료 효과를 끌어올릴 수 있다.

부연하면 인체 세포가 노화되면 에너지 고갈로 신생 세포를 잘 생산하지 못하고 기존 세포들 역시 전기 에너지가 점차 부족해지면서 기능이 많이 저하돼 각종 통증질환과 피부질환 등을 초래하게 된다.이들 질환을 소염진통제, 스테로이드, 항생제 등으로 다스리려 하지만 근본적인 치료가 어렵고 오히려 증상을 악화시키는 결과를 초래할 가능성이 높다. 따라서 디톡스, 림프해독, 전기자극 등 근본적인 치료를 통해 해결하는 접근 방법이 필요하고, 알칼리성식품 및 적정 단백질 섭취, 규칙적인 운동, 긍정적인 마인드로 생활교정에 나서야 한다.

## 심영기원장 기사

통증으로 여러 병원 전전하면 어느새 '약물중독'
약 끊고 알칼리 체질화, 병든 세포 전기자극, 림프 디톡스가 정답

60대 중반의 A씨는 전기자극 진단기를 대자 신체 부위별로

30, 45 등의 숫자가 표시됐다. 이 수치는 아픈 정도가 심할수록, 세포의 에너지 레벨이 낮을수록 높게 나타난다. 전기생리학적으로 보면 세포내 음전하가 부족해 에너지가 크게 저하된 병든 세포가 음전하를 받아 채우려 극렬하게 노력하는 현상이 수치로 표시된 것이다.

2018년부터 전기자극치료 연구에 열중인 심영기 연세에스의원 원장은 "아프지 않은 정상 부위는 세포에 음전하가 충만하게 채워진 상태로 전기를 흡인하는 전인(電引) 현상 또는 통전(通電) 현상이 없으나, 병들어 아프거나 무기력한 부위는 이런 현상이 나타나면서 찌릿찌릿한 통전통을 느끼게 된다"며 "이런 현상을 이용해 정확한 통증 부위를 판단할 수 있고, 집중적인 치료에 들어가게 된다"고 말했다.

A 씨의 경우 팔, 다리, 허리, 어깨, 무릎 등 몸 도처가 아픈 곳이었다. 2년 남짓 10군데 이상의 병의원을 전전하다가 소염진통제와 스테로이드에 의존, 사실상 '약물중독' 상태가 됐다.

심영기 연세에스의원 원장은 "모든 약은 크든 작든 어느 정도의 독성을 띠기 마련"이라며 "당뇨병, 고혈압 등 불가피한 대사성 만성질환에 쓰는 약과 수술 후 먹는 항생제나 진통제 등을 제외하고는 약을 끊으려 노력하는 게 바람직하다"고 말했다. 특히 스테로이드는 일시적으로 가시적인 증상 개선 효과를 보이지만 세포의 에너지를 떨어뜨려 몸만 축내고 근본치료를 방해하는 요인 중 하나로 꼽는다.

A 씨는 무엇보다도 기초적인 식사요법 실천과 생활 개선이 요구됐다. 알칼리성 식품과 산성 식품의 비율이 8대2가 되도록 식단을 바꾸는 게 우선이었다. 알칼리성 음식으로서 산성 체질을 바꾸는 데 가장 효과적인 방법은 레몬 한 알을 으깨 즙을 내서 1.5ℓ의 물에 타고 티스푼으로 소금 한 숟가락을 섞어서 물 대신 마시는 것이다. 최소 3개월을 먹으면 가벼운 불편감이 상당히 해소되는 것을 체감할 수 있었다.

심 원장은 "통증과 쇠약체질의 근본적 원인이 대개는 산성 식단에 있다"며 "몸을 알칼리화하려 노력하는 것만으로도 항염증, 항노화, 항암, 디톡스 등의 효과를 기대할 수 있다"고 단언했다.

세포의 에너지 레벨이 심하게 저조한 사람은 림프순환이 정체돼 림프절에 노폐물이 쌓이게 된다. 림프계는 혈관이 미치지 않는 조직에 영양분을 공급하기도 하고, 조직 속의 노폐물을 수거해 정맥으로 보내는 청소부 역할을 한다. 림프해독은 알칼리성 및 디톡스 식품 섭취 등 식사요법, 훈증요법, 전기자극요법, 영양수액요법 등을 종합해 림프계 활성과 이를 통한 노폐물 배출을 유도하는 과정이다.

림프해독의 핵심은 엘큐어리젠요법이라는 전기자극치료다. 심

원장은 "통증과 림프계 노폐물 축적이 겹치는 환자 중 경증이면 주1회, 중등도 이상이면 주 2~3회 리젠요법을 실시하게 된다"며 "4년에 가까운 임상경험으로 볼 때 환자 중 80%가 5회 치료 후 현저한 증상 호전을 보였다"고 소개했다. 눈, 소화기, 근육, 신경, 뼈 순서로 호전이 빠르게 나타나는 양상을 나타낸다는 게 그의 경험치다.

리젠요법을 받으면 처음 한 두 번은 몸살을 앓게 되는 데 이는 림프슬러지에서 녹은 독소가 주위 신경을 자극해서 몸살이 생기는 것으로 추정되며 몸에서 빠져나간다는 징후이고, 그후 2~3일이 지나면 통증이 상당히 경감되는 모습을 보인다. 이어 엘큐어리젠요법은 세포재생, 세포내 음전하 충전, 알칼리 체질로 변화, 통증 감소, 면역력 증강, 림프슬러지 제거 등의 효과를 나타낸다.


**꼭 먹어야 하는 약물**

1.대사질환 즉 당뇨 고혈압 고지혈증 통풍약 특히 당뇨환자들은 자신
  의 혈당뿐만 아니라 당화혈색소 수치를 알고 있어야 한다
2.조직이나 장기이식후 먹어야 하는 면역억제제
3.혈전을 녹이는 항혈전제: 병원에서 혈액의 응고 정도는 검사하는
  INR 수치

결론: 모든 약은 독이므로 항상 부작용에 대해 경각심을 가져야 하며 자신의 건강을 위해서 가급적 약물을 줄이는 것이 건강을 되찾는 지름길임을 명심하고 처방받은 약물에 대해 인터넷을 통해 성분 및 부작용에 대한 정보를 숙지하는 것이 좋고 과량 장기 복용을 하는 것, 오남용하지 않기 등이 중요하다.

## 통증 치료에 진통제, 스테로이드를 사용하지 않는 병원이 있다고?
# 약물 오남용의 실태

미국 진통제 오남용 문제로 본 만성통증 환자의 딜레마. 국내도 20%가 진통제 오남용 가능성있어 진통제 의존 벗어나는 전기자극 특효

지난해 미국에서는 마약성 진통제 '오피오이드(opioid)' 남용이 사회적 문제가 됐다. 미국 질병통제예방센터(CDC)에 따르면 1999~2017년 총 47만명이 오피오이드 중독으로 사망했다. 뒤늦게 FDA는 마약성 진통제 남용을 경고하며 비마약성 진통제 사용을 권고했지만 문제는 쉽게 해결되지 않았다.

지난해 8월 미국 오클라호마주 법원은 글로벌 제약사 존슨앤드존슨에게 마약성 진통제 남용에 대한 책임을 물어 5억7000만달러를 배상하라고 판결했다. 한달 뒤 대형제약사인 퍼듀파마가 같은 이유로 제소당했고, 결국 파산보호신청을 했다. 미국 내 여러 제약사들을 대상으로 한 소송은 2000여 건이 넘는 것으로 알려져 있다.

오피오이드는 아편(opium)에서 유래한 반합성 또는 합성 마약성 진통제(프레가발린)를 통칭한다. 대표적인 아편계 마약인 헤로인과 유사한 화학구조식을 같지만 인체에 흡수되는 시간을

길게 늘이고 시간당 흡수량을 적게 만든 약제다.

통증전달 경로를 차단하거나 말초조직의 염증반응을 줄이는 간접적인 방식으로 통증을 감소시키는 일반(비 마약성) 진통제와 달리 마약성 진통제는 통증을 인지하는 뇌·척수 등 중추신경계의 오피오이드 수용체에 달라붙어 통증을 줄인다. 오피오이드 수용체는 엔도르핀 호르몬이 결합하는 곳이다. 마약성 진통제는 가짜 엔도르핀처럼 행세해 흥분된 신경을 잠재우고 통증을 가라앉힌다. 중추신경계에 직접 작용하는 만큼 비마약성 진통제보다 진통 효과는 훨씬 강력하다. 마약성 진통제 모르핀의 진통 효과는 아스피린의 300배 이상으로 연구돼 있다.

오피오이드는 신경병증성 통증과 같은 만성 통증이나 수술 후 통증 등 매우 심한 통증을 다스리는 진통제로 미국에서 널리 사용됐다. 약리 기전 상 부작용이 심각함에도 의사의 처방전만 있으면 쉽게 약국에서 살 수 있었다. 그러다보니 오남용 문제가 심각해졌고, 수많은 중독자를 양산했다. 그 오남용은 미국만의 문제가 아니다. 국내에서도 마약성 진통제의 사용이 늘고 있지만 제대로 관리되지 않아 오남용을 부른다는 지적이 있다. 건강보험심사평가원 통계에 따르면 2017년 한 해 마약성 진통제 처방은 상급종합병원에서 181만명에게 216만건, 종합병원은 347만3561명에게 421만건, 병원 422만1112명에게 556만

0208건이었다. 의원급 의료기관이 2728만1181명에게 총 4332만2631건으로 가장 많은 처방을 내렸다.

모대학 마취통증의학과 교수팀이 2017~2018년 국내 6개 대학병원에서 마약성 진통제를 처방받은 만성 비암성 통증환자 258명을 대상으로 조사한 바에 따르면 환자 5명 중 1명(20%)은 약에 대한 의존성을 보여 오남용 가능성이 있었다. 이는 마약성진통제 사용량이 높은 국가들의 오남용 발생률과 비슷한 수준이다. 서구의 마약성진통제 오남용 빈도는 21~29% 정도다.

물론 암, 척추수술, 만성 척추질환, 외상성 척추질환, 신경 손상 등에 의한 만성 통증은 마약성 진통제를 사용하지 않고 감내하기 어렵다. 그러나 장기 복용하다보면 통증 억제 효과가 떨어질 뿐 아니라 근감소증, 수면장애, 우울증으로 이어질 수 있다. 국내 성인의 약 10%인 250만명이 만성통증질환을 가지고 있는 것으로 추정된다.

전문가들은 마약성 진통제의 오남용을 예방하려면 의사의 처방과 의료진의 통제 하에 통증의 강도에 맞춰 용량·제형을 신중하게 선택해 사용해야 한다고 말한다. 진통제를 사용하더라도 의존하려는 습관을 버려야 한다.

최근에는 뇌 속 통증 신호전달체계에 적정 수준의 전기자극을 가해 통증을 개선하는 전기치료가 마약성 진통제를 대신할 만성통증 치료로 주목을 받고 있다. 전기를 세포에 전달해 병변을 개선하는 전기생리학은 1931년 노벨생리의학상 수상자인 독일의 생화학자 오토 바르부르크(Otto Heinrich Warburg) 박사에 의해 처음 개념이 정립됐다.

대뇌와 시상하부의 연결 부위엔 미세한 회백질띠로 이뤄진 불확정영역(zona incerta)이 있다. 그 안에 인간의 감각기능과 연관될 것으로 추정되는 별아교세포(astrocyte)가 자리잡고 있다. 이배환·차명훈 연세대 의대 생리학교실 교수팀의 연구에 따르면 만성통증 환자는 별아교세포의 수가 적고 활성도도 낮다. 이 때 뇌에 전기자극을 가하면 신경세포를 연결하는 시냅스(Synapse)가 활성화되면서 별아교세포의 활동이 촉진되고 손상된 세포가 재생돼 통증 강도가 감소했다. 적절한 전기자극은 진통 효과를 나타내는 호르몬인 엔케팔린(enkephalin) 분비를 촉진하고 세포 내 미토콘드리아의 ATP(아데노신 3인산) 생산을 늘려 만성통증, 두통, 어지럼증, 마비 등을 개선하는 효과가 있다.

최근 국내서도 전기자극 치료법으로 엘큐어리젠요법이 떠오르고 있다. 피부 10~15㎝ 아래까지 미세전류를 흘려보내 신경세포 대사를 촉진해 통증을 개선하고 장기적으로 면역력을 높여 통증 재발을 막는다. 심영기 연세에스의원 원장은 "엘큐어리젠요법으로 뇌에 전기자극을 가하면 음전하를 띤 전기가 손상된 신경줄기를 따라 흐르면서 신경의 감각전달 능력이 정상화되고 신경세포가 튼튼해진다"고 말했다.

누구나 살면서 한 번쯤은 통증을 경험했고 나이가 들수록 만성통증으로 이환될 확률이 높아 환자 분들은 통증클리닉, 정형외과, 신경외과, 한의원, 민간요법 등 여러 병원을 전전하면서 진통제 근육이완제 소화제로 구성된 약물들을 주사맞고 처방받고 이런 약물이 효과가 없을 때에는 점점 강력한 진통제를 처방하여 급기야는 마약성 진통제까지 복용해 거의 약물중독, 마약중독이 되어서 우리 병원에 오는 경우가 허다하다.

일명 뼈주사라고 불리는 스테로이드는 강력한 소염작용으로 급성통증을 조절하는 데에는 탁월한 효과를 보이기 때문에 대부분의 의사들은 통증치료에 있어서 스테로이드를 주사하게 된다.

하지만 스테로이드를 과량으로 반복적으로 맞게 되면 근본치유가 되지 않고 심각한 약물 부작용으로 시달리게 되고 고질병이 되어 평생 고통속에 살아갈 확률이 높다.

대부분의 진통제, 스테로이드 주사는 신경차단술에 사용되는 주성분으로서 통증 유발 부위에 림프슬러지를 만들어서 전기를 통하지 않게 하는 절연작용(전자의 흐름을 차단)이 있어 일시적으로 통증이 감소한 듯 보이지만 세포 자체를 근본적으로 치료하는 것이 아니고 세포에 전기를 통하는 것을 방해해서 (전기생리학적으로 신경전도에 전기작용을 하는 전자를 감소시켜 신경전도를 방해해서 통증을 느끼지 못하게 하는 신경차단이라 불리는 치료법) 반복주사를 하게 되면 세포가 영원히 사멸하게 되어 고치기 힘든 고질병으로 만드는 치료법이다.

### "노 스테로이드 no steroid" "노 진통제"

연세에스의원 심영기 원장은 스테로이드 진통제에 약물 중독된 환자들에게 모든 주사 및 진통제 약물을 끊고 엘큐어요법 치료를 시작한다.

엘큐어 요법이란 고전압을 이용한 미세전류 전기 충전 방식의 통증치료법으로 "노 스테로이드 no steroid" "노 진통제"를 목표로 통증을 치료하는 요법. 약물 부작용이 전혀 없다.

우리 인체의 세포는 전기 생리학적으로 보았을 때 충전 가능한 배터리로 비유할 수 있고 ELCURE요법은 세포를 충전시키는 충전요법라고 생각할 수 있다.

세포가 스트레스를 받게 되면 미토콘드리아 활성도가 떨어지면서 ATP 생산량이 줄어들게 되고 에너지가 떨어지므로 인해서 세포막에서 일어나는 Na, P, Cl, Ca 등등 이온들이 원활하게 교환이 잘 되지 않고 결국은 세포 주위에 지저분한 림프슬러지 즉 찌꺼기가 축적되고 이 찌꺼기의 절연작용으로 결과적으로 세포 전기량이 감소한다. 이런 현상은 동시 다발적으로 발생 가능하며 세포 에너지가 떨어지게 되고 세포는 활기찬 모습에서 힘없고 축 늘어지고 병든 세포로 변하게 된다. 다시 설명하면 림프슬러지는 전기를 통하지 못하게 하는 전기절연작용이 있다.

세포는 정상일 경우에는 80% 이상 충전상태를 유지한다 하지면 50% 정도 방전되면 통증이 발생하고 완전 방전상태로 오래 유지되면 세포가 죽거나 암세포가 발생할 수 있다.

수술을 받아도 전혀 차도가 없고 더 심하게 아파지는 경우는 전기충전이 30% 정도로 에너지가 고갈된 상태에서 잘못 몸에 칼을 대서 수술을 하게 되면 상처가 낫지 않고 병세가 더욱 악화된 경우이다.

엘큐어요법은 정확하게 에너지 레벨을 측정할 수 있고 방전된 세포를 전기자극을 통해 이온 분해시켜 림프슬러지를 녹여 줌으로서 전기를 잘 통하게 해서 세포를 충전시켜 에너지레벨을 올려주고 세포를 정상으로 작동하게 해서 통증 및 질병을 근본적으로 세포 스스로가 정상화되도록 유도하는 치료하는 방법이다. 인체에 부작용이 없으며 매일 치료를 받아도 무방하다.

　엘큐어요법은 반복치료가 중요하다. 충전 방전 충전 방전의 과정을 거듭하면서 세포가 회복되면서 세포 스스로 미토콘드리아에서 에너지를 생산하기 시작하면 세포가 충전되어 정상적으로 작동하게 되어 세포 스스로의 힘으로 통증이 치료되는 원리이다. 세포가 재생되면 면역력이 증가되어 각종 염증에 강한 체질로 변하게 된다.

　심 원장은 다양한 원인에 의한 급성·만성 통증, 감각이상, 암성통증, 신경마비, 섬유근육통 등 난치성질환 치료에 엘큐어리젠을 적용해 좋은 임상결과를 거뒀다고 설명했다. 통증이 가장

---

### 진통제, 약물 중독 환자들을 위한 No SAD 요법

[No SAD 요법]
No: 처방하지 않음
- Steroid: 전자흐름을 차단하는 스테로이드
- Analgesic: 통증신호를 차단하는 진통제
- Drug: 약물 부작용(간, 위장, 콩팥)을 야기하는 약물. 예외 고혈압 당뇨와 같은 대사질환 조절약물
- **ElCure Regen** 요법은 약물을 일체 사용하지 않고 림프 슬러지를 이온 분해하면서 반복적으로 세포충전을 시켜 세포 스스로 발전하도록 하여 세포를 정상적으로 재생시키는 획기적인 최신 치료

---

심한 부위에 1회당 5초 이상 수차례 전기를 흘려 보내면 통증이 완화된다. 치료 후 2~5일이 지나면 전위가 다시 떨어져 통증이 재발할 수 있으므로 1주일에 2~3회 간격으로 반복치료를 받는 게 좋다.

# '아무도 가지 않은 길'을
# 걷는다는 것

    로버트 프로스트의 시에서 연상되듯 "아무도 가지 않은 길을 걷는다"는 것은 수많은 시행착오, 좌절, 고난, 비난이 수반될 수 있는 역경의 길이다. 성형외과 전문의인 저자가 하지정맥류를 국내 최초로 도입하고, 중국에 진출하여 병원을 오픈하고, 림프부종 치료법을 개발하고, 엘큐어**리젠**요법 이론을 정립하는 등 국내 최초, 동양 최초, 세계 최초로 표현되는 의사로서 평범하지 않은 길……. 이것이 나의 운명인가? 하는 생각이 든다.

    지난 6년간 진료실에서 체험했던 엘큐어**리젠**요법의 경험을 바탕으로 세포충전 통증치료 책을 쓰면서 상당히 망설였다. 기존의 약물 치료, 그중에서도 스테로이드 중심의 통증에 대한 신경차단 치료가 주가 되는 통증 의학계에 하나의 "반란"으로 받아들여질지? 아니면 "혁명"으로 받아들여질지?

고민 끝에, 기존 치료에 효과가 없고 약물중독과 약물 부작용이 심한 환자들에게 전기자극 세포충전요법인 엘큐어**리젠**요법이 대안이 될 수 있다는 확신으로 진솔하게 내 "진료실 시크릿"을 공유해야겠다는 생각에 집필하게 되었다.

## 전기생리학에 기반을 둔 새로운 치료 혁명 "엘큐어리젠요법"

세포는 배터리 기능을 하며, 전기가 없으면 생명이 유지되지 않는다. 전기충전요법으로 모든 병의 80%는 좋아질 수 있으며, 가장 기본적인 전기생리학적 치료인 세포충전요법이 답이다.

저자의 임상 경험에 근거하면, 만성염증 환자들에게 세포를 충전시키면 건강이 보인다. 전기로 세포를 재생시킨다고? 가능하다. 전기가 만병통치라고? 물론 환자의 질병 유형이나 증상에 따라 전기 치료만으로 완치가 힘든 경우도 있다. 하지만 방전 세포를 충전시키면 염증 치유와 세포 재생이 이루어지므로 이론적으로 불가능한 것은 아니다. 때문에 기존의 현대의학이 해결하지 못하는 난치병, 불치병에 새로운 엘큐어**리젠**요법을 시도해볼 가치가 있다는 것이 저자의 견해다. 수술치료, 약물치료를 받기 전에 우선적으로 엘큐어**리젠**요법 치료를 받아볼 것을 권유

한다.

엘큐어**리젠**요법에는 3대 기능이 있다. 치료, 진단, 재생의 기능이다.

첫째, 치료에 대한 사례는 이 책 전반에 걸친 방대한 내용으로 이해하면 될 것이다. 단, 엘큐어**리젠**요법이 모든 병을 치료할 수 있다고 말할 수는 없다. 엘큐어**리젠**요법도 치료법의 하나로, 치료의 적응증과 한계가 있을 수 있음을 이해해주기 바란다.

둘째, 진단기능이 획기적이다. 좌골신경통, 말초신경병증 등은 형태의학적 진단인 X-ray, CT와 MRI로 진단이 안 된다. 그러나 기능의학적 진단법인 엘큐어**리젠**요법은 신경의 기능 및 통증 정도를 전기생리학적으로 객관적인 진단이 가능하다. 특히 전기 마찰현상과 전인현상을 이용한 진단법은 획기적이라고 표현할 수 있다.

셋째, 재생기능이 있다. 연속적이고 지속적인 엘큐어**리젠**요법으로 세포전기가 충전된 상태로 유지되면 세포 분열이 왕성해져 새로운 세포로 대치된다는 개념이다.

향후 엘큐어**리젠**요법이 더욱 발전하여 다양한 적응증으로 확대되기 위해서는 과제가 남아 있다. 새로운 치료 개념인 엘큐어**리젠**요법에 관심 있는 각 임상분야별 전문의들에 의한 난치질환, 불치질환에 대한 치료접근 및 심도 있는 연구와 장기적인 추적 관찰을 통한 임상결과 분석이 필요하다. 엘큐어**리젠**요법의 무궁무진한 적용질환에 대해 각 분야 의사 선생님들의 임상 경험집이 보강되어 이번 3판에 이어 4판, 5판이 출간되었으면 하는 바람이다.

앞으로 엘큐어**리젠**요법을 통한 "통증 없는 세상, 행복한 삶"을 모든 아픈 이들에게 선물해드릴 수 있기를 바란다.

끝으로 이 책 제작에 도움을 주신 정종호 헬스오 편집국장(약학박사), 최경숙 대표, 홍익문고 박세진 대표, M&C KOREA 김완규 대표님께 감사의 말씀을 드립니다.

2023. 12. 25.

논마루에서 심영기 씀

# 통증 질환은 '세포 전기에너지 부족' 탓
# 신개념 '고전압 통증 진단'
# 특허 획득

심영기 연세에스의원 원장과 (주)리젠테크는 2022년 1월 20일 자로 '고전압 미세전류 통증 진단기기'가 특허를 받았다고 밝혔다. 이번에 진단 분야에서 특허를 받았지만, 이미 수년간 임상 현장에서 혁혁한 치료효과를 입증한 것이다.

특허를 받은 통증진단 기술은 병든 세포는 전기에너지가 부족하고 이를 보충해주면 세포기능이 활성화되면서 관련 질환이 치유될 수 있다는 전기생리학 이론 중 한 분야이다. 전인현상 및 전기마찰현상(electrofriction)을 이용해 정상부위와 통점 부위의 전기마찰계수 차이를 계측하면 정확하게 객관적으로 통증 정도를 진단할 수 있고 통증을 유발시키는 근원점인 통증유발점을 찾을 수 있는 원리를 구현한 기술이다.

심영기 원장은 "전기자극치료는 이미 '경피적 전기신경자극기'(TENS)를 통해 널리 보급됐지만 전류 침투 깊이가 수 mm에 불과했다"며 새 특허기술은 마이크로암페어(μA)수준의 미세전류 정전기를 3000V의 고전압으

특허증
CERTIFICATE OF PATENT

특허 제 10-2355171 호
Patent Number

출원번호 제 10-2020-0072025 호
Application Number
출원일 2020년 06월 15일
Filing Date
등록일 2022년 01월 20일
Registration Date

발명의명칭 Title of the Invention
고전압 미세전류 통증 진단기기

특허권자 Patentee
등록사항란에 기재

발명자 Inventor
등록사항란에 기재

위의 발명은 「특허법」에 따라 특허원부에 등록되었음을 증명합니다.
This is to certify that, in accordance with the Patent Act, a patent for the invention has been registered at the Korean Intellectual Property Office.

2022년 01월 20일

특허청
Korean Intellectual
Property Office

특허청장
COMMISSIONER,
KOREAN INTELLECTUAL PROPERTY OFFICE
김용래

로 쏴주는 방식이어서 몸의 코어(심부)에까지 전류가 닿아 진단 및 치료에 활용할 수 있다"고 요약했다. 또한 "기존 전기자극 치료기는 효과는 어느 정도 있으나 데이터로 객관화할 지표가 없어 진단에는 쓸 수 없었다"며 "통증의 정도나 깊이를 객관적으로 진단할 수 있는 방법을 개발한 게 평가를 받는 데 유리한 영향을 준 것 같다"고 설명한다. 심원장은 이번 특허 획득을 계기로 외주 제작이 아닌 자체 생산에 들어갈 계획을 갖고 있으며, 치료진단법 이름을 기존의 호아타요법에서 '엘큐어리젠요법' 또

는 'LQ**리젠**요법'으로 바꿔 부르기로 했다.

한때 손바닥만큼 작은 전기근육 마사지기나 저주파 안마기기가 인기를 끈 적이 있다. 하지만 이런 휴대용 비(非) 의료기기가 근본적인 치료방법이 될 수 없는 것은 전류의 세기가 약하기 때문이다. 효과를 높이려고 전류의 세기를 높이면 감전 현상이 일어나므로 유의해야 한다. 감전이란 전기신호가 일시적으로 근육과 신경이 놀라게 하거나, 과도한 전기에너지가 생체조직을 파괴하는 것을 말한다. 이를 감안하면 엘큐어**리젠**요법 의료기기는 '저주파 안마기기', '경피신경자극기'보다 훨씬 더 깊은 부위에 전기에너지를 흘려보내 통증이나 만성질환을 개선할 수 있고, 치료 효과를 오래 지속할 수 있는 게 강점이다.

심 원장은 "전압은 아주 높지만 전류의 세기는 매우 낮기 때문에 안전하며, 차별화된 효과를 나타내는 게 엘큐어**리젠**요법의 특장점"이라며 "체내에 공급된 전기에너지는 세포내 에너지 원천인 ATP(아데노신삼인산) 생성을 증가시켜 취약해진 세포를 다시 긴장하게 하고, 인체의 감각 수용기를 직접적으로 자극해 호르몬 분비 촉진 및 면역력 강화 등을 통해 통증이나 만성질환을 유발하는 근본적인 원인을 해결할 수 있다."고 말했다.

엘큐어**리젠**요법은 수많은 질환 중 유독 통증질환에 잘 듣는다. 통증은 결국 근육과 신경의 기능 저하나 잘못된 신경 전달

기능 때문에 일어나고 그 기저에는 이들 조직의 전기에너지 공급 부족이 원인으로 작용되기 때문이다. 근육통이나 관절통, 척추통증, 턱관절통증, 근막동통증후군, 허리디스크, 좌골신경통, 섬유근육통, 말초신경병증, 안면마비후유증 등이 이에 속하는 질병군이다.

결론적으로 심 원장은 "세포의 발전소로 불리는 미토콘드리아를 제대로 가동하기 위해 전기에너지를 흘려보내는 것이 엘큐어리젠요법의 기본 원리"라는 사실을 강조한다. 통증질환에서 기존 약물 및 수술 치료로 뾰족한 효과를 기대하기 어려운 상황에 직면했다면 엘큐어리젠요법에 기대를 걸어볼만하며, 특히 요즘처럼 코로나19 유행 확산기에는 "세포의 면역력과 감염질환 저항력을 향상시키는데 엘큐어리젠요법이 도움을 줄 수 있다"고 조언한다.

# 찾아보기

# 심영기
## 沈榮基 SHIM YOUNG KI

**1954년 12월 6일생**

| | |
|---|---|
| 1973 | 경동고등학교 졸업 |
| 1979 | 연세대학교 의과대학 졸업 |
| 1979-1984 | 국립의료원 성형외과 수련의 |
| 1984 | 성형외과 전문의 취득 |
| 1987-1992 | 국립의료원 성형외과 전문의 |
| 1988 | 대한성형외과학회 학술상 수상 |
| 1990 | 연세대학교 대학원 의학박사 취득 |
| 1993 | 심영기SK성형외과의원(청담동) 개원 |
| 1995 | 국내 최초 독일식 정맥류 치료시작 |
| 1999 | 세계정맥학회(독일 브레멘) 좌장 역임 |
| 2000 | 중국 대련 SK China의원 개원(중국1호점) |
| 2001 | 대한정맥학회 창립 부회장 |

| | |
|---|---|
| 2005 | 의료봉사회<br>"사랑을 실천하는 사람들" 창립 및 초대회장 |
| 2006 | 중국 북경 SK China 의원 개원(중국2호점) |
| 2008 | 대한정맥학회 회장 |
| 2008 | 연세S병원 설립(강남구 논현동) |
| 2009-2011 | 연세대학교 세브란스 강남구 동문회 회장 |
| 2009-2011 | 대한의사협회 강남구 의사회 부회장 |
| 2017 | 엘큐어 통증 치료법 이론정립 적용 통증 및 난치병<br>치료 시작 |
| 2020 | 연세에스의원 이전 개원 |
| 2021 | 정맥류 수술 누적 환자수 40,000명 |
| 2023 | 대한 리젠 림프 면역 학회 창립 |
| 現) | 연세에스의원 대표원장 |
| 現) | 대한정맥학회 고문 |

심영기 박사의 새로운 치료 혁명 **엘큐어리젠요법**

# 세포충전 건강법

**초판 1쇄 발행** 2022년 2월 8일
**초판 2쇄 발행** 2022년 10월 25일
**개정판 3쇄 발행** 2023년 12월 25일

**지은이** 심영기
**펴낸이** 김완규
**펴낸곳** 엠엔씨 코리아
**출판등록** 2021년 8월 5일(제2021-000257호)
**인쇄** 현대원색문화사
**기획** M&C KOREA
**주소** 서울 강남구 자곡로 202, 549호(자곡동)
**전화** 02-459-7060
**이메일** mnc_korea@naver.com

**ISBN** 979-11-977496-0-5